iOS / Android 遊戲APP開發精粹

Adobe Flash CS6 應用攻略

Flash / ActionScript 3.0

白乃遠、呂國泰、許智惟、詹介珉 編著

博碩文化

iOS/Android遊戲APP開發精粹—Adobe Flash CS6應用攻略

作　　者／白乃遠、呂國泰、許智惟、詹介珉
發 行 人／葉佳瑛
發行顧問／陳祥輝、竇丕勳
出　　版／博碩文化股份有限公司
網　　址／http://www.drmaster.com.tw/
地　　址／新北市汐止區新台五路一段112號10樓A棟
TEL / 02-2696-2869 • FAX / 02-2696-2867
郵撥帳號／17484299
律師顧問／劉陽明
出版日期／西元2013年1月初版一刷
建議零售價／480元
I S B N／978-986-201-683-1
博碩書號／MU31228

國家圖書館出版品預行編目資料

iOS/Android遊戲APP開發精粹－Adobe Flash CS6應用攻略 / 白乃遠、呂國泰、許智惟、詹介珉作. -- 初版 -- 新北市：博碩文化, 2012.12
面；　公分
ISBN 978-986-201-683-1(平裝附光碟片)

1. 電腦動畫設計 2. 電腦遊戲 3. ActionScript(電腦程式語言)

312.8　　101026447

Printed in Taiwan

作者介紹

白乃遠 Billy Pai

學歷：

- 國立雲林科技大學 / 企業管理系 / 科技管理組 / 博士班進修
- 國立交通大學 / 應用藝術研究所 / 藝術學碩士

現職：

- 育達商業科技大學 / 多媒體與遊戲發展科學系 / 專任講師
- 聖堂數位有限公司 / 代表人 / 顧問

經歷：

- 亞太創意學院 / 數位媒體設計學系 / 專任講師
- 翼飛多媒體設計有限公司 / 業務經理

專長：

- 企劃書撰寫：設計管理與規畫 / 設計企劃書撰寫 / 行銷企畫書撰寫 / 活動企劃書撰寫 / 專案計畫書撰寫 / 電子商務企畫行銷管理 / 協同商務管理
- 設計相關實務操作：印前作業管理 / 多媒體動畫製程管理 / 動畫腳本分析 / 動畫角色設定分析
- 電腦輔助商業設計（Photoshop、Painter、Illustrator、Indesign、Sai）
- 3D 電腦動畫內容設計（3DS MAX、Autodesk MAYA、Z-brush）
- 多媒體非線性影像剪輯與平面動畫內容設計（After Effects、繪聲繪影、Adobe Premiere、ToonBoom Studio）
- 多媒體網頁視覺規畫設計（Dreamweaver、Flash、Firework）
- 商業攝影與後期數位修片技術
- 商品造型結構開發設計（AutoCad、3DS MAX）
- 傳統設計工具應用與技巧教學（麥克筆技法與快速設計流程技法）

- 廣告設計證照考試技巧教學（各類平面繪圖軟體與傳統快速手繪教學）
- 設計研究所輔導考試方向與概念教學
- 電腦應用軟體資訊類證照輔導考照教學（證照推廣）
- 電腦應用軟體設計類證照輔導考照教學（證照推廣）
- 平面設計類國家技術士證照輔導考照教學（證照推廣）
- 商務行銷管理類證照輔導考照教學（證照推廣）
- 通過證照含廣告設計乙級技術士等國內外證照共 64 張

著作：

- 2012/ACA Flash CS5 國際認證－ NO.1 合格率的必勝寶典，上奇資訊出版，書號：CC1204，ISBN：978-986-2573-71-6，2012 年六月出版。
- 2012/Maya 2012 少林寺十八銅人 3D 武打動畫輕鬆做，上奇資訊，書號：MC1213，ISBN：978-986-2573-84-6，2012 年七月出版。
- 2012/iBooks Author 數位出版實戰演練 -Apple iBooks 製作流程詳解攻略，博碩文化，書號：OS31218，ISBN：978-986-201-634-3，2012 年九月出版。
- 2012/GS3 計算機綜合能力考核完全攻略，上奇資訊，ISBN：978-986-257-523-9，2012 年十月出版。
- 2012/iPad/Android 互動電子雜誌超簡單輕鬆做，上奇資訊，書號：IA1202，ISBN：978-986-2573-03-7，2012 年四月出版。
- 2011/ 輕輕鬆鬆製作翻頁電子書，鼎茂出版社，ISBN：986-226-646-5 2011 年十一月出版。
- 2011/ 用 Indesign 製作電子書－ PDF 影音動態文件，上奇資訊，書號：MA1184，ISBN：978-986-257-261-0，2011 年十月出版。
- 2011/IC3 計算機綜合能力考核完全攻略，上奇出版社，ISBN：978-986-257-146-0。

呂國泰 Jacky Lu

學歷：

- 國立中央大學 / 網路學習科技所博士班 / 進修中
- 亞洲大學 / 多媒體設計研究所 / 碩士

現職：

- 聖堂數位有限公司 / 多媒體設計師

經歷：

- 翼飛多媒體設計有限公司 / 多媒體設計師

專長：

- 多媒體影音作品設計 / 影像非線性剪輯技術設計
- 多媒體網頁系統設計 / 切版、組版與網站系統結構設置
- 數位出版 / 內容設計暨系統建置
- 多媒體技術整合應用 / 開發

通過證照：

專業認證與證照 / 設計應用類

- Adobe Certified Associate（ACA）-Flash CS5
- Adobe Certified Associate（ACA）-Photoshop CS5
- Adobe Certified Associate（ACA）-Dreamweaver CS5
- Autodesk 3DS MAX Design 2011 證照編號：00149007（國際證照）
- 中華民國電腦公會 TQC+，Photoshop CS4 專業級影像設計師
- 中華民國電腦公會 TQC+，Flash CS4 專業級多媒體動畫設計師

專業認證與證照 / 資訊軟體應用類

- EC-Council Security 5 專業級資訊安全

- IC³ Certification - Global Standard 3
- IC³ Certification - 2005
- Microsoft Technology Associate/98-365: MTA: Windows® Server Administration Fundamentals（國際證照）
- Microsoft Technology Associate/98-349: MTA: Windows® Operating System Fundamentals（國際證照）
- Microsoft Technology Associate /98-361: MTA: Software Development Fundamentals（VB）（國際證照）
- Microsoft Technology Associate/98-364: MTA: Database Administration Fundamentals（國際證照）
- Microsoft Technology Associate/98-366: MTA: Networking Fundamentals（國際證照）
- Microsoft Technology Associate/98-367: MTA: Security Fundamentals（國際證照）
- Microsoft Technology Associate/ 98-363: MTA: Web Development Fundamentals（C#）（國際證照）

著作：

- 2012/IC3 GS3 版 計算機綜合能力考核 完全攻略，上奇資訊，ISBN：978-986-257-523-9。
- 2012/iBooks Author 完全攻略，博碩文化出版社，ISBN：978-986-201-648-0。
- 2012/ACA Flash CS5 國際認證，上奇出版社，ISBN：978-986-257-371-6。
- 2012/iPad/Android 互動電子雜誌超簡單輕鬆做，上奇出版社，ISBN：978-986-257-303-7。
- 2011/ 輕輕鬆鬆製作翻頁電子書，鼎茂出版社，ISBN：978-986-226-646-5。
- 2011/ 用 Indesign 製作電子書－ PDF 影音動態文件，上奇出版社，ISBN：978-986-257-261-0。

許智惟 Luke Hsu

學歷：

- 崑山科技大學 / 數位生活科技研究所 / 進修中

經歷：

- 聖堂數位有限公司 / 外聘多媒體設計師

專長：

- 多媒體影音作品設計 / 影像非線性剪輯技術設計
- 數位出版 / 內容設計暨系統建置
- 多媒體技術整合應用 / 開發

通過證照：

專業認證與證照 / 設計應用類

- Adobe Certified Associate（ACA）-Flash CS5
- Adobe Certified Associate（ACA）-Photoshop CS5
- Adobe Certified Associate（ACA）-Dreamweaver CS6

詹介珉 Chieh-Min Chan

學歷：

- 私立亞洲大學 / 數位媒體設計研究所 進修中

現職：

- 聖堂數位有限公司 / 外聘多媒體設計師

經歷：

- 翼飛多媒體設計有限公司 / 專聘多媒體設計師

專長：

- 設計相關實務操作：印前作業管理 / 多媒體動畫製程管理 / 動畫腳本分析 / 動畫角色設定分析
- 電腦輔助商業設計（Photoshop、Painter、Illustrator、Indesign、Sai）
- 3D 電腦動畫內容設計（3DS MAX、Autodesk MAYA、Z-brush）
- 多媒體非線性影像剪輯與平面動畫內容設計（After Effects、繪聲繪影、Adobe Premiere、ToonBoom Studio）
- 商業攝影與後期數位修片技術
- 商品造型結構開發設計（AutoCad、3DS MAX）
- 電腦應用軟體資訊類證照輔導考照教學（證照推廣）
- 電腦應用軟體設計類證照輔導考照教學（證照推廣）

通過證照：

- Adobe Certified Associate（ACA）-Flash CS5 Adobe Certified Associate（ACA）-Photoshop CS5（ACA）-Dearmweaver CS5
- Autodesk 3DS MAX Design 2011
- TQC+ 影像處理（Photoshop CS5 專業級）
- EC-Council Security 5 專業級資訊安全國際證照

- IC3 2005 Certification

著作：

- 2012/Maya 2012 少林寺十八銅人 3D 武打動畫輕鬆做，上奇資訊，ISBN：978-986-2573-84-6。
- 2012/iBooks Author 數位出版實戰演練 -Apple iBooks 製作流程詳解攻略，博碩文化，ISBN：978-986-201-634-3。

作者序

智慧型裝置的出現，改變了人們對於 3C 產品的使用習慣，相對的 App 也帶動一股 App 的風潮。早期開發 App 的門檻較高，所以並不是每個人都有能力來開發自己的 App。不過，隨著 App 審查制度的放寬，現在已有很多軟體都具有開發 App 的能力，且也都可以順利的上架。當然，Flash 也跟著這股潮流，針對 iOS 與 Android 兩種系統提供相對的支援能力，且對於在智慧型裝置上才有的操作與使用行為都提供了適當的類別方法，這些類別都可以透過程式碼片段面板來輕鬆的進行套用。

本書是針對 Flash/ActionScript 3.0 初學者或使用者進階為行動裝置觸控遊戲創作與設計者所規劃的書籍，讓各位學習者可輕易地就設計出最夯的觸控作品。

本書結構敘述清楚，幫助學習更快速，全書大致可分為四階段，幫助讀者能完整吸收相關技術與順利學習。

第一階段：針對相關的觀念進行詳盡地說明與介紹。

第二階段：清晰說明如何利用觸控、手勢與按鈕等互動機制開發遊戲。。

第三階段：完整描述行動裝置中的各種感應器（G-Sensor）使用介紹。

第四階段：具體展示 App Store 與 Google Play 上架流程完整介紹內容。

本書特色：

- 開發 iOS 與 Andoid 系統都適用的 App。
- 由淺至深，每個章節都具有不同學習目標，且有開發過程的逐步範例檔。
- 利用完整範例來介紹觸控與手勢兩種不同事件的開發。
- 加入在開發遊戲時會運用到的「碰撞」與「關卡儲存」之使用方法。
- 介紹裝置中各種感應器（G-Sensor）的使用方法。
- 發佈 iOS 與 Andoid 程式，以及安裝、上架販售流程的完整解說。

感謝

特別感謝外聘任職於聖堂數位有限公司、目前於亞洲大學 / 創意商品設計學系研究所深造的廖柏揚設計師。

因有廖設計師協助本書中所有範例的繪製設計工作，使本書能更加精采與豐富的內容，也能讓本書能如期、如質地順利出版。

在此，本書的作者群對廖柏楊設計師致上萬分的感謝。

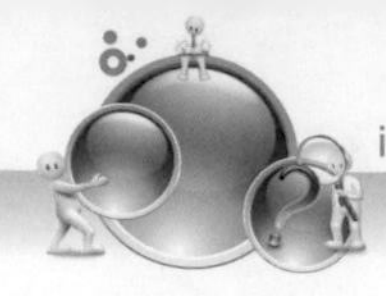

本書的閱讀方式

在本書中的所有範例，筆者皆以 Windows 系統來開發 iOS App 為主（Mac OS 系統也適用），不過各位讀者不必擔心，這些範例只差別於發佈的格式不同而已（iOS 與 Android），同樣的程式內容都適用於 iOS 與 Android 兩種系統中。

另外，在本書的部分，除了理論性的內容較容易理解外，在實作範例的部分，筆者所撰寫的方式較一般相同書籍不同。因此，在此筆者會針對實作範例的閱讀方式來進行說明，讓各位讀者在閱讀或操作練習時，可清楚知道筆者想傳達的理念。

在實作範例部分，筆者皆以目前眾多 App 中較常運用的模式為主，來進行範例的規劃，而這樣的情形會遇到兩個問題，一為範例的內容過於龐大；二為範例中的某些程式內容重複性質高。因此，筆者為了讓各位讀者能清楚了解整個範例的觀念以及作法，所以在程式碼的部分，會將一個完整的程式內容依照功能的需求而進行拆解。也就是說，假如一個完整的程式碼內容有 20 行程式，但這 20 行程式中是 3 種功能的組合，而筆者就將此 20 行的程式碼依照 3 種功能的需求而拆解成 3 段內容進行介紹；換句話說，也就是從做外圍的 function() 函數內容開始往內部的各個執行動作進行逐一的講解。其目的是希望各位讀者能真正學習到筆者所提供之範例的精隨。

另外，筆者剛所指的範例內容較龐大與重複性質高的部分，好比以第一個範例作品集為例，其內容主要是介紹四種不同風格的作品內容，但在操作與閱讀上的方式其實都相同（上一頁、下一頁、回首頁、回目錄）。也就是說，我們只要完成其中一個風格的作品之操作方式，就可將此部分的程式碼透過「複製」「貼上」以及「取代」的方式來套用到剩餘的三種風格作品之操作方式中。然而，這樣的方式其實在我們開發 App 時，也是會常遇見的一個問題，而作法也都是先開發好具有重複性質的內容，剩餘的部分就在利用複製與貼上的方式來完成，最後在將各別的需求或功能進行各自的開發，透過這樣的方式就可大幅縮短了開發時間。

因此，在基礎部分的範例中，都具有上述所提到之狀況。所以筆者在範例中的敘述內容都是以開發一個完整的操作方式與內容作為介紹的基礎，而在該範例

中所剩餘的操作方式與內容就可利用「複製」、「貼上」以及「取代」的方式來進行套用，藉此完成一個 App 的開發。在「複製」、「貼上」、「取代」的部分，筆者在內容的最後都有說明其作法與該注意的重點，所以各位讀者不必擔心當套用後卻不能執行的情況發生。

所以，當在閱讀本書時，只要各位讀者能清楚明白筆者所撰寫與所想要表達的方式，勢必可掌握本書所想要傳達的重點。

最後，若您是使用 Mac OS 系統來進行 Flash App 開發的話，則在 iOS 發佈憑證的文件申請部分請直接跳至第 17 章進行閱讀，Android 的發佈憑證方式仍不變。

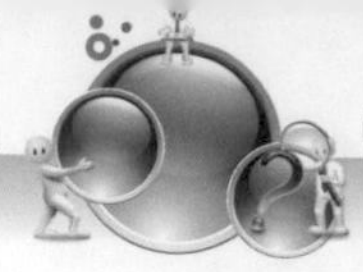

PART 1 事前觀念與準備動作

PART 4 App Store 與 Google Play 的上架方式

PART 1

事前觀念與準備動作

CHAPTER **01**

前言

正所謂工欲善其事必先利其器，所以在尚未進入 Flash App 開發的章節內容時，我們必須簡單的了解一下目前 App 對於生活的影響，以及 iOS 與 Android 兩者系統的差異等知識，具備了這些知識後，才清楚所要開發的內容適用在哪些平台以及限制等。

學習目標

- 理解 App 對於生活的影響
- iOS 與 Android 兩者系統的分析比較
- Flash 對於開發 App 的需求

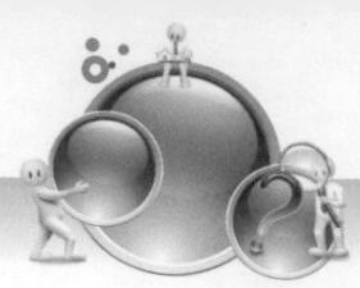

行動裝置的興起與普及帶動了 App 的發展趨勢與下載數量，根據 Millennial Media 於 2011 年 8 月的研究數據指出，全球下載 APP（手機應用軟體程式）的次數依種類排名，第一至第五名分別是遊戲、音樂與娛樂、社群、溝通和天氣。從使用者下載的 App 種類當中，不難看出大多數人最重視的是 App 的行動娛樂附加價值服務。而 App 不單僅只提供行動娛樂的加值服務，還可藉由內容的多樣化與豐富度滿足我們日常生活中不同的需求，包括美食、旅遊、地圖、交通等不同類型的 App，因為這些加值應用的 App 使我們的生活更為便利。

隨著這股興起的 App 趨勢，目前有許多個人與公司都投入手機應用程式的開發行列，其中最受歡迎的莫過於 Google Android 與 Apple iOS 作業系統。雖然兩者作業系統，都可應用於手機與平板電腦等行動裝置上，但由於兩者系統的不同，在開發的程式語言也不盡相同，相對的在學習的難易度上、開發的嚴謹度、審核流程上等都有所區別。

若以開發平台來看，Android 的應用程式審核流程不似 iOS 那麼嚴格，不會有諸多限制，但相對的在應用程式的品質部分就令人擔憂，而對於想嘗試自己寫程式功力的 IT 人員來說，或許 Android 是比較好的選擇。相反的，Apple 的 iOS 平台制度雖然比較嚴苛，但若是可以通過審核、上架的應用程式，代表著完整度比較高，不會有程式無法執行的窘境，也就是說，Apple 的審核流程幫開發者做了相關驗證的工作，再加上統一的硬體規格，不必考量不同廠牌或型號的行動裝置相容性，因此在 iOS 上的應用程式，一般都比 Android 更可靠、穩定。筆者對於 iOS 與 Android 兩系統的相關規範整理如下：

	iOS App	Android App
開發系統	Mac OS	1.Windows XP 或 Vista 2.Mac OS X 10.5.8 或之後版本 3.Linux
開發工具	Xcode	1.Java 開發環境（JDK） 2.ADT 擴充套件 3.Android SDK
開發語言	Object-C	Java

	iOS App	Android App
開發者申請	US$ 99.00 ／每年	US$ 25.00 ／永久
商店	App Store	Google Play
審查制度	嚴謹	開放
硬體規格	固定	多樣性（廠牌或機型的不同造成螢幕尺寸與硬體設備等不同）

▲ iOS 與 Android 的分析比較

在 2010 年，App Store 宣布開放給任何方式製作的軟體上架，當 App Store 宣布解禁之後，各式各樣的第三方開發工具和環境自然就蜂湧而出，當中包含 Adobe Flash，或者是使用 .Net Framework 的 MonoTouch 和知名的遊戲開發工具 Unity3D 等方式，其結果都可以順利的通過 App Store 的審核而上架，也因此大量的開發者都可以輕易的加入 iOS 開發的行列中。

在 Flash CS5.5 推出後，在新增的文件中可發現 Flash 已具有開發 AIR for iOS 與 AIR for Android 的開發能力，且最後可將檔案封裝成 .ipa（iOS）與 .apk（Android）以利於在行動裝置中進行測試與使用，包含最後的上架。就以 Flash 而言，Flash 中還提供了手勢與觸控等行動裝置上的操作事件，以助於所開發的內容是可符合行動裝置的操作習性，其在 iOS 與 Android 兩系統中對於 Flash 的要求如下表：

	iOS	Android
處理器／裝置	iPod touch（第 3 代）32 GB 和 64GB 機型、iPod touch 4、iPhone 3GS、iPhone 4、iPad、iPad 2、New iPad	ARMv7 處理器，最低 550MHz、OpenGL ES 2.0、H.264 和 AAC HW 解碼器
作業系統	iOS 4, iOS5.0 和 iOS5.1	Android ™ 2.2、2.3、3.0、3.1、3.2 和 4.0
記憶體		256MB 的記憶體

▲ 行動裝置的需求

選擇題

1. (　　) 請問下列敘述的內容何者是錯誤。

   A. App 不單僅只提供行動娛樂的加值服務，還可藉由內容的多樣化與豐富度都可滿足我們日常生活中不同的需求。

   B. Android 的應用程式審核流程不似 iOS 那麼嚴格，不會有諸多限制，但相對的在應用程式的品質部分就令人擔憂。

   C. 利用 Flash 所開發出的 App 無法上架到 App Store 與 Google Play 商城中。

   D. Apple 的審核流程幫開發者做了相關驗證的工作，加上統一的硬體規格，不必考量不同廠牌或型號的行動裝置相容性，因此在 iOS 上的應用程式，一般都比 Android 更可靠、穩定。

2. (　　) 請問下列對於 iOS 系統的描述是正確的。

   A. 開發環境需在 Mac OS 系統中

   B. 開發工具為 Xcode

   C. 開發的程式語言為 Java

   D. 開發者申請的費用為 US$ 99.00 ／每年

   E. App 上架的商店為 Google Play

3. (　　) 下列何種第三方軟體可進行 App 應用程式的開發。

   A. GameSalad

   B. Flash CS5.5 版本以上

   C. Unity3D

   D. 以上皆是

   E. 以上皆非

CHAPTER 02

ActionScript 3.0 簡介

開發 Flash App 只支援的程式語言為 ActionScript 3.0。而 ActionScript 3.0 與 ActionScript 2.0 又有極大的差異。因此，我們對於接續所要使用的程式語言必須要有一定的觀念與認知。因此，本章節主要是說明 ActionScript 3.0 的一些基本使用方式與觀念。

學習目標

- 說明何謂 ActionScript 3.0 與其特性
- ActionScript 3.0 與 ActionScript 2.0 語法上的改變
- ActionScript 3.0 的監聽功能與溝通方法

2-1 何謂 ActionScript 3.0

ActionScript 3.0 是一種功能強大的物件導向程式設計語言，由原先的 ActionScript 2.0 跨越到 3.0 後，也象徵 Flash Player 的執行功能更可向前跨出重大的一步。而 ActionScript 3.0 意旨在建立一套適合快速製作 Rich Internet Applications 的理想語言，因為 Rich Internet Applications 已成為現今網路環境中不可或缺的一環。

早期的 ActionScript 版本提供了在網路體驗中所需的強大功能和靈活彈性。直到 ActionScript 3.0 的出現，對於該語言的體驗更進一步的提升，且依然保有優越效能和簡易製作的優點，使在製作更加複雜的應用程式、大型資料集以及物件導向更能得心應手。有了 ActionScript 3.0，開發人員就可運用針對 Flash Player 的特性來實現最佳的生產力和工作表現。

2-2 ActionScript 3.0 的特性

ActionScript 是由 Flash Player 內建的 ActionScript Virtual Machine（AVM）執行。 虛擬機器 AVM1 是用來執行既有 ActionScript 程式碼，讓目前的 Flash Player 具備更強大的功能，並使各種互動媒體和 Rich Internet Applications 得以完整表現。ActionScript 3.0 推出全新最佳化的 ActionScript Virtual Machine（AVM2），其效能遠超過 AVM1。ActionScript 3.0 程式碼的執行速度比既有 ActionScript 程式碼高出十倍之多。

舊版 ActionScript Virtual Machine（AVM1）可執行 ActionScript 1.0 和 Action Script 2.0 程式碼。而 Flash Player 9 和 10 也還保有支援 AVM1 的相容能力。

目前在 Flash 的開發環境中還允許我們選擇以 ActionScript 3.0 或 ActionScript 2.0 的語法規範來進行開發。但 Flash 為何還繼續支援 ActionScript 2.0 的程式語言開發呢？主要在於 ActionScript 2.0 與 ActionScript 3.0 之間的程式開發方式有著極大的差異，因此，一般的開發者在一時間無法跳脫在 ActionScript 2.0 的開發思維，於是兩者的存在只是一種過渡的作法。

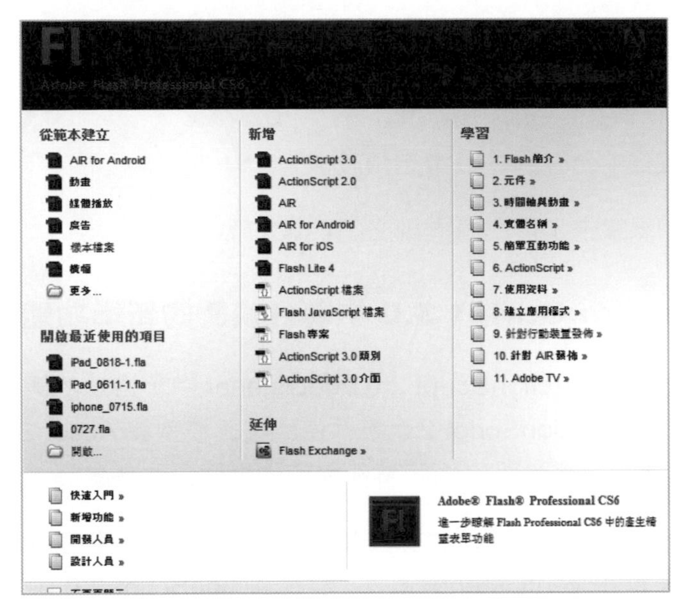

▲ Flash CS6 的選擇開發內容畫面

2-2-1 語法上的改變

基本上 AS 2.0 和 AS 3.0 的語法結構和指令完全不一樣，對於完全沒有程式基礎的人來說 AS 3.0 會很難入門。在學習 AS 3.0 之前必須要先具備「變數」、「function」、「類別物件」、「偵聽事件」等物件導向的程式概念才行。AS 2.0 的語法上較為淺顯易懂，適合完全沒有程式概念的網頁設計師、美術設計師、初學者來學習與使用。因此，ActionScript 3.0 和以前語言版本的比較上之差異如下：

（1） 導入了 Package（套件）來管理類別定義，namespace（名稱空間）用來控制程式中屬性方法的使用。

（2） 新增內建型態類型「int」、「uint」，用來提高整數運算的效率。

（3） 新增「in」運算子來驗證物件的屬性或其屬件中是否存在指定名稱的屬性。

（4） 新增「*」類型標籤符號，用來標示資料類型不確定的變數。

（5） 新增「for each」敘述來循環操作陣列與物件。

（6） 新增「const」敘述來宣告常數。

（7） 新增「is」和「as」兩個運算子來進行資料類型檢查。

（8） 函數宣告中允許為參數指定預設值。

（9） 函數如果宣告了傳回值，則必須明確的傳回該值。

2-2-2 ActionScript 3.0 中事件偵聽的新增功能

新的規格對熟悉使用 ActionScript 2.0 addListener（ ）方法的開發人員而言，將有助於他們瞭解 ActionScript 2.0 事件偵聽程式模型與 ActionScript 3.0 事件模型之間的差異。下表說明這兩個事件模型的幾個主要差異點：

（1） 在 ActionScript 2.0 會因為情況的不同而考慮是該使用 addListener( ) 或者是 addEventListener（ ），但在 ActionScript 3.0 中已將此問題改成全部統一使用 addEventListener（ ）。

（2） ActionScript 2.0 中沒有事件流程，這表示只能針對物件來呼叫 addListener（ ）方法；而在 ActionScript 3.0 中，則可以針對屬於事件流程一部分的任何物件呼叫 addEventListener（ ）方法。

（3） 在 ActionScript 2.0 中，事件偵聽程式可以是函數、方法或物件，而在 ActionScript 3.0 中，只有函數或方法可以做為事件偵聽程式。

2-3 ActionScript 的編寫環境

ActionScript 的提示點皆呈現於影格中，也就是需在場景的時間軸中來撰寫程式，含有程式敘述的影格會以「a」符號作為提示。

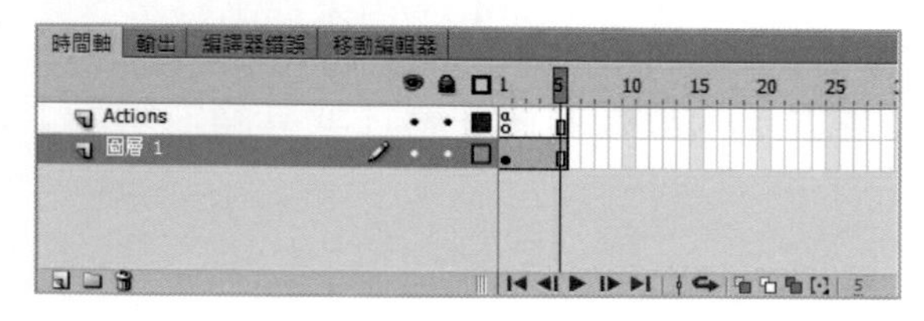

▲ 已有撰寫程式的影格 1

影格指令可包含單純的程式敘述、自定義的函數與事件處理常式等，影格的程式敘述將在影格播放時才會執行。將在要撰寫程式的影格中按下「F9」鍵，或「視窗 > 動作」即可開啟「動作」面板並在該面板中撰寫程式。

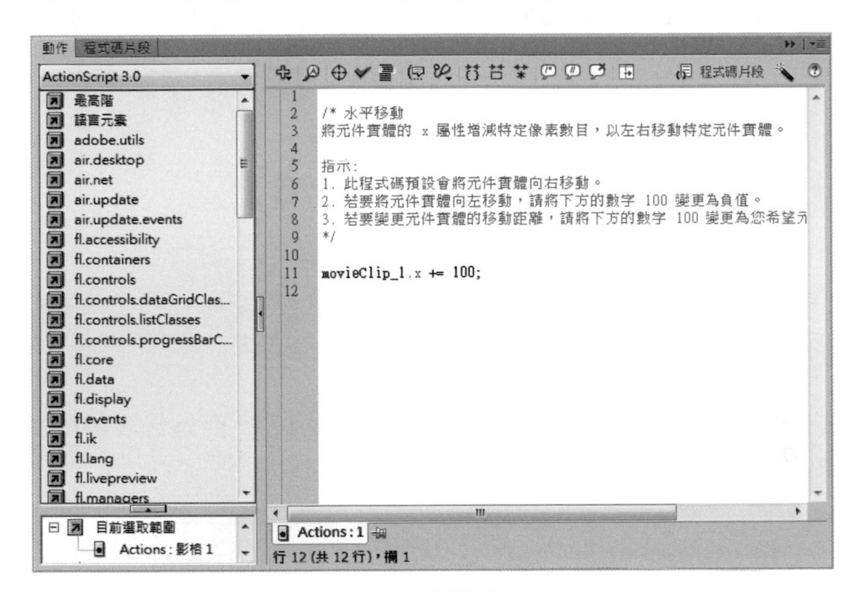

▲ 動作面板

> **TIPS**
>
> 撰寫元件的互動方式在 ActionScript 3.0 與 ActionScript 2.0 有極大的差異。在 ActionScript 2.0 中可直接對元件進行程式的撰寫，但在 ActionScript 3.0 卻無法進行這樣的動作，而 ActionScript 3.0 與元件的互動方式為，需先將元件個別的命名（實體名稱），才可在撰寫程式指令時以指名「實體名稱」的方式進行程式敘述撰寫。

2-4 ActionScript 的溝通方法

每種行業都有他專門的術語或溝通方式，而 ActionScript 也有屬於它自己的術語，下列內容中，筆者會陸續介紹 ActionScript 的專門術語。

2-4-1 運算子與運算元

運算子等同於運算的符號，如數學裡面的 +、- 或 = 等都是運算子，而數字 2012 和 2 以及字母 a 這些類型都稱為運算元，整個敘述的指令為運算式。

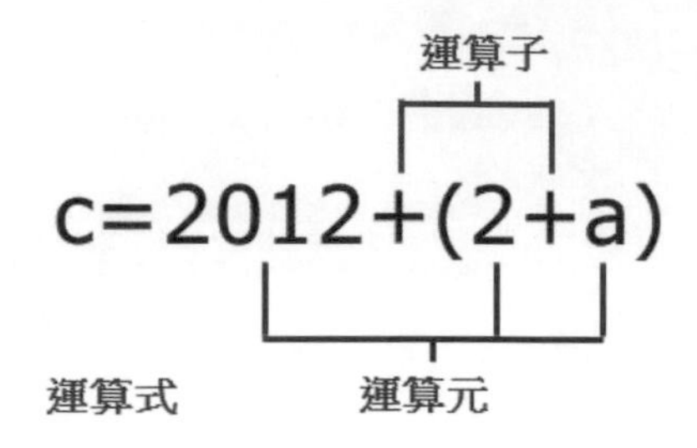

▲ 運算式的說明

要值得注意的是，數學裡的等號在此並不表示為相等，而是代表等號左邊的元素為等號右邊的運算值。

運算元	說明
+	相加
-	相減
*	相乘
/	相除
%	取餘數

▲ 運算元的說明

2-4-2「函數」與「方法」

「函數」與「方法」的說明如下：

（1） 函數：在程式中進行特定的工作，且可重複使用的一組程式。

（2） 方法：可被物件執行的「動作」。

舉例：好比在烹煮料理（動作），師傅會告訴徒弟烹煮的步驟以及食材跟調味料的量（函數），而烹煮的步驟以及食材跟調味料會因個人所下的量不同而在味道上有所差異。

2-4-3「套件」與「類別」

「套件」與「類別」的說明如下：

（1） 套件：在 Flash 中，將〔相似類別的集合〕定義為「套件」，Flash 中的套件都是以 flash 開頭，以「．」連接套件名稱。

（2） 類別：定義物件的一組程式碼，通常在類別中定義一群物件共通的「屬性」、「方法」與「事件」。

舉例：在要蓋房子之前都會有設計稿（藍圖），之後再參照設計稿而逐漸完成房子的設計。而蓋房子這個動作如同「套件」，在蓋房子過程中所做的動作「類別」如打地基、堆石磚、鋪水泥等動作。

2-4-4 屬性

（1） 屬性：為物件資料的一部份，用來定義物件的〔特質〕。

舉例：相同的糖果往往會有不同的口味，而這個口味就為「屬性」。

2-4-5「事件」與「事件處理函數」

「事件」與「事件處理函數」的說明如下：

（1） 事件：為發生在 Flash 影片中，〔觸發〕ActionScript 執行特定事件的動作。

（2） 事件處理函數：針對回應的特定事件所需運行的動作，進行規劃與設計相關的技術。

舉例：好比我們在用遙控器開啟鐵捲門時，按下遙控器的動作表示為「事件」，而鐵捲門開啟為「事件處理函數」。

選擇題

1. (　　) 在 Flash 的影格中若加入程式碼，則該影格會以何種符號作為提示？

   A.「a」　　B.「b」

   C.「c」　　D.「z」

2. (　　) 在 ActionScript 3.0 的開發環境中，對於撰寫程式碼的動作何者是正確的。

   A. 可直接對元件進行程式的撰寫。

   B. 按下鍵盤上的「F8」可開啟動作面板。

   C. 不必對事件內容進行監聽的動作。

   D. 需先將元件個別的命名（實體名稱）才可在動作面板中為該元件撰寫執行動作。

簡答題

1. 請說明 ActionScript 3.0 和以前語言版本的比較上之差異？

CHAPTER 03

Flash 開發環境與行動手勢介紹

畢竟我們所要開發的 App 是要在智慧型裝置上運行，因此針對智慧型裝置上特有的一些手勢、觸控等操作模式，才是我們利用 Flash 開發 App 所關注的其中一項重點。要如何讓開發出的 App 不再只是像滑鼠點擊的效果，而是真的能在智慧型裝置上進行手勢、觸控的操作方式。這個問題在 Flash 支援 App 的開發後也提供了一些相關的 API，讓開發者可搭配使用。

除此之外，有了這些行動手勢事件的 API 還是不夠的。我們還必須了解 Flash 對於開發 App 時，所支援的環境以及最後模擬手勢或觸控動作的方式。

因此，本章節主要是介紹如何在 Flash 中新增 iOS 與 Android 兩系統的開發文件、行動手勢事件的 API、以及 Simulator（模擬器）等內容進行說明。

學習目標

- iOS 與 Android 系統的開發文件
- 程式碼片段面板介紹
- 行動手勢事件
- Simulator（模擬器）介紹
- iOS 與 Android 發佈面板說明

3-1 新增 iOS 與 Android 文件

首先，由於 iOS 與 Android 的系統不同，所以在開發時要選擇合適的開發類型文件與尺寸。

支援 iOS 與 Android 系統的開發文件

3-2 iOS 與 Android 裝置尺寸

由於支援 Android 系統的智慧型裝置過多，使得螢幕尺寸皆不相同，為了方便讀者了解在接下來的範例中清楚整個素材位置之關係，因此本書的範例皆以 iPad 作為主要的測試平台，而開發的文件會以 AIR for iOS 為主，在文件的尺寸上則會依內容需求進而設定為 1024 X 768（橫向）或 768 X 1024（直向）兩種此尺寸，但各位讀者不必擔心，如果您的設備為 Android 系統的也是可套用此範例的內容（程式），唯一不同的就是在一開始的文件建立上您必需選擇 AIR for Android。下表為 iOS 與 Android 系統中常見的尺寸。

	iOS 系統	Android 系統
手機	iphone 4 與 4s：960 x 640 像素 iphone 5：1280 x 720 像素	HTC One X：720 x 1280 像素 Sensation XL：480 x 800 像素 Sensation XE：540 x 960 像素
平板	iPad1~2：1024 x 768 像素 New iPad：2048 x 1536 像素	HTC Flyer：1024 x 600 像素

▲ iOS 與 Android 不同裝置的螢幕大小

Android 系統的尺寸會因手機型號或廠牌的不同而有所差異，所以在開發 Android 系統的 App 時，請各位讀者務必要清楚您手機的螢幕尺寸。

在上述表格中所列的尺寸皆以直向為主，若您是要開發橫向的內容時，只要在文件的尺寸設定上將上述的尺寸對調即可。

TIPS

1. 在使用 Flash 開發行動裝置用的 App 內容時，必須使用 ActionScript 3.0 語言來進行內容的開發，且 AIR 必須更新到 2.6 版本以上。

2. 在 Flash CS6 中有提供「模擬器」的協助。

3-3 程式碼片段面板介紹

在使用 Flash CS6 開發應用程式時，可藉由「程式碼片段」面板來輔助程式的開發，以縮短開發的時間。程式碼片段中的程式已將常用的一些互動模式製作成套件方式，只要針對內容的需求，並在舞台中安排好相關的元件就可直接進行套用。不論是開發一般的應用內容或是行動裝置內容，在面板中都有提供適當的協助。

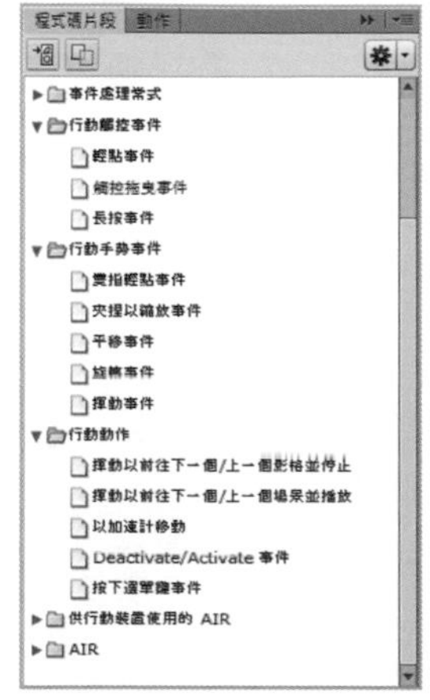

▲ 程式碼片段面板

3-4 行動手勢事件

3-4-1 手勢事件的使用觀念

我們可從「程式碼片段」面板中，快速的套用「行動觸控」與「行動手勢」兩事件的內容，來達到在行動裝置上的觸控或手勢效果。除此之外，以往我們利用滑鼠來執行互動的方式依然可在行動裝置上運作，但唯一要注意的是，由於行動裝置中的按鈕無法顯示「滑入」與「滑出」之效果，因此在按鈕元件的製作上需有不一樣的設計方法，也就是說在按鈕的設定中只需製作「一般」與「按下」兩影格即可。

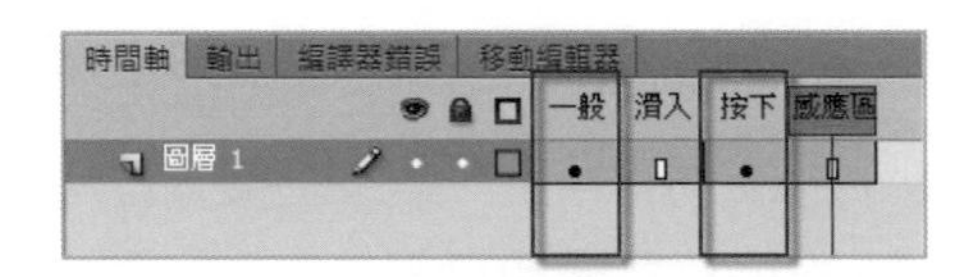

▲ 手勢事件的按鈕設計

另外要注意的事，在一個專案中，「行動觸控」與「行動手勢」兩事件不能達到互助的效果。換言之，在一個專案中只能單一的使用「程式碼片段」面板中的行動觸控事件或行動手勢事件。其實，為了讓專案的應用內容可發揮最大的效益，我們還可額外搭配一般的滑鼠事件來與行動觸控事件或行動手勢事件來進行互助，以達到完美的結果，行動觸控、行動手勢與按鈕的組合方式如下：

行動事件的組合方式	執行狀況
行動觸控事件 + 行動手勢事件	只會單一執行某項事件
事件處理常式 + 行動手勢事件	兩者皆可同時執行
事件處理常式 + 行動觸控事件	兩者皆可同時執行

▲ 行動觸控、行動手勢與按鈕的組合方式

TIPS

若在專案中同時使用到行動觸控與行動手勢兩事件時，在專案中只會對行動觸控的事件有所反應。

在開發觸控事件（Multi-touch）時主要會用到 AIR sdk library 中的三個 API：TouchEvent、GestureEvent 以及 TransformGestureEvent。其中 TouchEvent 主要的功能是觸控事件，GestureEvent 及 TransformGestureEvent 的主要功能是手勢事件之處理，下列則針對兩個 API 中的功能進行介紹。

3-4-2 TouchEvent

Touchevent 主要的內容就是各種觸控事件，例如 TOUCH_BEGIN 指的是一開始觸控到螢幕，TOUCH_END 是離開螢幕，TOUCH_MOVE 為手指於螢幕上移動，TOUCH_TAP 為手指輕敲螢幕。透過此 API，程式可聆聽螢幕上是否有觸控事件的發生，一聽到事件發生，就做出我們描述之動作指令。下表為 TouchEvent 指令與功能説明整理。

指令	功能
TOUCH_BEGIN	Touch 事件開始
TOUCH_END	Touch 事件結束
TOUCH_MOVE	移動中之 Touch 事件
TOUCH_TAP	輕敲之 Touch 事件
TOUCH_OVER	touch 點進入一互動物件
TOUCH_OUT	touch 點離開一互動物件
TOUCH_ROLL_OVER*	touch 點進入一互動物件
TOUCH_ROLL_OUT	touch 點離開一互動物件

▲ TouchEvent 指令與功能介紹

「*」其中 TOUCH_OVER 與 TOUCH_ROLL_OVER 不同在於 TOUCH_OVER 對所有該物件之 child 都有作用，而 TOUCH_ROLL_OVER 只對該物件有作用。

3-4-3 GestureEvent 與 TransformGestureEvent

GestureEvent 主要的內容就是手勢事件，例如 Gesture Two_Finger_TAP 指的是兩指輕敲螢幕；而 TransformGestureEvent 主要的內容就是變形的手勢事件，例如 GESTURE_PAN 是在螢幕上拖曳之手勢，GESTURE_SWIP 是於螢幕上拍打之手勢。最常用的是 GESTURE_ROTATE 以及 GESTURE_ZOOM，它們指的是旋轉以及放大縮小的手勢。其中旋轉手勢為兩指放於螢幕上，一指於螢幕上繞圈旋轉，一指不動，像用使用圓規畫圓這樣的手勢，而放大縮小手勢則為兩指於螢幕上同時往外移放大以及同時往內移縮小。透過此 API，程式可聆聽螢幕上是否有這類手勢事件發生，一聽到該手勢發生則執行我們所描述之動作。下表為 GestureEvent 指令與功能說明整理。

指令	功能
GESTURE_TWO_FINGER_TAP	兩指輕敲
GESTURE_PAN	拖曳事件
GESTURE_SWIP	拍打事件
GESTURE_ROTATE	旋轉事件
GESTURE_ZOOM	放大縮小事件

▲ GestureEvent 指令與功能介紹

3-4-4 其他指令

stratTouchDrag 及 stopTouchDrag 此兩項指令為觸控功能專用之拖曳指令，因於 AS 3.0 內建之拖曳指令 stratDrag 及 stopDrag 只針對滑鼠使用，若觸控事件採用 startDrag 及 stopDrag 則會產生物件定位錯誤之問題，故若開發人員需定義觸控拖曳事件時，可採用 stratTouchDrag 及 stopTouchDrag 此兩種指令。

而在 MultitouchInputMode 這項指令中，我們可以選擇多點觸控的輸入方式。例如 MultitouchInputMode.GESTURE 就是開啟手勢輸入模式，此時觸控之功能就失去效用，只監聽手勢事件；MultitouchInputMode.TOUCH_POINT 則是開啟觸控輸入模式，此時手勢功能就失去效用，只監聽觸控事件。而 NONE 則是關閉多點觸控輸入模式，以滑鼠操作。下表為其他指令與功能說明整理。

指令	功能
startTouchDrag	觸碰拖曳事件開始
stopTouchDrag	觸碰拖曳事件結束
MultitouchInputMode.GESTURE	多點觸控輸入方式之轉換 - 手勢
MultitouchInputMode.TOUCH_POINT	多點觸控輸入方式之轉換 - 觸控
MultitouchInputMode.NONE	多點觸控輸入方式之轉換 - 無

▲ GestureEvent 指令與功能介紹

3-4-5 支援的 Gesture 類型介紹

在 Adobe 的 Gesture API 內建了一系列較常見的手勢操作，只要在使用手勢操作前，設定 Multitouch.inputMode 為 MultitouchInputMode.GESTURE 即可開始使用手勢操作，以下是 Flash 內建所支援的 Gesture 類型。

STEP 1 雙指輕點事件－（GESTURE_TWO_FINGER_TAP）

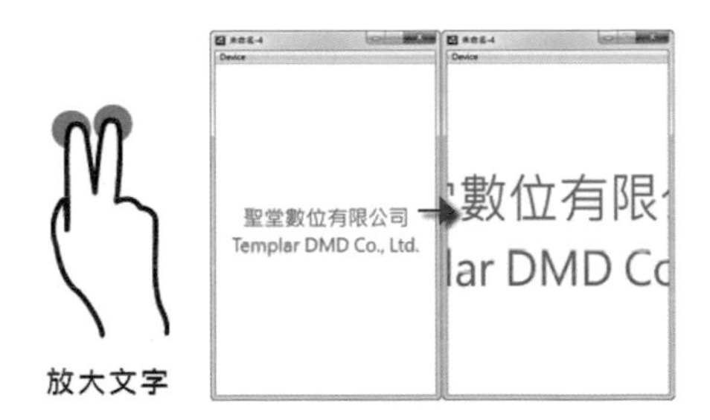

STEP 2 夾捏以縮放事件－（GESTURE_ZOOM）

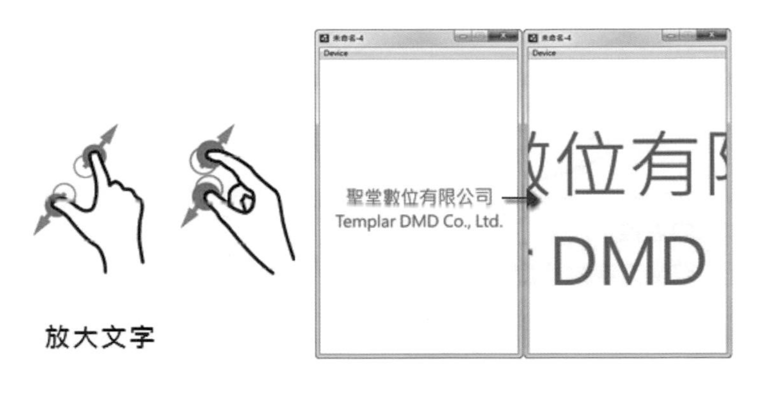

STEP 3 平移事件－（GESTURE_PAN）

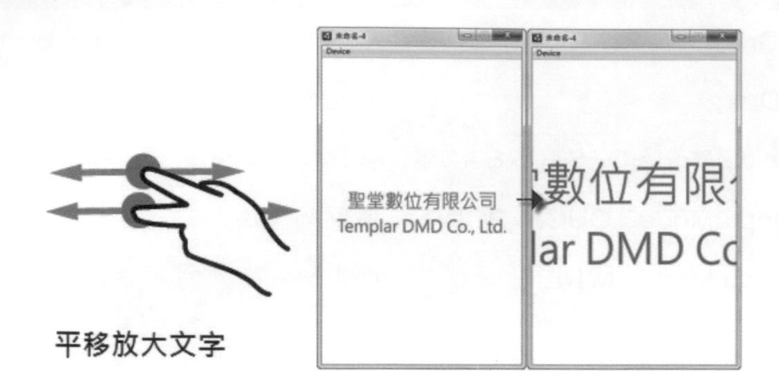

STEP 4 旋轉事件－（GESTURE_ROTATE）

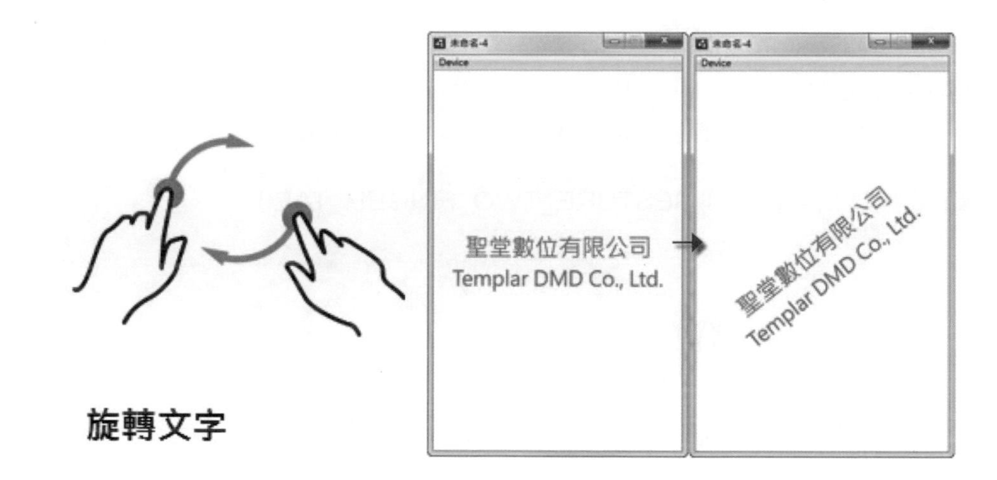

STEP 5 揮動事件－（GESTURE_SWIPE）

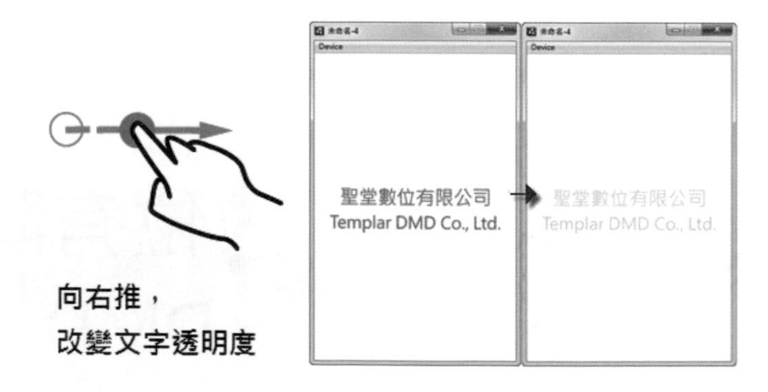

3-4-6 手勢事件與一般事件的差異

其實撰寫行動觸控的內容與以往撰寫 Flash 的方式都相同，唯一的差別是所監聽的內容不同，這樣的內容最終是要透過滑鼠、按鍵或者是行動觸控來進行操作，針對不同的操作方式而給予適當的執行內容。

```
1
2  /*滑鼠事件*/
3
4  button_1.addEventListener(MouseEvent.CLICK, fl_ClickToGoToAndStopAtFrame);
5
6  function fl_ClickToGoToAndStopAtFrame(event:MouseEvent):void
7  {
8      gotoAndStop(5);
9  }
10
11 /*行動觸控-輕點事件*/
12
13 Multitouch.inputMode = MultitouchInputMode.TOUCH_POINT;
14
15 button_1.addEventListener(TouchEvent.TOUCH_TAP, fl_TapHandler);
16
17 function fl_TapHandler(event:TouchEvent):void
18 {
19     gotoAndStop(5);
20 }
21
```

▲ 在執行相同動作的情況下，對於滑鼠事件與行動觸控事件之差異

3-5 Simulator（模擬器）

Flash CS6 為行動裝置開發了 iOS 與 Android 的專屬模擬器，根據兩種不一樣的系統提供了相對應的功能，可模擬重力感應、手勢、觸控與地理位置。在 Flash 中執行「控制 > 測試影片 > 在 AIR Debug Launcher（行動裝置）中」，就可在發布內容的同時還開啟行動裝置的模擬器。

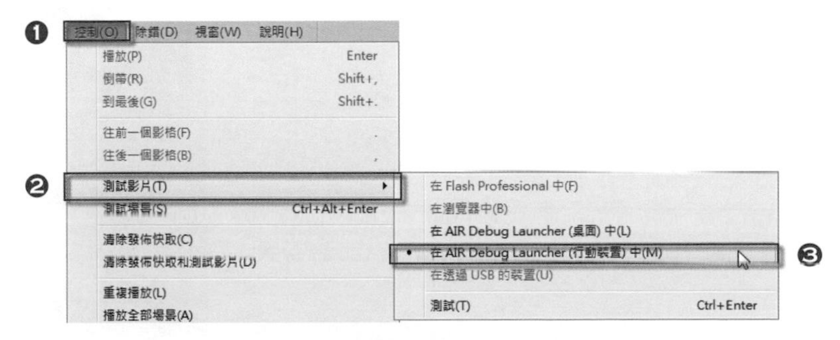

▲ 模擬在行動裝置中的發佈測試方法

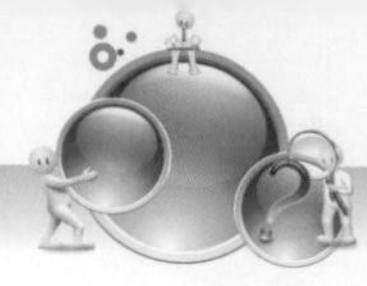

在模擬器外觀上，可發現在 Android 上多了三個按鈕，此按鈕式對應到 Android 行動裝置上的回主選單、返回鍵、搜尋鍵等實體按鈕。

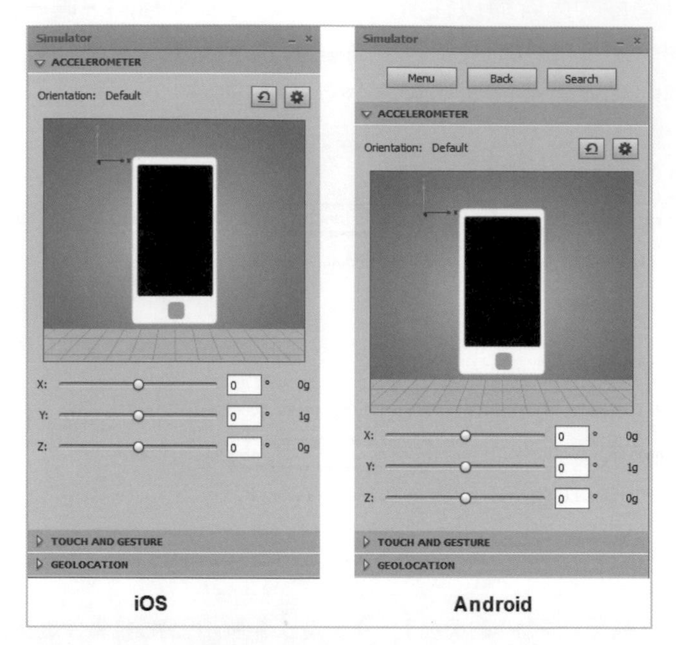

▲ iOS 與 Android 模擬器之差異

兩種系統的模擬器皆有三個共同的功能，為重力感應、手勢觸控以及地理位置。

- **重力感應**：在模擬器中，可以設置觀察視野的角度、控制手機的旋轉來模擬手機加速度計數值與 X、Y、Z 三軸的變化。

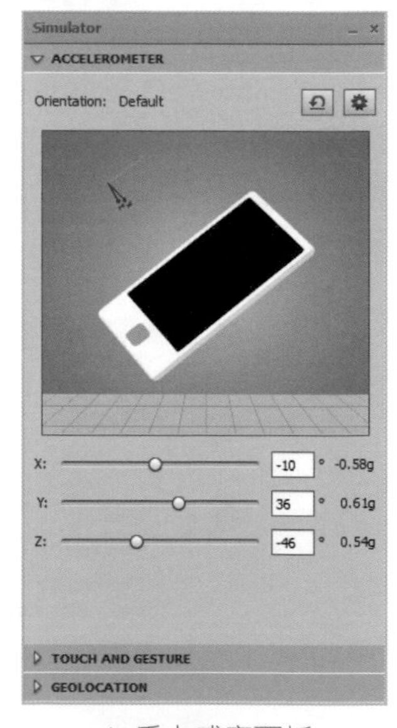

▲ 重力感應面板

- **手勢觸控**：可模擬點擊、拖曳、旋轉等手指與手勢動作。

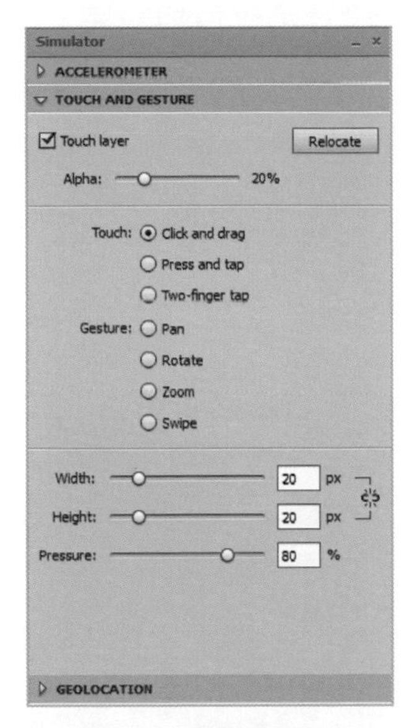

▲ 手勢與觸控面板

指令	說明
Click and drag	點擊並拖曳
Press and tap	按下並點擊
Two-finger tap	兩指點擊
Pan	平移
Rotate	旋轉
Zoom	縮放
Swipe	揮動

▲ 手勢與觸控指令面板的說明

- **地理位置**：地理定位，也就是 GPS 定位。不僅可以模擬手機所處於的經緯度位置和海拔高度，還可設置精確度與設定一個方向，讓手機以某一個恆定的速度運動。

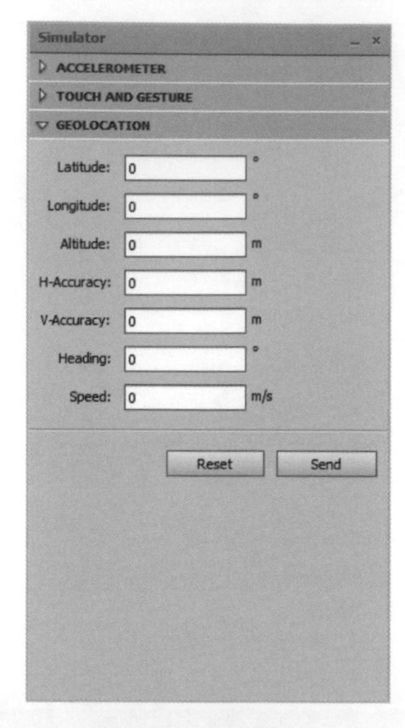

▲ 地理位置面板

指令	說明
Latitude	緯度（以角度為單位）
Longitude	經度（ 以角度為單位）
Altitude	高度（以公尺為單位）
H-Accuracy（horizontalAccuracy）	水平精確度（以公尺為單位）
V-Accuracy（verticalAccuracy）	垂直精確度（以公尺為單位）
Heading	移動方向（以正北方作為基準，以角度為單位）
Speed	速度（每秒公尺數）

▲ 地理位置面板的說明

3-6 iOS 與 Android 發佈面板說明

由於 iOS 與 Android 是兩者不同的系統，加上各自的系統的限制，使得在發佈 App 的設定也不盡相同，下列將針對 iOS 系統的發佈面板進行說明。

3-6-1 iOS 發佈面板

在 AIR for iOS 的發佈面板，主要的設定標籤有四種，為一般、部屬、圖示以及語言。下列針對各個標籤中的重要功能進行說明。

- 「一般」標籤面板

▲「一般」標籤面板

- 輸出檔案：發佈後的檔案存放位置。
- 應用程式名稱：在 iPhone 與 iPad 裝置中所顯示的程式名稱。
- 版本：每當有更新時，在版本數值上可再提升一個數值（如 V1.2），以便消費者知道目前的版本狀況。
- 外觀比例：依照內容的呈現方式來進行縱向、橫向與兩者、全螢幕等內容呈現上的設定。
- 顯示模式：可設定為 CPU、GPU 或兩者來進行內容的顯示。

- 裝置：依照目前所開發的需求而進行 iPhone 或 iPad 裝置的設定。
- 解析度：依照內容的需求來進行畫面解析度的設定。

● 「部屬」標籤面板

AIR for iOS 設定
一般 部署 圖示 語言
iOS 數位簽名
使用 iOS 憑證 (.p12) 更多資訊
憑證: 瀏覽...
密碼:
記住此工作階段的密碼
提供描述檔: 瀏覽...
應用程式 ID: noName
iOS 部署類型
快速發佈以進行裝置測試
快速發佈以進行裝置除錯
遠端除錯的網路介面:
區域連線 <192.168.1.100>
部署 - 臨機操作
部署 - Apple App Store
確定 取消 發佈 說明

▲「部屬」標籤面板

- iOS 數位簽名：在取得 Apple 開發憑證（開發者權限）之後，需將此開發憑證轉為 P12 的檔案。原因在於若想要透過 Flash 開發給 iPhone、iPad、iPod Touch 的應用程式時，必須使用到 P12 的憑證才可以進行發佈。
- 描述檔：在開發每一個應用程式時，均需要先向 Apple 申請一個 App ID 及申請對應的 Profiles 佈建描述檔，等同於為該程式建立一個專屬的身分證。
- iOS 部屬：在發佈時，依照現階段的需求而挑選適當的部屬類型。

TIPS

憑證的取得請參考 Ch04 中的申請 Apple 開發者帳號內容。

● 「圖示」標籤面板

在 Flash 發佈的面板中還需為該程式準備專屬的 icon，藉此，將發佈後的檔案傳至 iPhone 或 iPad 裝置中時，才可藉由這個 icon 來執行應用程式。iPhone 或 iPad 的圖示尺寸如下：

- iPhone：29 X 29、57 X 57、114 X 114。
- iPad：28 X 28、72 X 72。

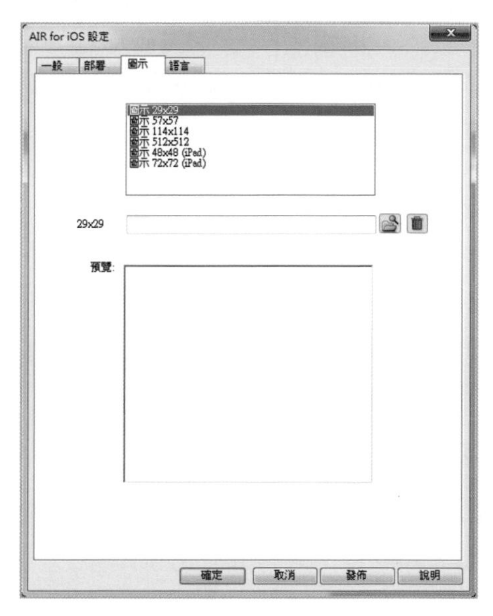

▲「圖示」標籤面板

- 「語言」標籤面板

選取應用程式中將支援的語言。

▲「語言」標籤面板

3-6-2 Android 發佈面板

對於發佈 Android 應用程式的方式其實與發佈 iOS 的方式一樣，只要在面板中依欄位的要求而選擇或輸入相對應的文字內容或圖片即可進行發佈的動作。而在面板的設定中唯一要注意的是，就是取得「數位憑證」的方式與 iOS 不同，對於 Android 數位憑證的取得可參考 Ch05 章節的內容。

在AIR for Android的發佈面板，主要的設定標籤有四種，為一般、部屬、圖示、權限以及語言。下列針對各個標籤中的重要功能進行說明。

TIPS

Android 與 iOS 不同之處，在於 Android 是屬於開放性的系統，因此在相關的憑證帳都可自行建立，並在套用至相關的選項中，就可完成發佈的動作；相反的，iOS 憑證的取得都需要建立在已付費取得開發者權限的資格下才可進行相關憑證的建立，如此才可進行發佈的動作。

- 「一般」標籤面板

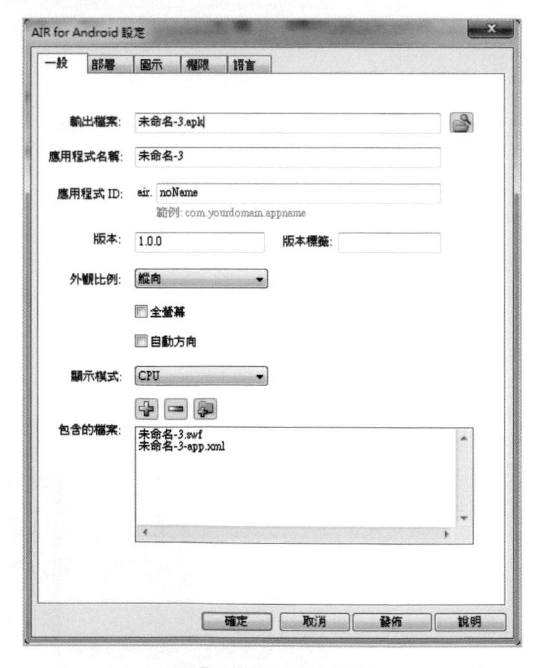

▲「一般」標籤面板

- 輸出檔案：發佈後的檔案存放位置。
- 應用程式名稱：在 Android 裝置中所顯示的程式名稱。
- 應用程式 ID：為該程式設定一個專屬的 ID（專屬的身分證）。
- 版本：每當有更新時，在版本數值上可再提升一個數值（如 V1.2），以便消費者知道目前的版本狀況。
- 外觀比例：依照內容的呈現方式來進行縱向、橫向與兩者、全螢幕等內容呈現上的設定。
- 顯示模式：可設定為 CPU、GPU 或兩者來進行內容的顯示。
- 裝置：依照目前所開發的需求而進行 iPhone 或 iPad 裝置的設定。

● 「部屬」標籤面板

▲「部屬」標籤面板

- 憑證：在未有相關憑證的狀態下，可點擊「建立」按鈕來建立自己的憑證，以在發佈時使用。憑證的建立方式會在 ch05 章節中做說明。
- AIR 執行階段：此選項中的兩種方式介紹如下，一般的狀態下都會選擇第二個執行條件。
  - 將 AIR 執行階段嵌入應用程式：使用者不用先安裝 AIR 就可直接在 Android 裝置中安裝應用程式，但此方式的缺點是檔案會較大。

- 從下列位置取得 AIR 執行階段：使用者必須已安裝好 AIR 程式，此方式會讓應用程式的檔案較小。

● 「圖示」標籤面板

在 Flash 發佈的面板中還需為該程式準備專屬的 icon，藉此，將發佈後的檔案傳至 Android 裝置中時，才可藉由這個 icon 來執行應用程式。圖示的尺寸有 36 x 36、48 x 48、72 x 72 三種。

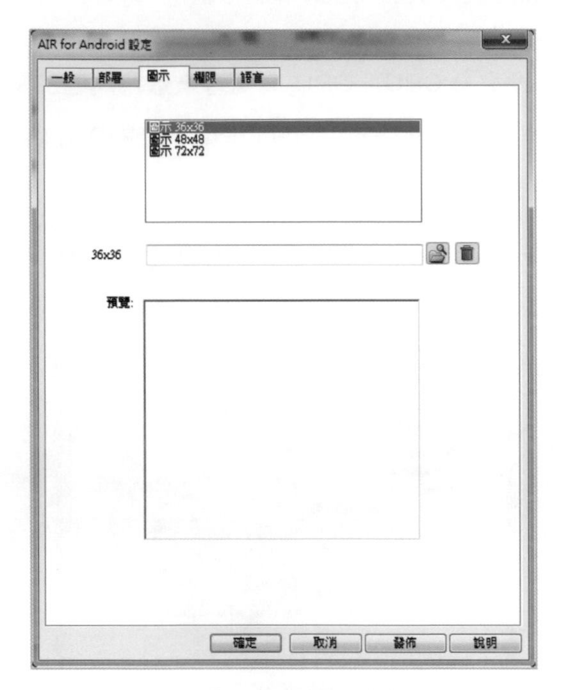

▲「圖示」標籤面板

● 「權限」標籤面板

依照所開發的內容而為應用程式選取適當的權限，例如有透過按鈕連上網的功能時，需勾選「INTERNET」選項；若有使用到相機拍攝時則須勾選「CAMERA」選項。

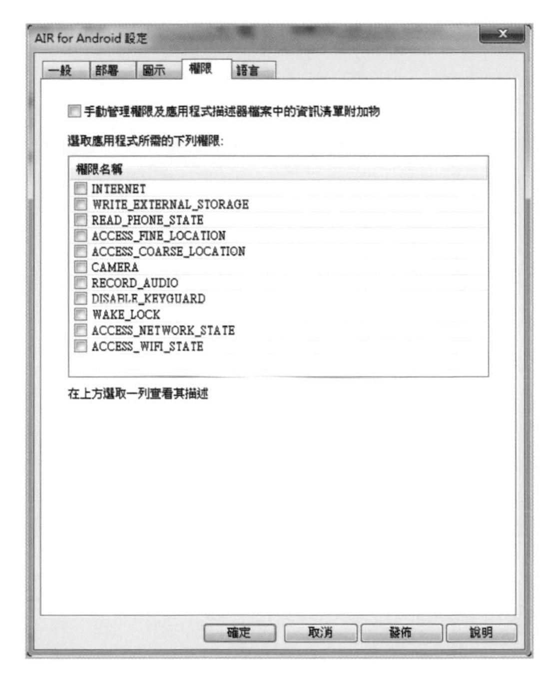

▲「權限」標籤面板

- INTERNET：允許應用程式提出網路要求，也允許遠端除錯。
- WRITE_EXTERNAL_STORAGE：允許應用程式寫入裝置上的外部記憶卡。
- READ_PHONE_STATE：允許 AIR 執行階段在通話期間將音效靜音。如果應用程式在背景播放音效，則應設定此權限。
- ACCESS_FINE_LOCATION：允許應用程式透過 Geolocation 類別存取 GPS 資料。
- ACCESS_COARSE_LOCATION：允許應用程式透過 Geolocation 類別存取 WIFI 與行動電話網路位置資料。
- CAMERA：允許應用程式存取攝影機。
- RECORD_AUDIO：允許應用程式存取麥克風。
- DISABLE_KEYGUARD 與 WAKE_LOCK：允許應用程式使用 SystemIdle Mode 類別設定，避免裝置進入休眠。
- ACCESS_NETWORK_STATE 與 ACCESS_WIFI_STATE：允許應用程式透過 NetworkInfo 類別存取網路資訊。

- 「語言」標籤面板

選取應用程式中將支援的語言。

▲「語言」標籤面板

選擇題

1. (　　) 請問下列的敘述何者為非。
   A. 使用 Flash 開發行動裝置用的 App 內容時，必須使用 ActionScript 3.0 語言來進行內容的開發，且 AIR 必須更新到 2.6 版本以上。
   B. 在 Flash CS5.5 與 CS6 皆有提供「模擬器」的協助。
   C. 進行程式開發時，若無針對 iOS 或 Android 系統開發特定的功能，則所開發好的程式在兩系統間都可正常運作。
   D. 在開發的文件上，有 AIR for iOS 與 AIR for Android 兩種文件。

2. (　　) 請問下列對於行動手勢事件的敘述何者正確。
   A. 我們可在「程式碼片段」面板中，快速的套用「行動觸控」與「行動手勢」兩事件的內容。
   B. 在行動裝置上所運作的按鈕，都會呈現按鈕元件的「一般」、「滑入」、「按下」、「感應區」等效果。
   C. 在開發程式的過程中，「行動觸控」與「行動手勢」兩事件可同時使用。
   D. 若要套用「程式碼片段」面板中的任何程式，其所套用的元件皆須為「圖像」元件。

簡答題

1. 在 Flash 中對於行動裝置的觸控方式提供了三種 API，請說明 TouchEvent、GestureEvent 以及 TransformGestureEvent 分別支援何種事件內容。

2. 請說明，Flash CS6 所提供的 Simulator（模擬器）可模擬行動裝置的那些功能？並進行說明。

NOTE

CHAPTER 04

開發 iOS 應用程式的事前流程

要開發 iOS App 時，需要先準備好相關的憑證與動作後才可在 iPhone 或 iPad 裝置中測試 App 內容。

在 iOS App 的開發憑證的建立部分，需要先註冊成 iOS 的開發者資格後才可透過 Apple 的開發者平台取得開發者憑證檔與佈建檔（發佈檔），有了這兩種憑證才可進行發佈 App 的動作，其發佈好的結果才可置入到裝置中進行測試。

因此，此章節主要是針對發佈 iOS App 進行說明，介紹如何完整的取得 Apple 開發者資格，以及如何建立憑證給 Flash 在發佈時使用等過程。

學習目標

- 理解發佈 iOS App 時所要準備的動作
- 開發憑證的建立方式

- 開發者憑證：可套用於多種程式中，但憑證有過期的問題，若發現憑證已過期時，只要重新執行一次開發者憑證的建立即可。
- 佈建檔：就是指每個應用程式的專屬身分證，一個佈建檔只能套用在一個應用程式中。

TIPS

1. 在 Windows 底下雖然可發佈 ipa 並給予 iPad 進行測試與執行，可是在 Windows 系統下是無法進行「上架」的動作。若要執行上架的動作則必需藉由 Mac 系統電腦來重新進行憑證、佈建檔的取得，以及重新發佈 ipa 檔案，使其 ipa 檔案才可順利的上傳與上架。
2. Windows 與 Mac 兩系統中的 Flash 版本需高於 CS 5.5 版本以上（若兩系統的版本不相同時，可降存成兩者皆可相容的版本，需 Flash CS 5.5 版本以上）。換句話說，可在 Windows 進行程式開發，而在 Mac 進行發佈與上架的動作。
3. 若您的電腦是 Mac 系統，則在申請 Apple 的開發者部分與 Windows 是相同的，但在憑證的建立上請參考 Ch17 單元。

4-1 申請 Apple 開發人員帳號

STEP 1 連結至 Apple Developer 網站，來申請成 Apple 開發人員。

- 網站：http://developer.apple.com/programs/register/

STEP 2 若你尚未有一個 Apple ID 的話，則選取建立一個新的 Apple ID（Create an Apple ID）。相反的，你也可選擇使用既有的 Apple ID（Use an existing Apple ID）。

Developer
Apple Developer Registration
Apple ID
Personal Profile
Professional Profile
Legal Agreement
Email Verification
Do you have an existing Apple ID you would like to use?
Create an Apple ID
If you have not registered as an Apple developer or do not have an iTunes, Apple Online Store or MobileMe account, you will need to create an Apple ID.
❶
What is an Apple ID?
You will use your Apple ID to access certain information and resources, or to register for an event.
Use an existing Apple ID
If you have already registered as an Apple developer or have an iTunes, Apple Online Store or MobileMe account, you can use your existing Apple ID to sign in.
Note: If you intend to enroll in a paid Developer Program for business purposes, you may prefer to create a new Apple ID that is dedicated to your business transactions and used for accounting purposes with Apple. If your Apple ID is associated with an existing iTunes Connect account, please create a new Apple ID to avoid accounting and reporting issues.
❷
Cancel
Go Back
Continue
Copyright © 2011 Apple Inc. All rights reserved. Terms of Use | Privacy Policy

STEP 3 依照欄位項目來輸入您的個人資料。

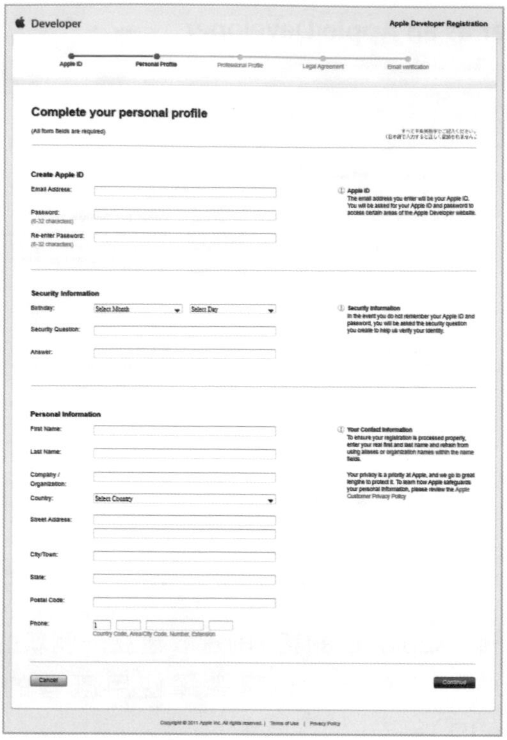

Developer　　Apple Developer Registration

Apple ID　Personal Profile　Professional Profile　Legal Agreement　Email verification

Complete your personal profile

(All form fields are required)

Create Apple ID

Email Address:

Password:
(6-32 characters)

Re-enter Password:
(6-32 characters)

Apple ID
The email address you enter will be your Apple ID. You will be asked for your Apple ID and password to access certain areas of the Apple Developer website.

Security Information

Birthday: Select Month　Select Day

Security Question:

Answer:

Security Information
In the event you do not remember your Apple ID and password, you will be asked the security question you create to help us verify your identity.

Personal Information

First Name:

Last Name:

Company / Organization:

Country: Select Country

Street Address:

City/Town:

State:

Postal Code:

Phone: 1
Country Code, Area/City Code, Number, Extension

Your Contact Information
To ensure your registration is processed properly, enter your real first and last name and refrain from using aliases or organization names within the name fields.

Your privacy is a priority at Apple, and we go to great lengths to protect it. To learn how Apple safeguards your personal information, please review the Apple Customer Privacy Policy

Cancel　　Continue

Copyright © 2011 Apple Inc. All rights reserved. | Terms of Use | Privacy Policy

STEP 4 選取您專業領域的項目。

Developer　　Apple Developer Registration

Apple ID　Personal Profile　Professional Profile　Legal Agreement　Email verification

Complete your professional profile

(All form fields are required)

Which Apple platforms do you develop with? Select all that apply.

- iOS
- Mac OS X
- Safari

What is your primary market?

Business	Medical	Reference
Education	Music	Social Networking
Entertainment	Navigation	Sports
Finance	News	Travel
Games	Photography	Utilities
Health & Fitness	Productivity	Weather
Lifestyle		

Check this box if you are currently enrolled in a college or university.

Cancel　　Continue

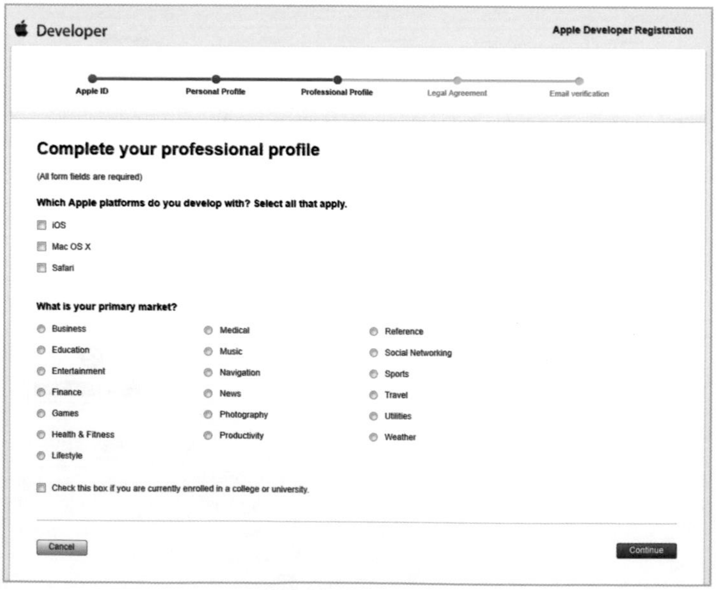

STEP 5 同意 Apple 開發者協議。

STEP 6 在此畫面中，您需先到之前登記在 Apple ID 中的信箱中接收 Apple 寄來給您的認證郵件。郵件中會有 Apple 提供的認證碼（Verification Code），請將該認證碼填寫在下方中完成開發人員註冊程序。

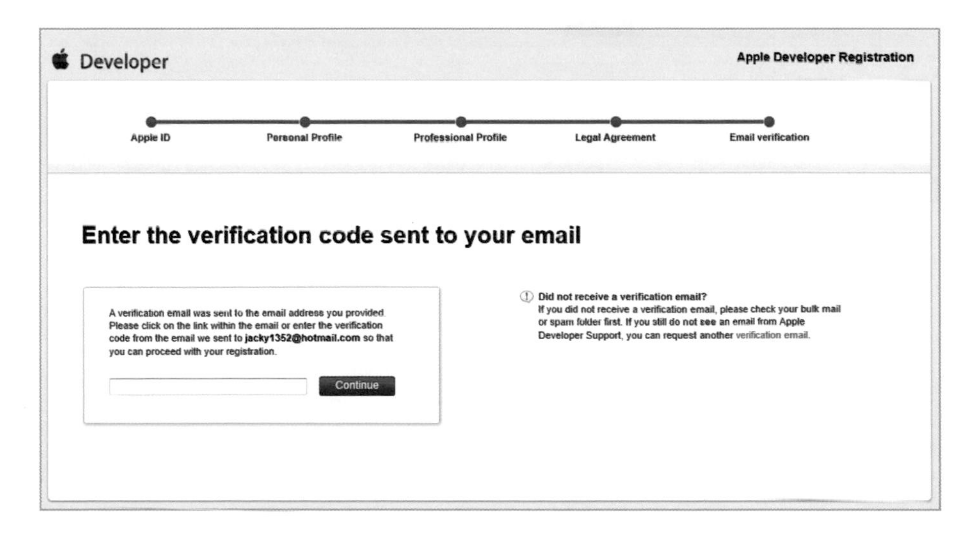

STEP 7 前往您所填寫的信箱，收取 Apple 所寄送的電子郵件，並瀏覽信件中所指定的網頁，在網頁輸入認證碼以完成此申請流程。

Developer

Please Verify Your Email Address

Dear

To continue the process of registering as an Apple Developer, please click the code below to verify your email address.

This verification code is only valid for 30 days. If you attempt to verify your email after this time, you will be asked to resubmit your email address for confirmation the next time you log in to the Apple Developer website.

If you need further assistance, please contact us.

Best regards,

Apple Developer Support

TM and copyright © 2011 Apple Inc. 1 Infinite Loop, MS 303-3DM, Cupertino, CA 95014.
All Rights Reserved / Keep Informed / Privacy Policy / My Info

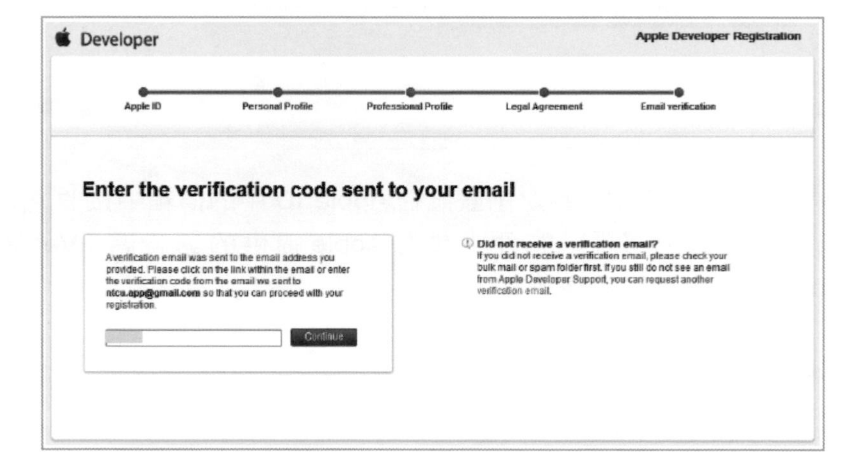

STEP 8 完成了 Apple 開發者帳號申請。

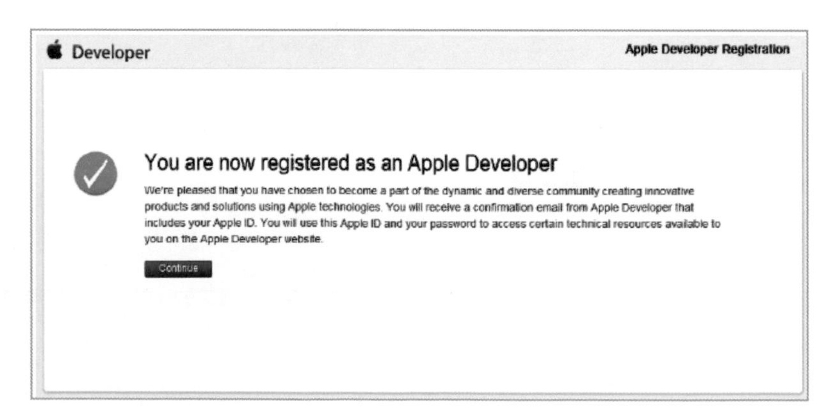

STEP 9 註冊成功之後，在你的信箱中會收到以下的信件。

Developer

Thank You for Registering as an Apple Developer

Dear

We're pleased that you have chosen to become part of the dynamic and diverse community innovating with Apple technologies.

Your Apple ID is: . You will need to enter this Apple ID and your password to access certain technical resources on the Apple Developer website.

If you need further assistance, please contact us.

Best regards,

Apple Developer Support

TM and copyright © 2011 Apple Inc. 1 Infinite Loop, MS 303-3DM, Cupertino, CA 95014.
All Rights Reserved / Keep Informed / Privacy Policy / My Info

4-2 | 購買 iOS Developer Program

有了 Apple 開發者帳號後，第二步驟就是需要購買 iOS Developer Program。雖然 Apple 開發者帳號是免費的，但您若是想要將設計好的程式放在 iPhone、iPad 或者是要上架到 Apple Store，則還需要付費購買 iOS Developer Program（每年需支付 $99 美金）。

STEP 1 連結至開發者網頁，點選「Enroll Now」。

- 網頁：http://developer.apple.com/programs/ios/

STEP 2 若想要發佈您的程式到 iPhone 或 iPad 中，需要以下三個步驟。1. 註冊成為 Apple Developer（Apple 開發者）。2. 選擇你要參加的開發平台（iOS、MAC 或 Safari）。3. 付費購買。整個流程如下圖所示。

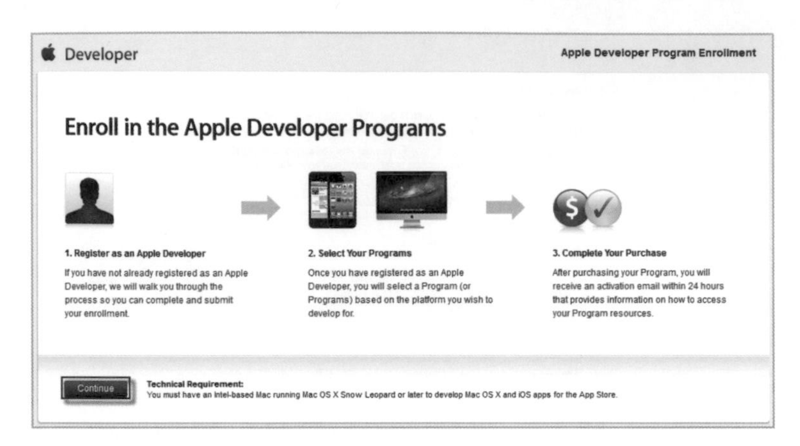

STEP 3 在此步驟中，由於我們在第 4.1 小節中已經建立了 Apple Developer 開發者帳號。因此，在此我們選擇右邊第一個選項，已經註冊成為開發者並想要加入 Apple 開發者計畫（I'm registered as a developer with Apple and would like to enroll in a paid Apple Developer Program）。若您尚未建立開發者帳號，請選擇第一個選項（I need to create a new account and Apple ID for an Apple Developer Program），並重新申請開發人員帳號。

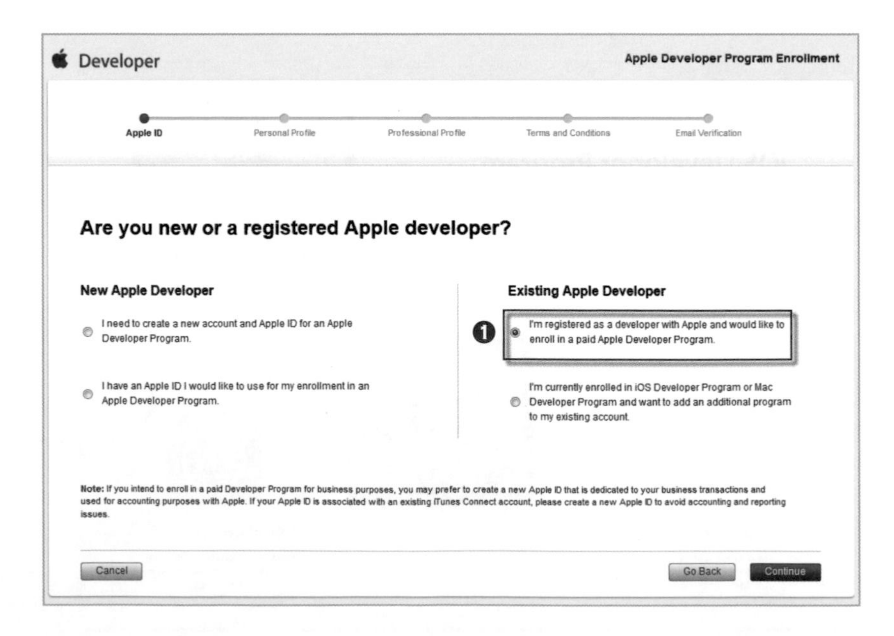

上述畫面的四個選項其說明如下：

- 新的 Apple 開發者（New Apple Developer）

（1） 我需要建立一個新的帳號和 Apple ID 來參加 Apple 開發計畫

（I need to create a new account and Apple ID for an Apple Developer Program）。

（2） 我已經註冊了一個 Apple ID 想要用這個帳號來參加 Apple 開發計畫

（I have an Apple ID I would like to use for my enrollment in an Apple Developer Program）

- 已經有 Apple 開發者帳號（Existing Apple Developer）

（1） 我已經註冊成為 Apple 開發者，並想要用這個帳號購買 Apple 開發者計畫

（I'm registered as a developer with Apple and would like to enroll in a paid Apple Developer Program）

（2） 我已經註冊成為 iOS 開發計畫或 Mac 開發計畫，想用這個帳號來加入 Apple 其它的開發帳號（說明：目前 Apple 有三種開發計畫：iOS、Mac、Safari）。

（I'm currently enrolled in IoS Developer Program or Mac Developer Program and want to add an additional program to my existing account）

STEP 4 在此，您需選擇您是以個人名義或者公司名義加入 Apple 開發者計畫（Apple Developer Program）。個人的話僅需檢附信用卡帳單資訊，公司的話還需付上公司／組織名稱，以及其他公司相關文件。兩者的差異還有個人的名義申請費用較低（每年 $99 美金），以及後續上架後顯示的名稱。由於目前都是以個人性質來開發，因此在此選擇個人（Individual）。

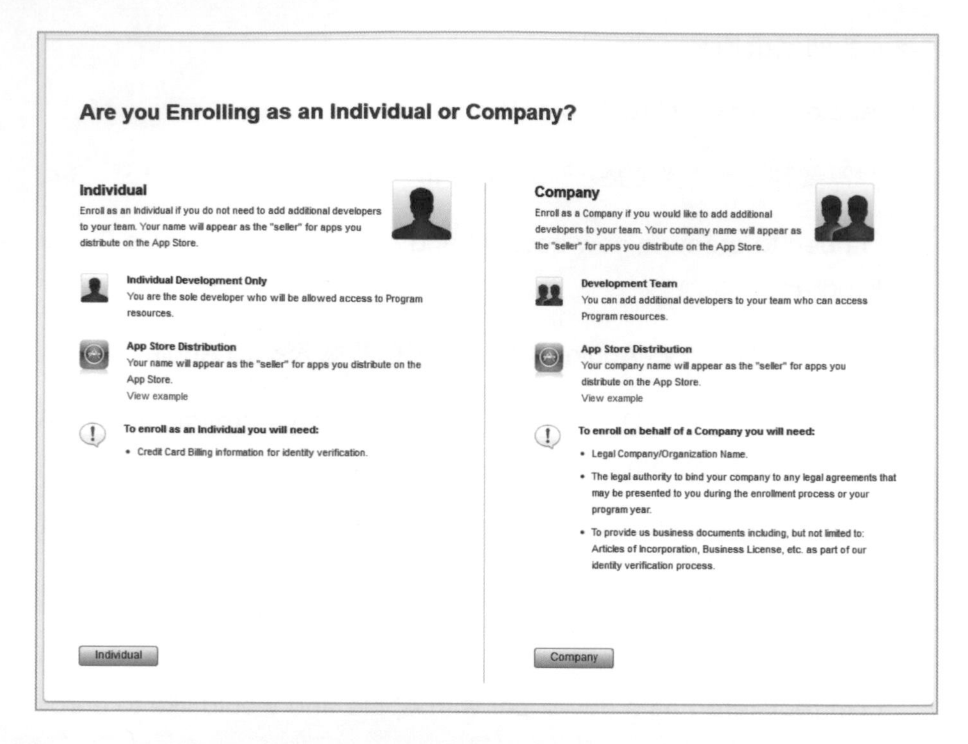

STEP 5 輸入先前註冊的 Apple ID 與密碼。輸入完畢之後按下右下角「Sign In」按鈕。

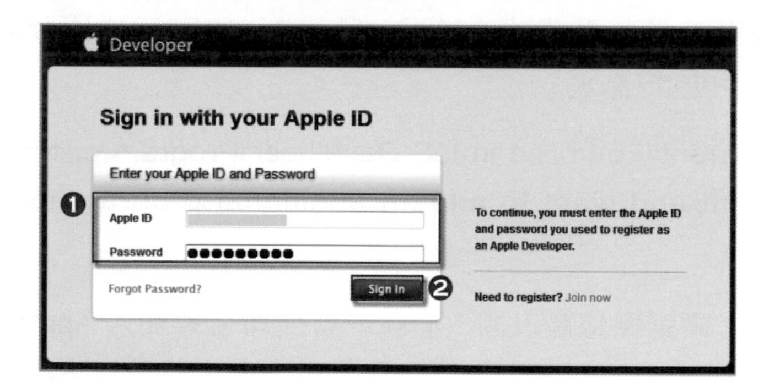

STEP 6 輸入帳戶資訊。由於加入開發者計畫是需要以信用卡付費購買。因此在此步驟需確認你的帳單資訊。系統會自動帶出你當初註冊 Apple ID 時的資訊，請填寫或確認此表單中的資訊與您當初申請 Apple ID 帳號中所使用的信用卡上一樣的姓名，以及信用卡帳單資訊。

Developer
Apple Developer Program Enrollment

Enter Account Info
Select Program
Review & Submit
Agree to License
Purchase Program
Activate Program

Enter your billing information for identity verification

(All form fields are required)

Please enter your information using plain text.
Diacritical characters will be converted to English characters (for example: u instead of ü, n instead of ñ)

Your Name

IMPORTANT - Enter your name EXACTLY as it appears on the credit card you intend to use during the Apple Online Store purchase process. Please do not use an abbreviation or nickname unless this is how your name appears on your credit card.

First Name:
Last Name:

Your credit card billing address

IMPORTANT - Enter your address EXACTLY as it appears on your most recent credit card bill. This billing address must match the billing address you will provide during your Program purchase on the Apple Online Store.

Country:
Street Address:
City/Town:
State/Province:
Postal Code:
Phone:
Country Code, Area/City Code and Number, Extension

John Appleseed
4321 First Street
Any Town, State, Zip
Country

STEP 7 在此需選擇您要付費參加的開發計畫，有 iOS、MAC、與 Safari。若是要開發給行動裝置用的，則在此選擇第一項 iOS Developer Program。

其中要參加 iOS Developer Program 與 Mac Developer Program 都需要付費，目前為每年台幣 NT$3,200 元。付費參加之後才能將您的程式發佈到行動裝置上或者是上架到 Apple Store。若是參加 Safari Developer Program，則免費。

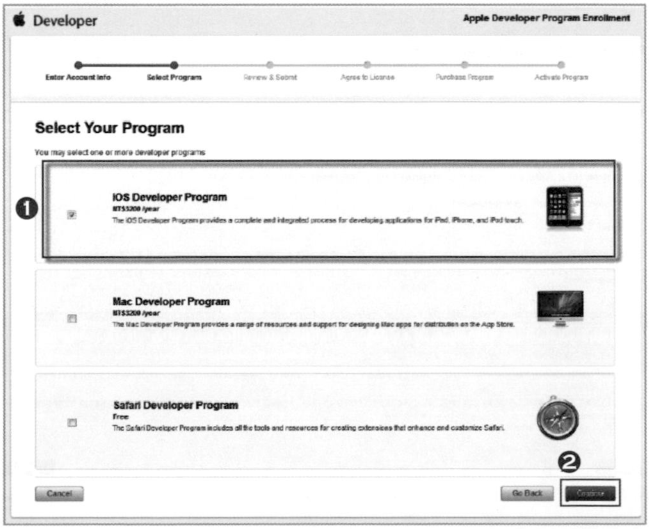

Developer
Apple Developer Program Enrollment

Enter Account Info
Select Program
Review & Submit
Agree to License
Purchase Program
Activate Program

Select Your Program

You may select one or more developer programs

❶

iOS Developer Program
NT$3200 /year
The iOS Developer Program provides a complete and integrated process for developing applications for iPad, iPhone, and iPod touch.

Mac Developer Program
NT$3200 /year
The Mac Developer Program provides a range of resources and support for designing Mac apps for distribution on the App Store.

Safari Developer Program
Free
The Safari Developer Program includes all the tools and resources for creating extensions that enhance and customize Safari.

❷

Cancel
Go Back
Continue

STEP 8 在此確認您的個人資訊與帳單資訊是否正確。

Developer　Apple Developer Program Enrollment

Enter Account Info　Select Program　Review & Submit　Agree to License　Purchase Program　Activate Program

Review your enrollment information & submit.

Developer Program　iOS Developer Program NT$3200/year

Personal Profile　Name: Email: Address: City: State: Postal Code: Country: Phone:

Your Personal Contact Info
To ensure your enrollment is processed properly, use your real first and last name and refrain from using aliases or organization names within the name fields of your Personal Profile.

App Store Distribution
Your name will appear as the "seller" for apps you distribute on the App Store. View example

Billing Info　Name: Email: Address: City: State: Postal Code: Country: Phone:

Identity Verification
Ensure your name and address are EXACTLY as it appears on the credit card you intend to use during the Apple Online Store purchase process.

Your privacy is a priority at Apple and we go to great lengths to protect it. To learn how Apple safe-guards your personal information, please review the Apple Customer Privacy Policy

Cancel　Go Back　Continue

STEP 9 在此需閱讀 iOS 開發者計畫的開發協議，請閱讀完後，若同意需勾選下方黃色方塊前面的核取方塊，並按右下角「I Agree」。方能進行下一步的購買。右方的語言選項，目前只有英文可以選擇。

Developer　Apple Developer Program Enrollment

Enter Account Info　Select Program　Review & Submit　Agree to License　Purchase Program　Activate Program

Program License Agreement

iOS Developer Program License Agreement　English

View the iOS Developer Program License Agreement PDF. Last Modified: 十月 04, 2011

PLEASE READ THE FOLLOWING LICENSE AGREEMENT TERMS AND CONDITIONS CAREFULLY BEFORE DOWNLOADING OR USING THE APPLE SOFTWARE. THESE TERMS AND CONDITIONS CONSTITUTE A LEGAL AGREEMENT BETWEEN YOU AND APPLE.

iOS Developer Program License Agreement

Purpose

You would like to use the Apple Software (as defined below) to develop one or more Applications (as defined below) for Apple-branded products running the iOS. Apple is willing to grant You a limited license to use the Apple Software to develop and test Your Applications on the terms and conditions set forth in this Agreement.

❶ By checking this box I confirm that I have read and agree to be bound by the Agreement above. If I am agreeing on behalf of my company, I represent that I have legal authority to bind my company to the terms of the Agreement above. I also confirm that I am of the legal age of majority in the jurisdiction in which I reside (at least 18 years of age in many countries).

BY CLICKING THE "AGREE" BUTTON AND CHECKING THE BOXES FOR EACH AGREEMENT YOU WANT TO ACCEPT, YOU ARE AGREEING TO BE BOUND BY SUCH AGREEMENT(S).

Cancel　I Agree

STEP 10 購買。在此步驟中，畫面會顯示您目前購買的產品為 iOS Developer Program，每年 NT$3,200/Year。確認無誤後需按下藍色按鈕（Add to cart），將此產品加入購物車。便會進入到下一個步驟。大約需經過 24hr 會收到 Apple 寄給你的帳號啟動 EMAIL（Activation email）。

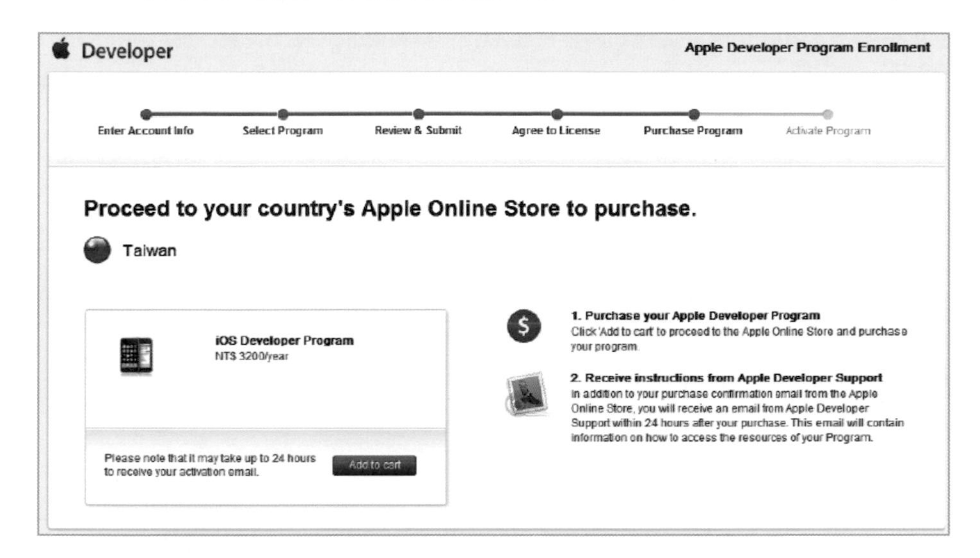

STEP 11 Active Program。收到 Apple 寄來的啟動郵件後，便可以用郵件中的啟動碼啟動您的帳號。

STEP 12 結帳購買。加入購物車後就連結到 Apple Store 網站。會顯示如下圖，按下右方綠色按鈕（立即結帳），就會完成購買程序。等待 Apple 寄發通知 Email，再進行帳號啟動。

TIPS

雖然每年費用為 $99/YEAR 美金，系統會依照當時匯率計算成台幣，例如以筆者購買時的匯率計算，$99 美金約合台幣 3,048，但系統仍然會要您支付台幣 $3,200。此金額似乎不會依照匯率變動而有所改變。若過程有一些問題可以在右方有聯絡電話：00806-651-934。或者下方的聯絡電話：0800-020-021。但這些電話都不是 24 小時服務，需要在上班時間撥打。

4-3 登入 Apple Store 購買

STEP 1 在此輸入您的 Apple ID 和密碼以便進行結帳。

STEP 2 確認訂單資訊與付款條件。在此步驟中，系統會跳出此畫面確認訂單資訊與付款條件。請先按下付款區域右方的編輯付款方式，填寫信用卡資訊。

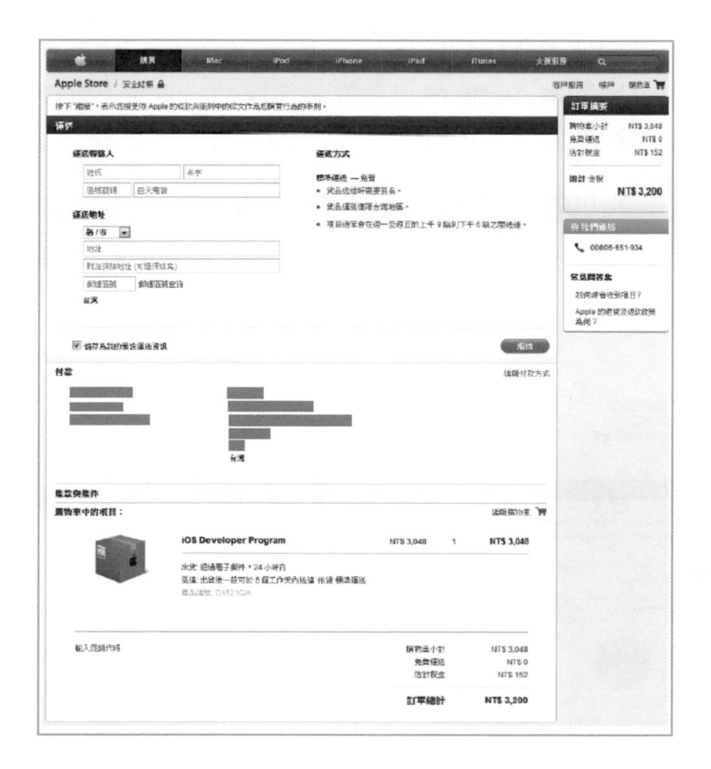

STEP 3 編輯您的信用卡付款資訊如下圖。若需要報稅，可按下右方常見問答集取得報稅發表。

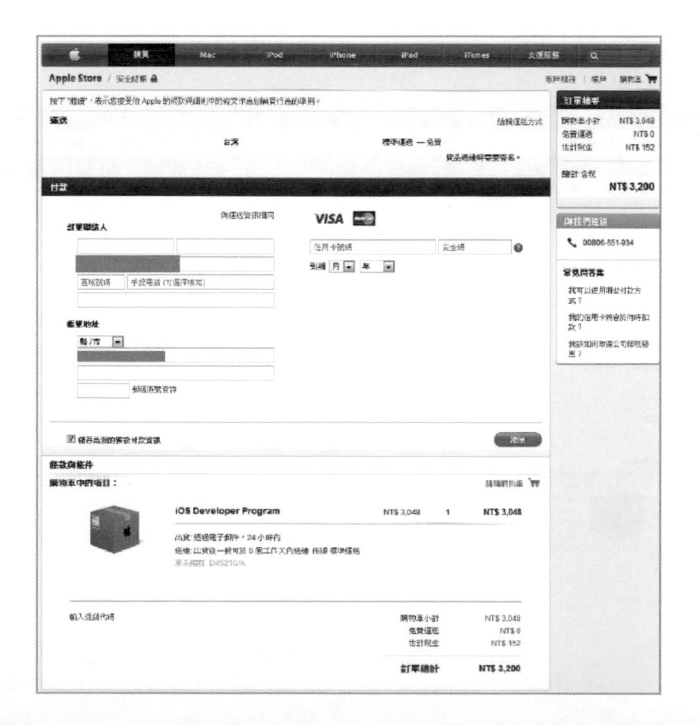

STEP 4 訂單確認與閱讀採購條款與條件。當上一個步驟都輸入完畢後，會到此畫面，在此需閱讀 Apple 的付款條款與條件，閱讀完畢後勾選前方的付款與條件核取方塊，然後按下「繼續」。

STEP 5 都完成之後，在此按下「立即下訂單」的綠色按鈕。

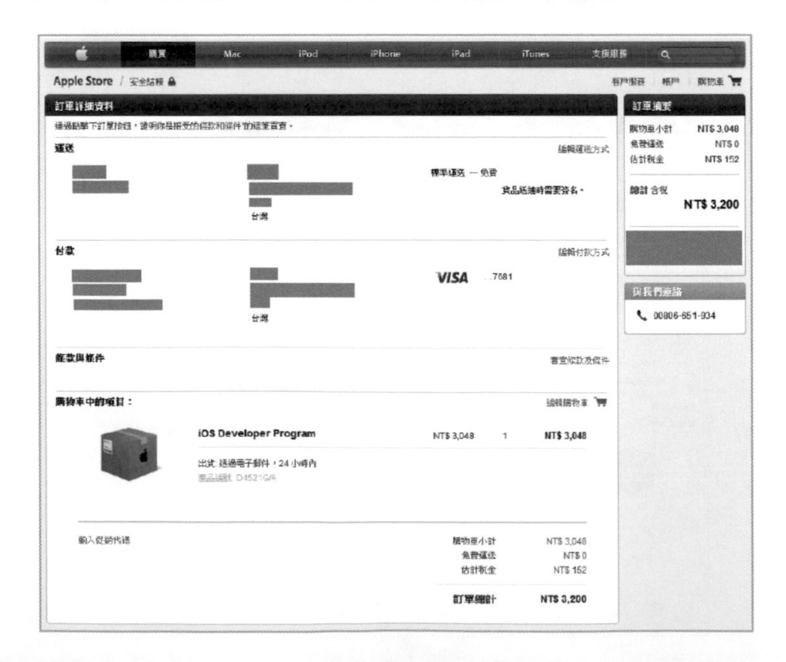

STEP 6 當完成後，會顯示此畫面，表示已經完成所有訂購的手續。接下來就是等 Apple 通過審核後，寄發啟動郵件，就可以完成程序。

STEP 7 約莫隔天就會收到 Apple 寄來的啟動郵件，裡面有啟動碼（Activation Code），點選啟動碼完成啟動帳號。

Developer

Apple Developer Program Activation Code

Dear Pai, Nai Yuan,

To complete your purchase and access your Apple Developer Program benefits, please click on the activation code below.

	Activation Code	Part Number
iOS Developer Program		D4521G/A

If you need further assistance, please contact us.

Best regards,

Apple Developer Support

TM and copyright © 2010 Apple Inc. 1 Infinite Loop, MS 303-3DM, Cupertino, CA 95014.

All Rights Reserved / Keep Informed / Privacy Policy / My Info

STEP 8 按下郵件中的啟動碼後，會連結到 Apple 網站，輸入您的 Apple ID 與密碼後繼續。

STEP 9 點選啟動碼後會連到 Apple 網站出現此畫面

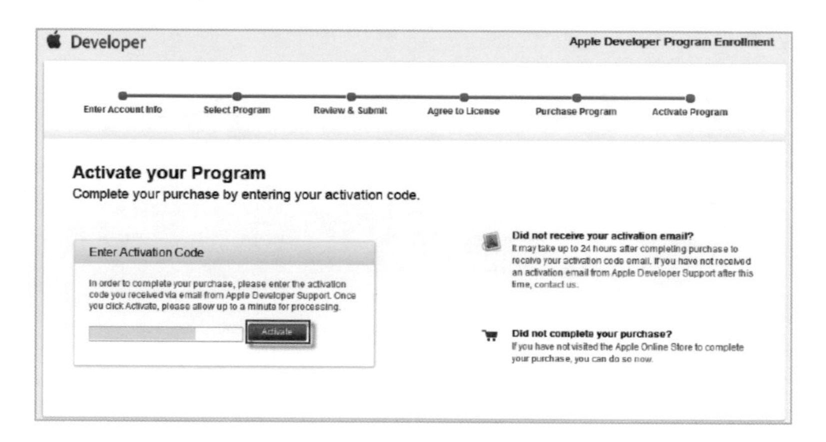

STEP 10 啟動成功的畫面，這時只要再按下「Get Started」按鈕，就完成所有動作了。

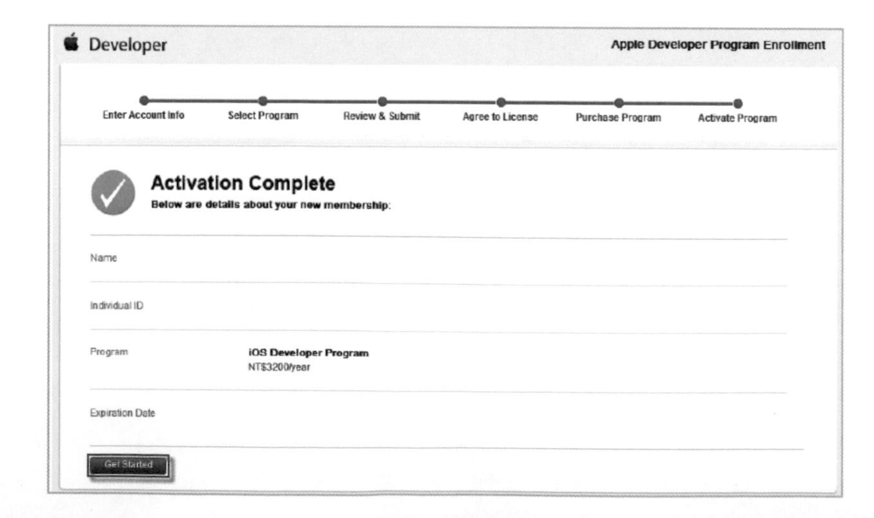

TIPS

若有遇到無法啟動的情形，則會出現以下畫面，請按下方的 contact us 並填寫您的疑問，以尋求 Apple 來解決此問題。

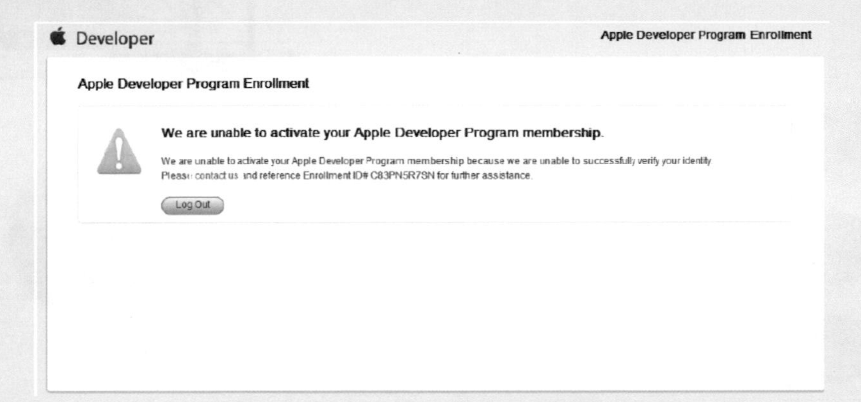

等待 Apple 寄來的回信後，信件中說明他們已經處理這個狀況，請我們再按一次啟動碼連結。之後，點選啟動碼後會連到 Apple 網站出現此畫面。這時在輸入信件中的「驗證碼」。啟動成功的畫面，這時只要再按下「Get Started」按鈕，就完成所有動作了。

4-4 登記裝置

當完成 4-3 小節的購買並啟動帳號後，接下來的步驟為登記你想要上傳程式的 Apple 行動裝置。

STEP 1 連結至開發者網頁，然後選右上方的「Member Center」。

- 網頁：http://developer.apple.com

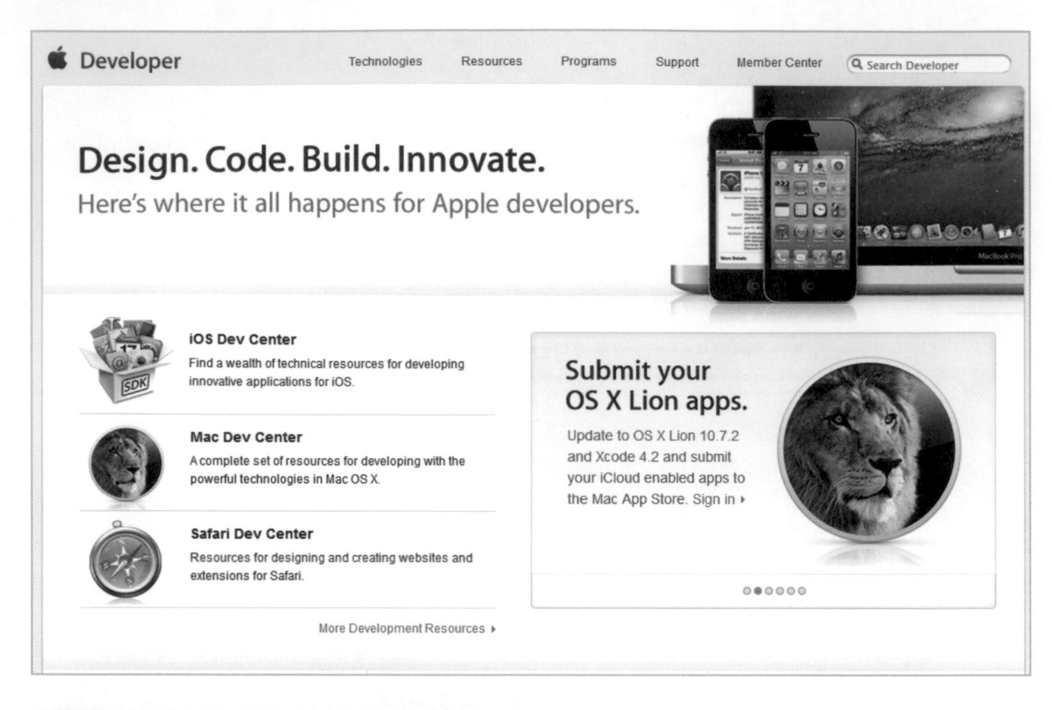

STEP 2 輸入您之前所註冊的 Apple ID 與密碼。然後按下「Sign In」。

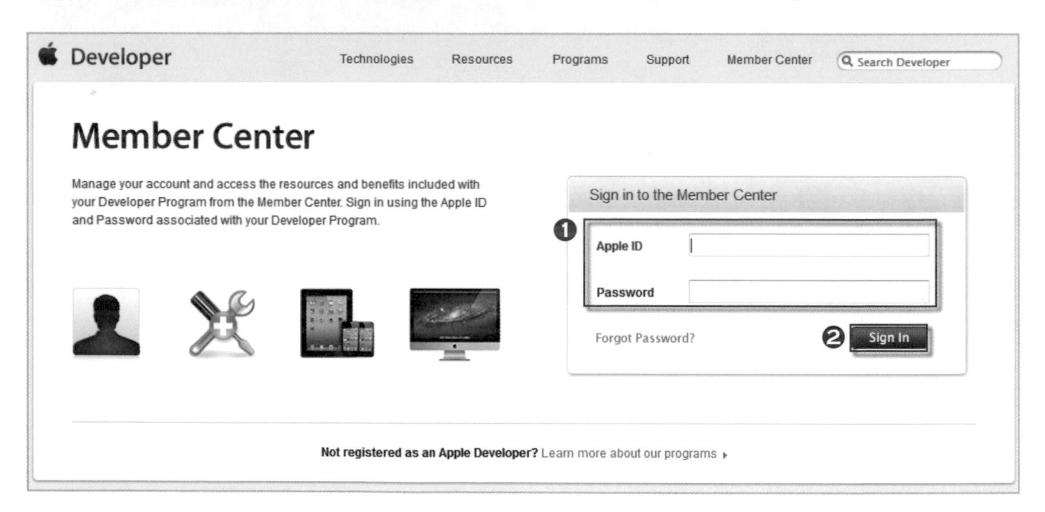

STEP 3 進入後選取「iOS Provisioning Portal」，登記您要測試的行動裝置如 iPhone、iPad 或 iPOD touch。

STEP 3 在此畫面中，選擇左方的「Devices」。

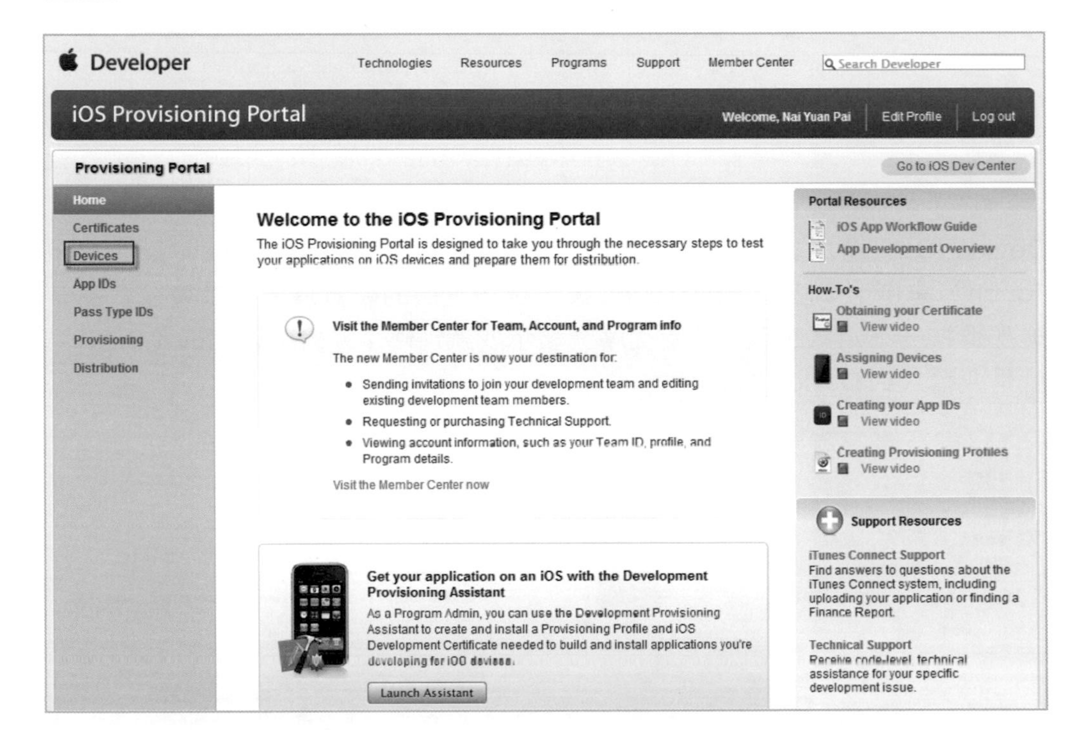

STEP 5 在 Devices 頁面中，選取右方的「Add Devices」。

Developer | Technologies | Resources | Programs | Support | Member Center | Search Developer

iOS Provisioning Portal — Welcome, Nai Yuan Pai | Edit Profile | Log out

Provisioning Portal — Go to iOS Dev Center

Home / Certificates / Devices / App IDs / Pass Type IDs / Provisioning / Distribution

Manage | History | How To

Current Registered Devices — Upload Devices | Add Devices

Important: Your iOS Developer Program membership can be terminated if you provide pre-release Apple Software to anyone other than employees, contractors, and members of your organization who are registered as Apple Developers and have a demonstrable need to know or use Apple Software in order to develop and test applications on your behalf. Unauthorized distribution of Apple Confidential Information (including pre-release Apple Software) is prohibited and may subject you to both civil and criminal liability.

STEP 6 輸入您的 Device Name（設備名稱，可自己命名）與 Device ID（設備的識別碼）。

Device Name	Device ID (40 hex characters)
Jacky	c0ac4db50f9967a49a89b453de4c3bb318944798

Cancel | Submit

Device ID 設備的識別碼，需將您的行動裝置（如 iPhone、iPad、iPod Touch）連接至電腦，啟動 iTunes 後，選按左邊的裝置選項，然後在右邊序號那邊按一下滑鼠左鍵，就會從序號顯示成識別碼了。這個識別碼（UDID）就是要輸入到 Device ID 的地方。

若您有需要同時測試在不同的行動裝置，以筆者為例，可以註冊兩台筆者的行動裝置 iPhone 與 iPad。為了以後方便，建議在此先將您會用到的行動裝置一次註冊好。

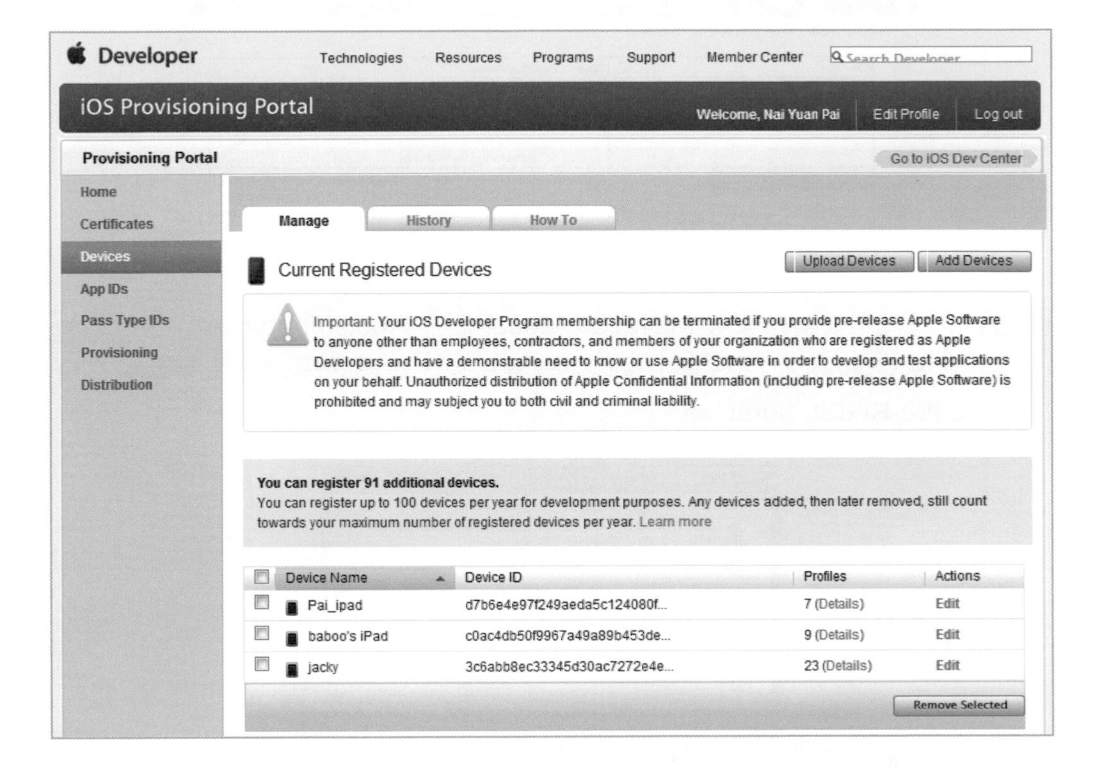

4-5 ｜安裝 OpenSSL 以便建立發佈用的憑證

STEP 1 以 Windows 系統為例。首先，您需安裝 OpenSSL 以便建立與取得讓你發佈程式用的憑證。網址如下：（請下載下圖中最下面兩個檔案）。

連結網址：http://slproweb.com/products/Win32OpenSSL.html

- 下載檔案：Win32 OpenSSL v1.0.0e Light。
- 下載檔案：Visual C++ 2008 Redistributables。

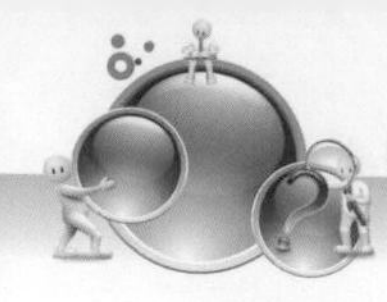

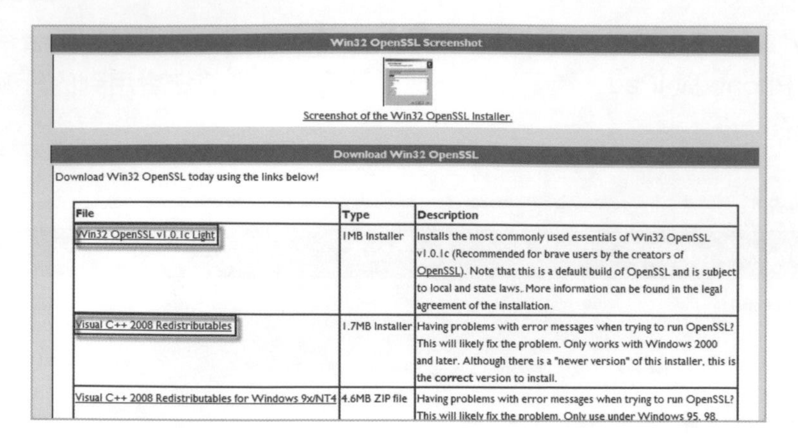

STEP 2 下載完畢後請先安裝 Microsoft Visual C++ Redistributables，否則若先安裝 OpenSSL 的話會出現以下錯誤視窗，提醒您尚未安裝 Visual C++ 2008 Redistributables。

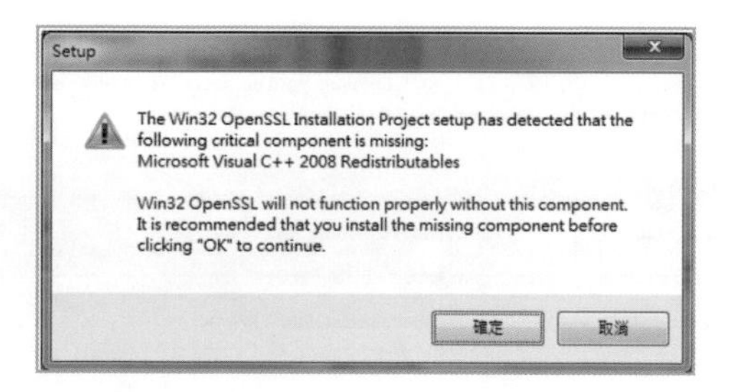

STEP 3 Visual C++ 2008 Redistributable Package（x86）的下載畫面，語言請選擇繁體中文 Chinese（Traditional），然後按下「DOWNLOAD」。

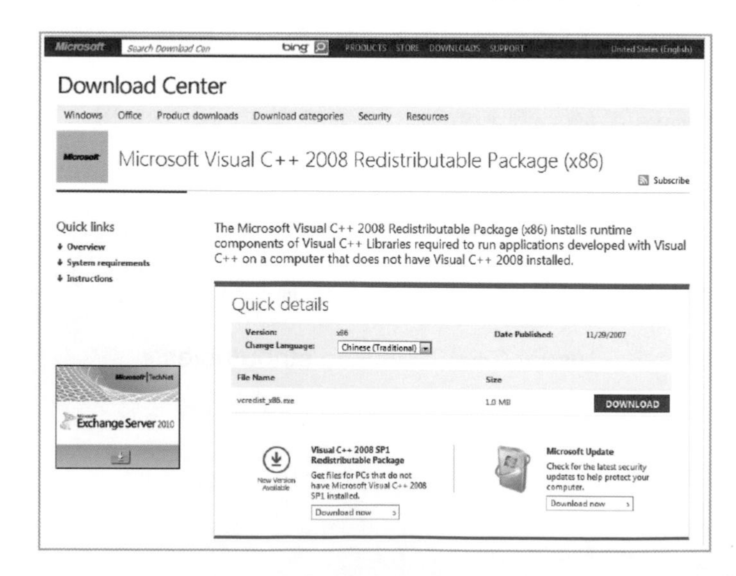

TIPS

安裝完 Win32 OpenSSL 後，請在你的 C:\OpenSSL-Win32\bin 中看看是否有 openssl.exe 存在了。若有的話表示安裝成功了。

STEP 4 在 Windows 按左下角按鈕，然後在下方白色輸入欄位的地方，輸入「cmd」。啟動 DOS 視窗。

STEP 5 在 DOS 視窗中，輸入 cd c:\openssl-win32\bin（按下 Enter）。然後輸入 openssl genrsa – out mykey.key 2048（按下 Enter），這個步驟會建立你的個人密碼檔 按下後會以RSA司鑰建立一個2048bit的個人密碼檔。整個執行畫面如下所示。

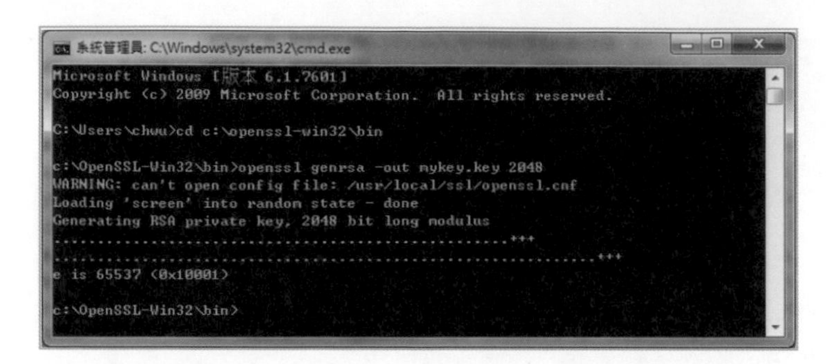

TIPS

若發生警告訊息 WARNING: can't open config file:/usr/local/ssl/opensl.cnf

則需做以下處理：

輸入 set OPENSSL_CONF=openssl.cnf

把 C:\Openssl-Win32\bin\openssl.cfg 改名為 openssl.cnf

STEP 6 成功的話可以在 C:\OpenSSL-Win32\bin 中找到一個新增的 mykey 檔案。

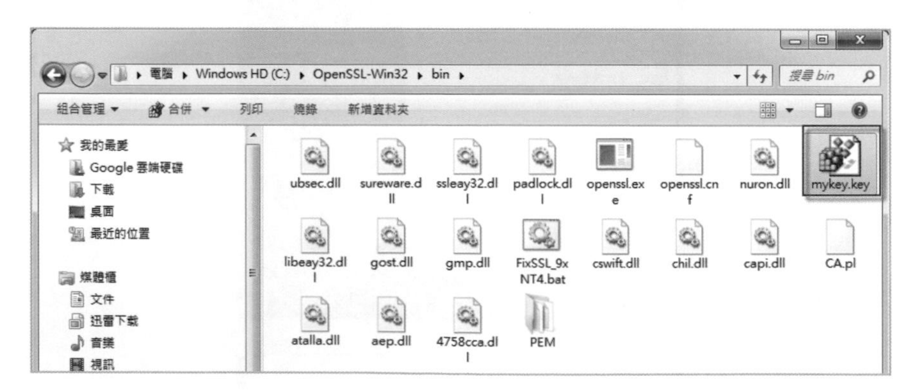

STEP 7 接下來建立 CSR 檔。在命令列輸入：

```
openssl req -new -key mykey.key -out CertificateSigningRequest.
certSigningRequest -subj "/emailAddress=billy_pai@hotmail.com, CN=billy pai,
C=TW"
```

框起的部份請改成你的 Apple ID，以及你當初註冊的英文姓名。

```
系統管理員: C:\Windows\system32\cmd.exe
Microsoft Windows [版本 6.1.7601]
Copyright (c) 2009 Microsoft Corporation.  All rights reserved.

C:\Users\chwu>cd c:\OpenSSL-Win32\bin\

c:\OpenSSL-Win32\bin>set OPENSSL_CONF=openssl.cnf

c:\OpenSSL-Win32\bin>openssl genrsa -out mykey.key 2048
Loading 'screen' into random state - done
Generating RSA private key, 2048 bit long modulus
................................................................................
................................................................................
.......................................................+++
..............................................................................++
+
e is 65537 (0x10001)

c:\OpenSSL-Win32\bin>openssl req -new -key mykey.key -out CertificateSigningRequ
est.certSigningRequest -subj "/emailAddress=billy_pai@hotmail.com, CN=billy pai,
 C=TW"
Loading 'screen' into random state - done

c:\OpenSSL-Win32\bin>_
```

輸入指令整理如下：

指令	按鍵
cd c:\openssl-win32\bin	ENTER
set OPENSSL_CONF=openssl.cnf	ENTER
至檔案總管中在 C:\OpenSSL-Win32\bin 中改 openssl.cfg 改為 openssl.cnf	ENTER
openssl genrsa –out mykey.key 2048	ENTER
openssl req –new –key mykey.key –out CertificateSigningRequest.certSigningRequest -subj "/emailAddress=billy_pai@hotmail.com, CN=billy pai, C=TW"	ENTER

STEP 8 成功的話會在您的 C:\OpenSSL-Win32\bin 底下會有一個 Certificate-SigningRequest.certSigningRequest 的檔案。

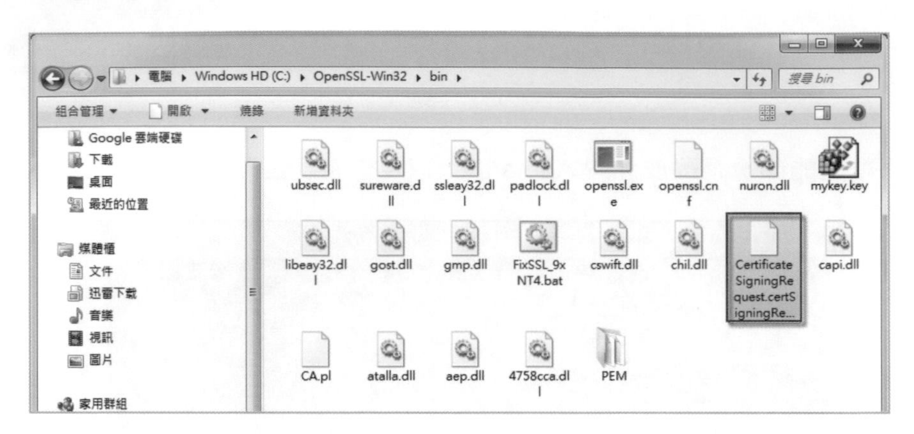

4-6 申請開發憑證與佈建描述檔

有了剛才建立的 CertificateSigningRequest.certSigningRequest 檔案後。接下來就是要回到 Apple Developer 的網站，把剛所建立的「CertificateSigning-Request.certSigningRequest」檔案進行上傳，以建立開發憑證。

STEP 1 連結至 http://developer.apple.com/ios/manage/overview/index.action。在下圖中點選左邊的「Certificates」。

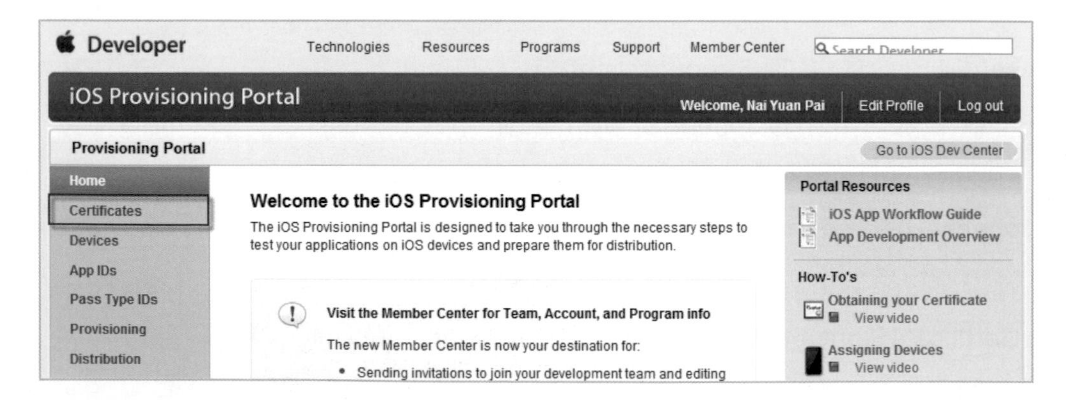

STEP 2 然後選擇右邊「Request Certificate」。

STEP 3 在此畫面中，按下「選擇檔案」，選擇剛剛在自己電腦中建立的 CSR 檔案。位置在 C:\OpenSSL-Win32\bin\CertificateSignRequest.certSigningRequest，然後按下右下角「Submit」。

STEP 4 這時請按下瀏覽器的 F5 重新整理按鈕，畫面會變成如下，會出現「Download」的按鈕。請按下 Download 按鈕將此憑證下載到您的電腦中。並請將下載的憑證 COPY 到 C:\OpenSSL-Win32\bin 目錄底下。

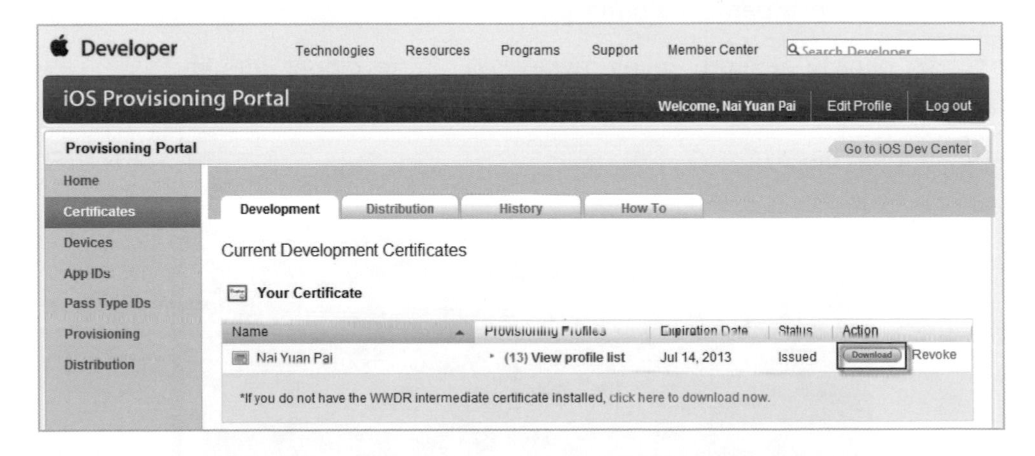

STEP 5 現階段已完成開發者憑證的取得。下一小節會針對此憑證進行轉換的介紹。

4-7 將開發憑證轉換成 p12 憑證

取得 Apple 開發憑證之後，接下來需將此開發憑證轉為 p12 的檔案。原因在於若您想要透過 Flash 開發給 iPhone、iPad、iPod touch 的應用程式時，必須使用到 p12 的憑證才可以進行發佈。

STEP 1 點選 Windows 左下角按鈕，在空白處輸入 cmd，進入 DOS 視窗。

STEP 2 輸入指令整理如下

cd c:\OpenSSL-win32\bin	ENTER
set OPENSSL_CONF=openssl.cnf	ENTER
openssl x509 –in developer_identity.cer –inform DER –out developer_identity.pem –outform PEM	ENTER
openssl pkcs12 –export –inkey mykey.key –in developer_identity.pem	
–out iphone_dev.p12	ENTER

```
系統管理員: C:\Windows\system32\cmd.exe
c:\OpenSSL-Win32\bin>
c:\OpenSSL-Win32\bin>
c:\OpenSSL-Win32\bin>cd c:\OpenSSL-Win32\bin

c:\OpenSSL-Win32\bin>set OPENSSL_CONF=openssl.cnf

c:\OpenSSL-Win32\bin>openssl x509 -in developer_identity.cer -inform DER -out de
veloper_identity.pem -outform PEM

c:\OpenSSL-Win32\bin>openssl pkcs12 -export -inkey mykey.key -in developer_ident
ity.pem -out iphone_dev.p12
Loading 'screen' into random state - done
Enter Export Password:
Verifying - Enter Export Password:

c:\OpenSSL-Win32\bin>_
```

TIPS

產生 p12 憑證時會出現需要您輸入密碼，請輸入您的憑證密碼，並且再重複輸入一次。

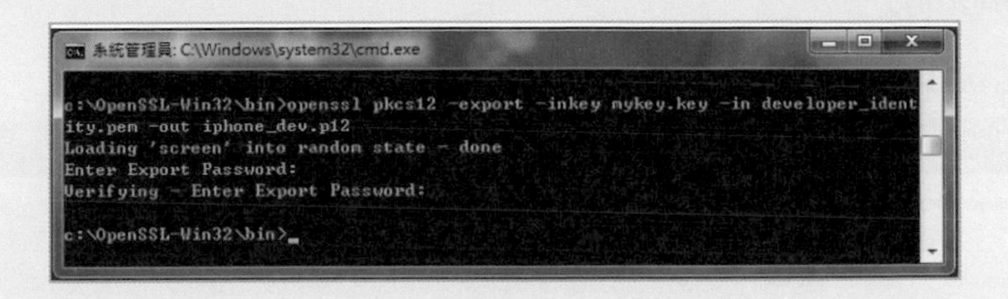

4-8 建立Apple應用程式ID(App IDs)及佈建描述檔(Profile)

在開發每一個應用程式時，均需要先向 Apple 申請一個 App ID（所以英文為 App IDs，複數表示您有幾個程式就要申請幾個 ID）及申請對應的 Profiles 佈建描述檔。

STEP 1 連 結 至 https://developer.apple.com/ios/manage/overview/index.action。請點選左邊的「Apple IDs」，出現以下畫面後，請按右邊「New App ID」。

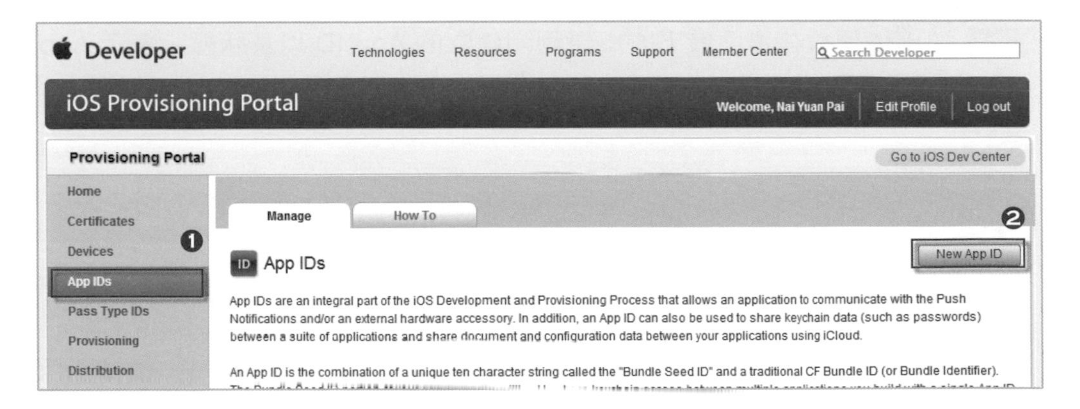

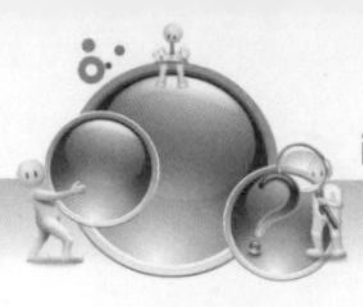

STEP 2 在此請輸入這個 App 程式的描述：例如輸入 CameraTest（請勿輸入一些特殊符號例如@ ,&, *, “, _ 等）。以及輸入這個 App 程式的唯一識別碼，網站建議為網址的縮寫。因此依照建議，輸入為 com.domainname.CameraTest。輸入如下圖所示。然後請按右下方「Submit」。

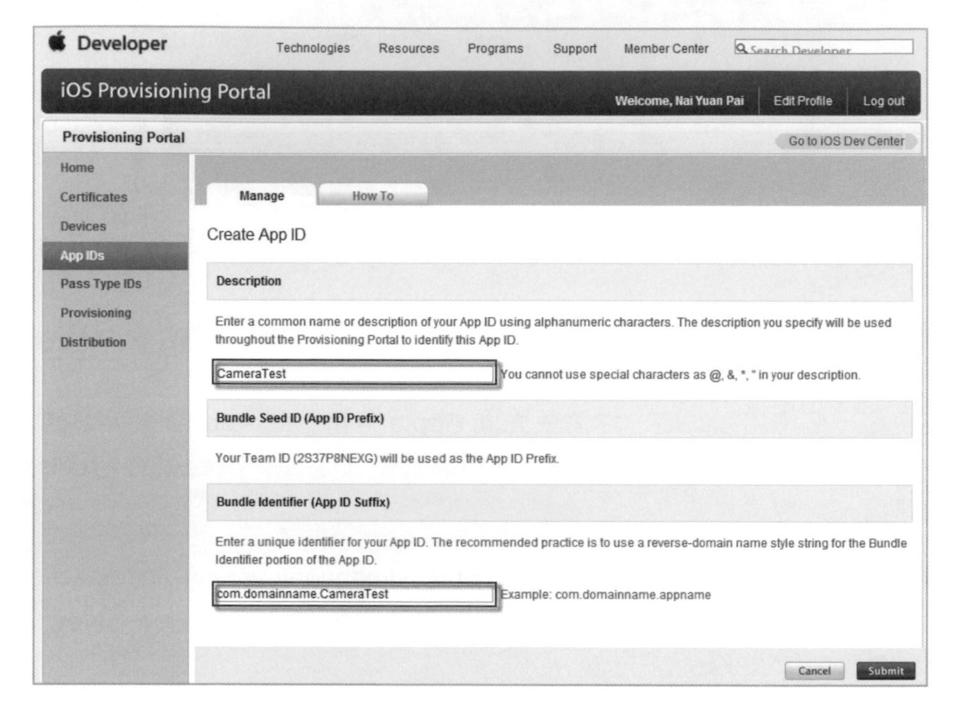

STEP 3 送出後便會在畫面最下方出現剛剛建立的 App ID 以及狀態。表示 App ID 已經建立完成。接著請按下左方的「Provisioning」，建立描述檔。

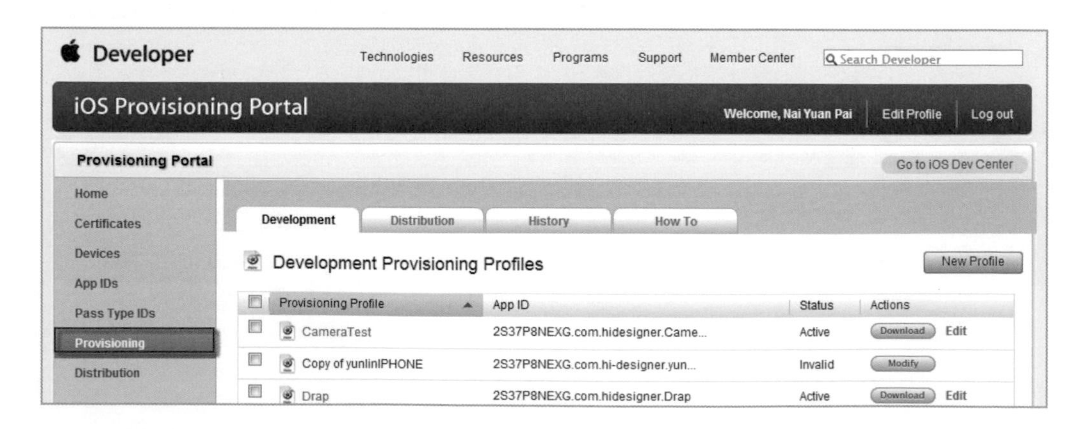

STEP 4 出現此畫面後，請按右方的「New Profile」，來建立該 App 的佈建檔（profile）。

STEP 5 接下來就是輸入 profile 所需要的一些資料。

- Profile Name：ntcuapptest（請輸入之前 App ID 的名稱）。
- Certificates：請勾選憑證建立者。
- App ID：請從下拉選單，選取剛剛建立的 ntcuapptest。
- Devices：選擇您會發佈的裝置。由於之前筆者已經登記了三台裝置，因此在這裡選擇名稱為 jacky 的裝置。輸入完畢後請按下 Submit。

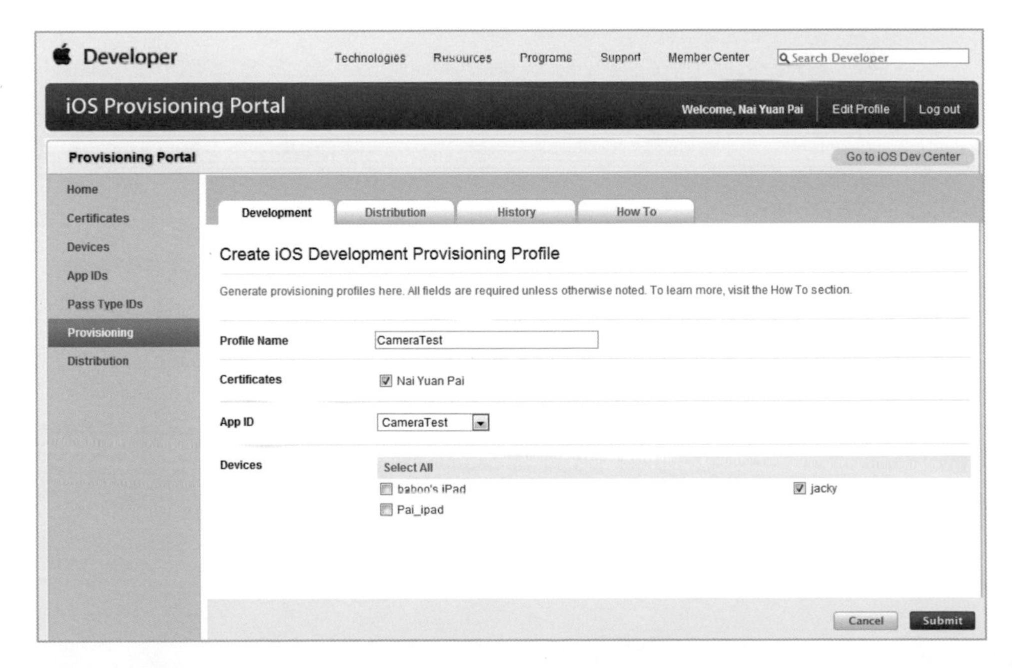

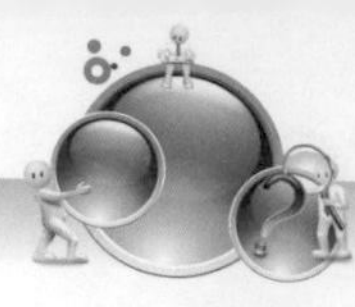

STEP 6 按下 Download 下載佈建檔。

STEP 7 此時，已完成在 Flash 發佈面板中所需的「開發者憑證」與「佈建檔」，接續就可進行發佈 ipa 的動作。

選擇題

1.（　　）下列對於開發 iOS App 的敘述何者正確。

A. App Store 需要繳交一年的開發者註冊費用 99 美元。

B. 需要先註冊成 iOS 的開發者資格後才可透過 Apple 的開發者平台取得開發者憑證檔與佈建檔（發佈檔）。

C. 開發者憑證：可套用於多種程式中，但憑證有過期的問題，若發現憑證已過期時，只要重新執行一次開發者憑證的建立即可。

D. 佈建檔：以就是指每個應用程式的專屬身分證，一個佈建檔只能套用在一個應用程式中。

E. 最後，只可透過 Mac OS 系統完成上架至 App Store 動作。

簡答題

1. 請簡述在 Windows 系統下，從「申請 Apple 開發人員帳號」到最後「建立 Apple 應用程式 ID（App IDs）及佈建描述檔（Profile）」的 8 個步驟。

NOTE

CHAPTER 05

開發 Android 應用程式的準備

此章節主要是對發佈 Android 進行說明。在 Android 的開發憑證建立部分不像 iOS 這麼的複雜與繁瑣，Android 可直接透過發佈面板來建立 Android 的開發憑證文件，使其結果可將 App 置入到裝置中進行測試。

因此，本章節主要教導各位讀者如何在 Flash 發佈面板中來建立開發憑證的文件。

學習目標

- ❖ 理解發佈 Android App 時所要準備的動作
- ❖ 開發憑證的建立

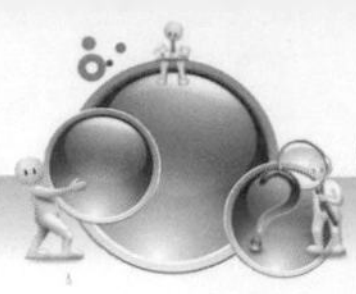

在發佈 Android 之 apk 檔案的方式較 iOS 簡單，不需要繁瑣的申請流程，直接可以在 Flash 發佈面板中，建立 Android 的憑證文件。

不論是否上架到 Google Player 或是直接匯入裝置中進行測試，其在發佈過程中都需要 Android 的「數位憑證」。而 Android 憑證的建立方式較 iOS 簡單，且是免費的，其 Android 的數位憑證建立流程如下：

STEP 1 在 AIR for Android 面板中的「部屬」項目中，點擊「建立」按鈕，以進行憑證的建立。

▲ 在「部屬」標籤面板建立憑證

STEP 2 在「建立自我簽署的數位憑證」面板中，依照個人的狀況輸入下列欄位中的內容。輸入的密碼，在發佈 apk 時需要，當欄位都輸入完成後點擊「瀏覽」按鈕以進行儲存憑證的動作。

▲ 填入憑證資料

STEP 3 選擇檔案儲存的目的資料夾，輸入檔案名稱後即按下「存檔」即可完成。

▲ 憑證的儲存路徑

STEP 4 回到「建立自我簽署的數位憑證」面板，按下「確定」按鈕，之後會彈出一個「自我簽署的憑證已建立」的面板，此時按下「確定」按鈕即可回到「AIR for Android」面板。

▲ 憑證資料填寫完成

▲ 確定自我簽署的憑證已建立

STEP 5 此時，在憑證欄位中已有剛所新建的憑證檔案，若為自動程式則可點選瀏覽按鈕來瀏覽剛所建立的憑證檔案。在密碼欄位中則輸入此憑證的密碼，之後可「勾選」記住此工作階段的密碼，使在這份檔案尚未關閉前都可不必再輸入密碼。

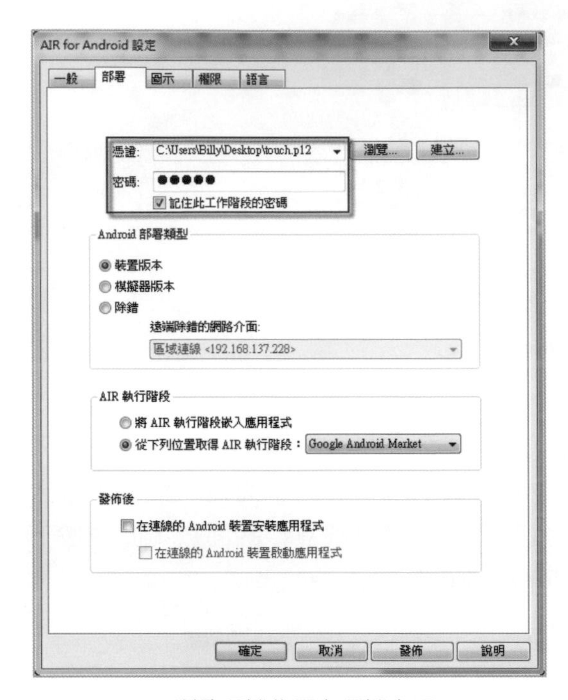

▲ 瀏覽憑證位置與憑證密碼

STEP 6 最後，點選「發佈」即可。

選擇題

1. (　　) 下列對於開發 Android App 的敘述何者正確。

   A. Google Play 需要繳交的開發者註冊費用 25 美元。

   B. 需要先註冊成 Android 的開發者資格後才可透過 Android 的開發者平台取得開發者憑證檔與佈建檔（發佈檔）。

   C. Android 的「數位憑證」可從 Flash 的發佈面板中建立。

   D. Mac OS 與 Windows 系統都可進行上架到 Google Play 的動作。

NOTE

CHAPTER **06**

App 匯入設備的方法

當開發好 App 發佈成 iOS 與 Android 系統所支援的檔案格式後，在來就是要將檔案匯入到智慧型裝置中，以進行實際的測試動作。

因此，此章節會針對發如何將發佈好的 App 檔案匯入到 iOS 與 Android 系統進行說明。

學習目標

❖ 學習如何將發佈好的 App 檔案匯入智慧型裝置中

6-1 檔案格式說明

藉由 Flash 所發佈出的 iOS App 與 Android App 之副檔名分別為，「.ipa」與「.apk」。唯有這兩者型態的檔案才可順利的置入到所對應的設備系統中。

另外，在製作時的素材部分，由於開發環境是採用 Flash，所以不管圖片或音訊等檔案格式皆需以 Flash 可支援的格式為主，像是音樂的格式兩者皆為 MP3，但在影片的部分就有所不同，雖然 Flash 支援 Flv 檔案格式，但此格式在 iPad 中是無法播放的，相反的 iPad 中的影片必須為 H.264 編碼的 MP4 影片，不過此格式在 Flash 中是無法被匯入使用的。

6-2 匯入 ipa 的方法

6-2-1 在 iOS 中安裝 ipa 的方法

在 Windows 或 Mac OS 兩者系統下，經由 Flash 所發佈好的 ipa 格式，要置入到 iPad 的方式很簡單，可置入的方式有下列兩種。

- 第一種：選取檔案 > 滑鼠右鍵 > 安裝
- 第二種：直接將 ipa 檔案拖曳至 iTuens 的資料庫中

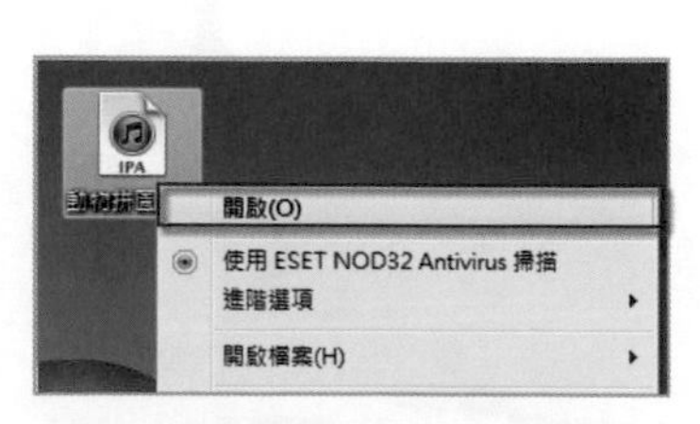

▲ 點擊滑鼠右鍵進行安裝

▲ 將 ipa 直接拖曳至 iTuens 的資料庫

將檔案置入 iTuens 後，只需「勾選」剛剛所置入的檔案名稱即可（預設的狀態是已勾選），並點擊套用後，即可將該 ipa 置入到 iPhone 或 iPad 中。

▲ 利用 iTuens 來安裝 ipa 檔案

在 iPhone 或 iPad 中刪除應用程式的方式為在應用程式上進行長按，等出現「x」符號後，即可進行刪除的工作。但這樣的動作只是刪除 iPhone 或 iPad 的應用程式而已，可是在 iTuens 中依然保有該應用程式。因此，若要徹底刪除應用程式的方式為，在 iTuens 中的應用程式項目內，找到所要刪除的應用程式，點擊「滑鼠右鍵 > 刪除」即可。

▲ 在 iTuens 中刪除應用程式

6-2-2 在 Android 中安裝 apk 的方法

apk 是內建 Android 的包裝檔案。apk 的安裝任務可由手機內的 個名為「PackageManagerService」的服務來完成。從包裝管理器能夠直接地看到所有內容，如果用戶試圖下載一個 apk 檔案到設備上，那麼 App 可以被安裝到手機內部的存儲器中，也可以在特定的條件下被安裝到外部記憶卡中。

其實 apk（Android Package）即是 Android 安裝包的縮寫，想要在 Android 系統上手動安裝軟體就一定需要附檔名為 apk 的檔案才能安裝。其實 Android 安裝軟體的原理很簡單，就是將附檔名為 apk 的檔案放置手機或者記憶卡上指定的位置即可執行。因此 Android 手機在移除軟體的時候也非常的簡單，直接將該軟體名稱的附檔名為 apk 的檔案刪除即可。而我們透過 Google Player 所下載的軟體其實就只是一個 apk 檔案。

Android 系統不像 iOS 系統，無需破解亦可以把第三方的 apk（應用安裝檔）移到手機內的 SD 記憶卡安裝。相反，iOS 需要 Jailbreak 越獄後才能安裝非從 App Store 下載的 App。而在 Android 系統中安裝 App 的方式如下：

STEP 1 先把從電腦下載回來的 apk 檔放到手機的 SD 卡或記憶體中，又或者直接用手機上網下載該 apk 檔到 SD 卡。

STEP 2 到 Google Play 下載「Apk Installer」程式。

STEP 3 把 Android 手機連接至電腦，並到「設定 > 應用程式 > 勾選〔未知的來源〕（允許安裝非 Market 應用程式）」

▲ 勾選「未知的來源」

STEP 4 開啟 USB 儲存裝置，然後點確定。

▲ 開啟 USB 儲存裝置

STEP 5 此時，電腦會偵測到「卸除式磁碟」，這就是 Android 手機中的 SD 記憶卡。

STEP 6 開啟 SD 卡，並新增一個名稱為 App 的新資料夾，並把 apk 檔案複製到此資料夾中，然後可以卸除 USB 儲存裝置。

STEP 7 開啟「Apk Installer」程式，並瀏覽且開啟剛所新增的 App 資料夾。

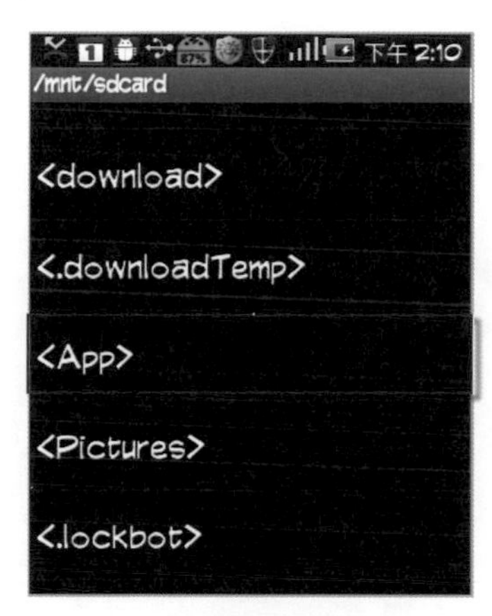

▲ 開啟 App 資料夾

STEP 8 進入資料夾後，點擊要安裝的 apk 檔，並點擊「安裝」按鈕來進行安裝的動作。

STEP 9 安裝完成後，點選「完成」按鈕選項。

STEP 10 退出「Apk Installer」程式，此時可檢查 apk 是否已順利安裝。

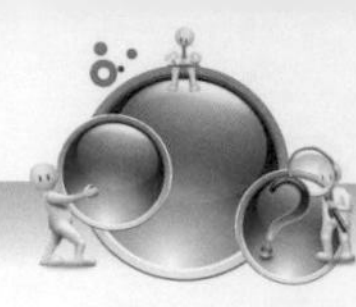

簡答題

1. 請簡述如何將開發好的 ipa 檔案匯入到 iPad 或 iPhone 裝置中。

2. 請簡述，在 Android 系統中要如何安裝 apk 檔案。

NOTE

PART 2

基礎應用

在網路上，隨處可見各種利用 Adobe Flash 所開發的動畫或遊戲。這些類型包含動作、博弈、解謎、運動、競速等。而這些遊戲皆具有互動、跨瀏覽器、跨平台的優點，使用者皆可以在個人電腦進行遊玩。

現在，我們可透過 Flash 支援 AIR 的方式，讓開發者還可使用相同的開發方式、觀念來製作可在行動裝置上運作的內容。最後也可將自己的開發程式上架到 Google Play 或 App Store 上。

因此，在基礎應用的部分，筆者會介紹如何使用 Flash 所提供的觸控事件、手勢事件以及與按鈕事件來進行整合。在範例的部分會以目前在 App 中常見的幾種操作模式與內容進行規劃，且內容的部分會由淺入深。讓各位讀者除了學習到這些不同的運用內容外，還可學到在 App 中常見的「碰撞偵測」與「儲存」兩功能。

CHAPTER 07

作品集展示

到目前為止，可推銷自己或公司的方式有很多種，例如建立部落格、網站、FB 粉絲團等。但如今智慧型裝置也已普及，若是能將個人或公司的作品製作成 App 並上架置 Google play 或 App Store 中，也是個推銷自己或公司的方法。

教學目標

- 觸控指令中輕點事件的使用
- 倒數計時器的使用

7-1 事前觀念

本範例會以作品集作為教學的概念，而在操作上會以「輕點事件」作為操作該 App 的主要方式。在內容部分會利用輕點功能來進行畫面的切換，以達到可瀏覽不同類型作品之效果。

```
/* 輕點事件
輕點元件實體，就會執行可新增自訂程式碼的函數。

指示:
1. 在下方含有 "// 啟動您的自訂程式碼" 的程式碼之後，將自訂的程式碼加入新行。
輕點元件實體時，就會執行程式碼。
*/

Multitouch.inputMode = MultitouchInputMode.TOUCH_POINT;

movieClip_1.addEventListener(TouchEvent.TOUCH_TAP, fl_TapHandler);

function fl_TapHandler(event:TouchEvent):void
{
    // 啟動您的自訂程式碼
    //此範例程式碼在每次輕點事件時，會將物件的透明度減少一半
    movieClip_1.alpha *= 0.5;
    // 結束您的自訂程式碼
}
```

▲ 套用「輕點事件」程式

7-2 文件建立與素材匯入

首先，我們需先開啟一個 AIR for iOS 的 flash 文件，然後匯入本範例所需要的素材檔案，在元件庫中需依照類別來放至於各資料夾中，而這樣的作法是，方便我們在進行開發時，可有效的管理元件庫中的素材。其建立的方式如下：

STEP 1 新增一個「AIR for iOS」文件。

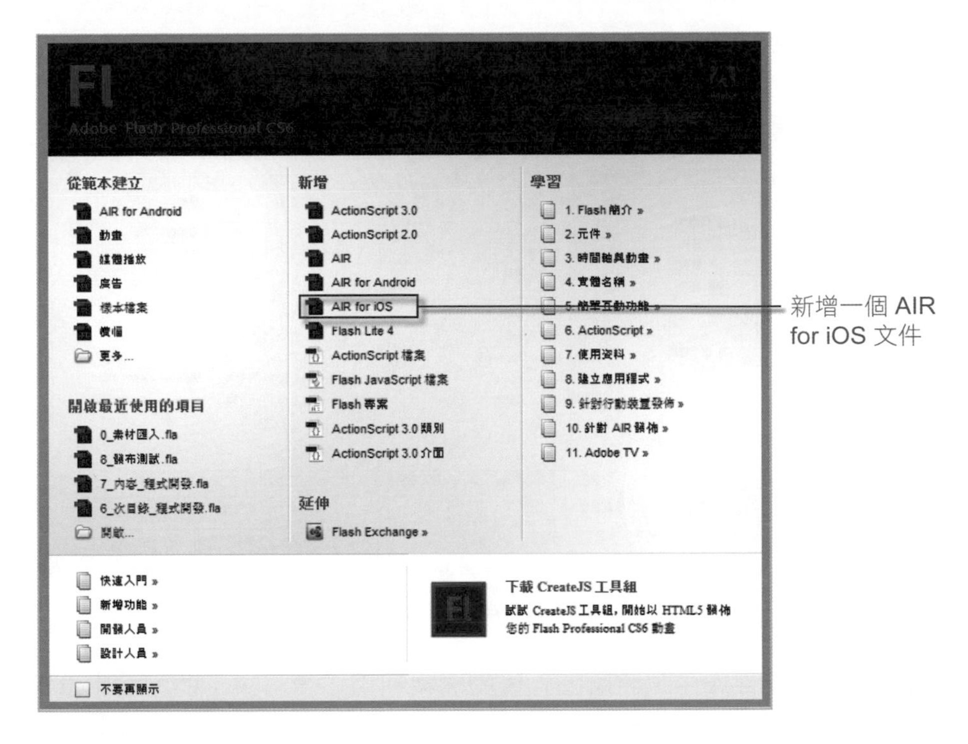

STEP 2 新增文件後，點選「檔案 > 匯入 > 匯入至元件庫」，來將本範例的素材逐步的匯入。

- 匯入來源：光碟 > Example > 01- 作品集 > 素材

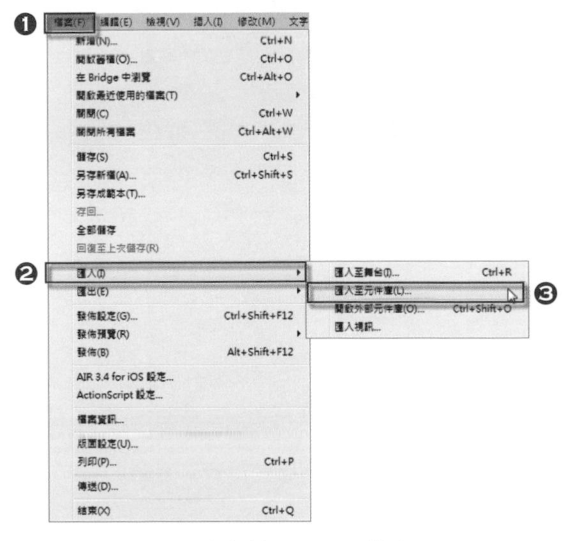

▲ 將素材匯入至元件庫

STEP 3 選取要匯入的素材，並匯入元件庫。

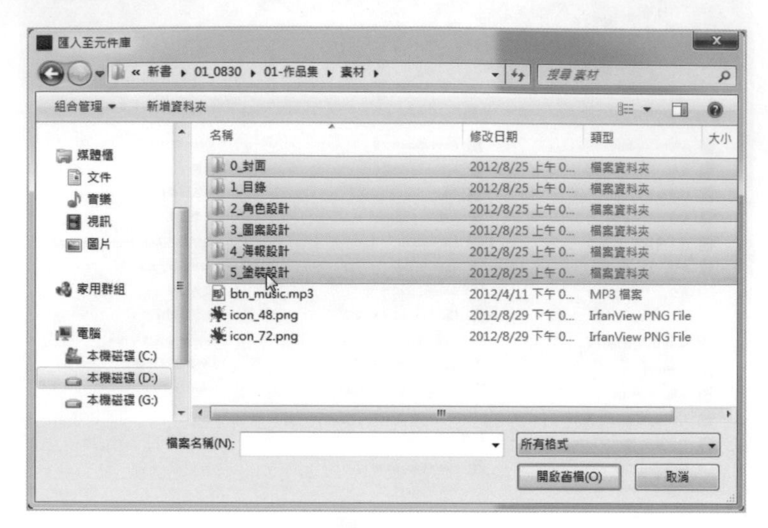

▲ 選取各檔案匯入

STEP 4 在元件庫中，將所匯入後的檔案利用「資料夾」的方式來進行有效的整理歸類。建立資料夾後並將素材拖曳至相對的資料夾中。

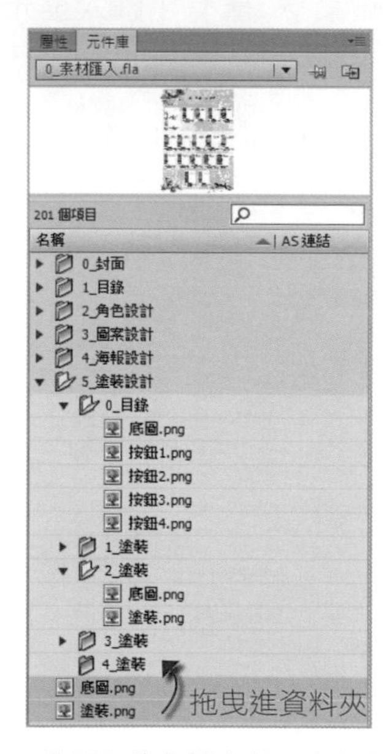

▲ 將匯入的各檔案整理與歸類

STEP 5 重複 Step2~Step4 的動作，直到所有素材皆匯入到元件庫中，資料夾分類的方式可參考匯入素材的資料夾結構，最終歸納的結果可參考「0_素材匯入 .fla」檔案。

- 範例：光碟 > Example > 01- 作品集 > 範例檔 > 0_ 素材匯入 .fla

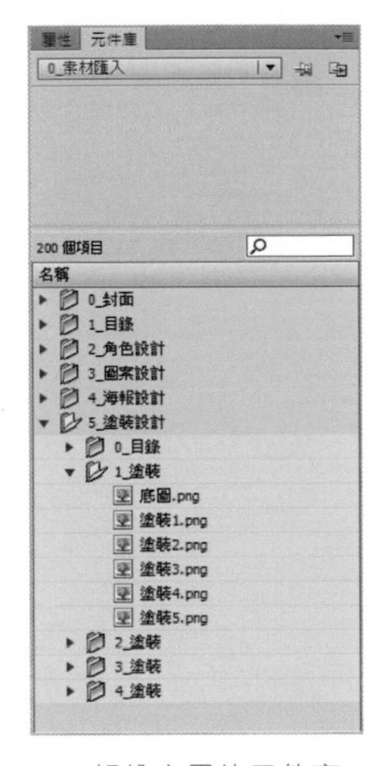

▲ 歸納完畢的元件庫

TIPS

在接續的範例中，筆者已事先將素材匯入完成，且在元件庫中利用資料夾來進行有效的分類管理。因此，往後讀者可直接開啟素材已匯入完成的檔案進行練習，對於匯入的動作就不再多做介紹。

7-3 | 內容與舞台配置

將所有素材匯入到元件庫後，我們即將進行各畫面的組合與排版。可開啟「0_素材匯入 .fla」來進行此小節的操作。

- 範例：光碟 > Example > 01- 作品集 > 範例檔 > 0_ 素材匯入 .fla

7-3-1 製作各個影片片段

在進行開發作品集的內容時，最好的作法是將需要運用到的素材檔案建立成元件。因此，本小節以封面的素材轉換成影片片段為例。

STEP 1 點選「插入 > 新增元件」(快速鍵：Ctrl + F8)。

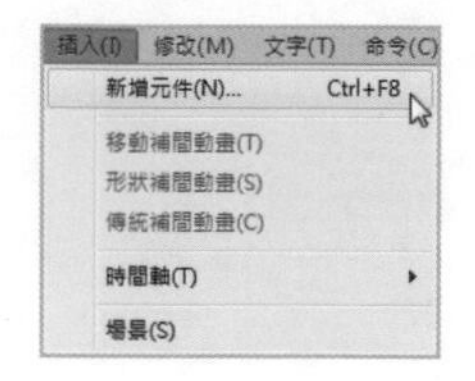

▲ 新增影片片段

STEP 2 在建立新元件的面板中，設定的內容如下：

- 名稱：0_ 封面 _OK
- 類型：影片片段

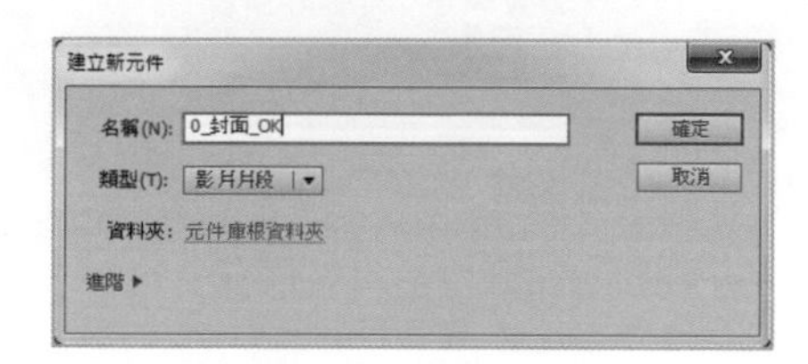

▲ 建立新元件

STEP 3 將剛所建立的「0_ 封面 _OK」影片片段拖曳到 0_ 封面資料夾中。

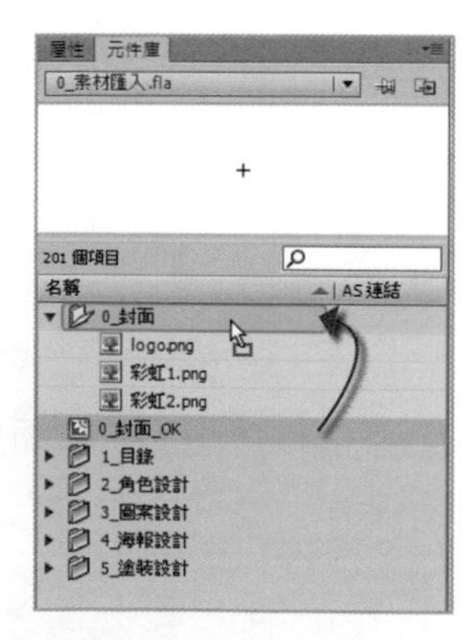

▲ 將新元件拖曳至對應的資料夾內

STEP 4 進入到「0_ 封面 _OK」影片片段的編輯模式下。進入編輯模式的方式為在元件庫中選擇「0_ 封面 _OK」元件的狀態下，點擊「滑鼠右鍵 > 編輯」即可進入。

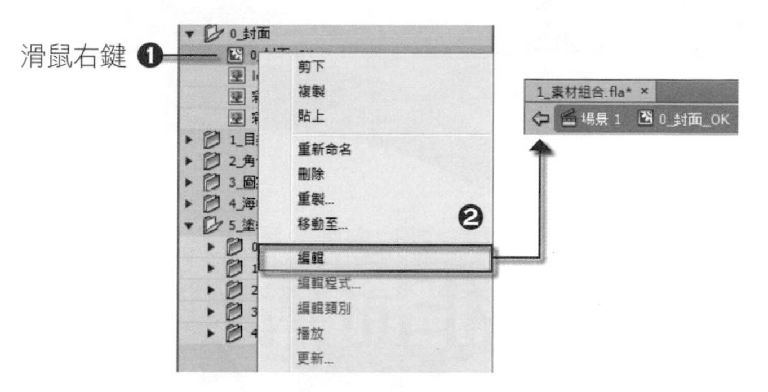

▲ 進入元件的編輯模式

STEP 5 在編輯模式中，在建立兩個新圖層，共需三個圖層。

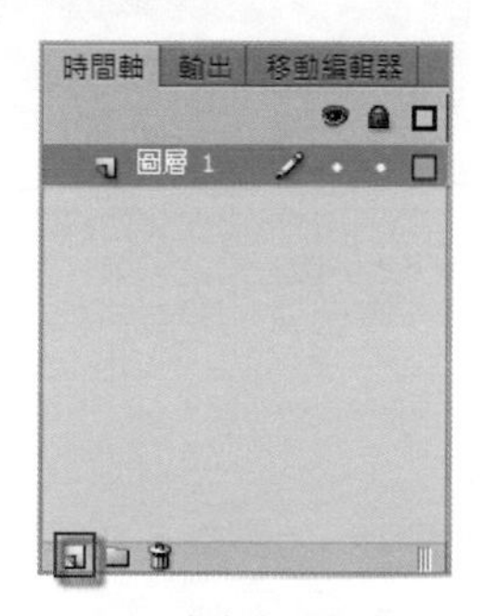

▲ 建立新圖層

STEP 6 分別為各圖層進行各種新命名動作。圖層由上而下為「上 _ 彩虹」、「Logo」、「下 _ 彩虹」。

▲ 圖層名稱

STEP 7 將元件庫中「0_ 封面」資料夾內的素材放入對應的圖層中，並調整素材間的彼此位置，調整時可使用對齊工具（快速鍵：Ctrl + K）來輔助。

▲ 置入各素材於對應的圖層中，並調整到彼此間的位置

STEP 8 重複 Step1~Step7 的動作，將所有作品集中會運用到的頁面製作成影片片段。要製作的樣式有：封面、選單目錄、角色設計、圖案設計、海報設計、塗裝設計幾種。而所需製作的影片片段如下表，其各個影片片段的最終樣式可參考下列各圖。

製作的元件類型	影片片段名稱
選單目錄	1_ 目錄 _OK
角色設計	角色設計 _ 目錄、角色設計 _ 角色 1、角色設計 _ 角色 2、角色設計 _ 角色 3、角色設計 _ 角色 4、角色設計 _ 角色 5、角色設計 _ 角色 6

製作的元件類型	影片片段名稱
圖案設計	圖案設計 _ 目錄、圖案設計 _ 角色 1、圖案設計 _ 角色 2、圖案設計 _ 角色 3、圖案設計 _ 角色 4、圖案設計 _ 角色 5、圖案設計 _ 角色 6
海報設計	海報設計 _ 目錄、海報設計 _ 角色 1、海報設計 _ 角色 2、海報設計 _ 角色 3、海報設計 _ 角色 4、海報設計 _ 角色 5、海報設計 _ 角色 6
塗裝設計	塗裝設計 _ 目錄、塗裝設計 _ 角色 1、塗裝設計 _ 角色 2、塗裝設計 _ 角色 3、塗裝設計 _ 塗裝 4

1. 封面

▲ 封面

2. 目錄選單

▲ 目錄選單

3. 角色設計

在角色部分需製作的影片片段有，次目錄、角色設計 _ 角色 1、角色設計 _ 角色 2、角色設計 _ 角色 3、角色設計 _ 角色 4、角色設計 _ 角色 5、角色設計 _ 角色 6，共 7 個元件。

▲ 角色設計 _ 目錄

▲ 角色設計 _ 內頁一

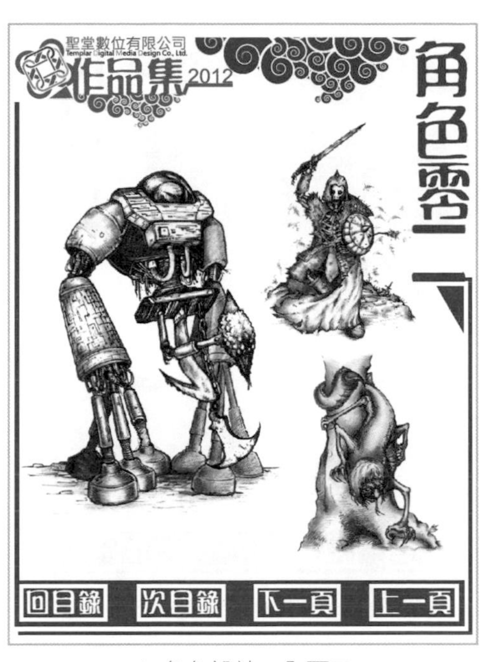

▲ 角色設計 _ 內頁二

▲ 角色設計 _ 內頁三參考圖

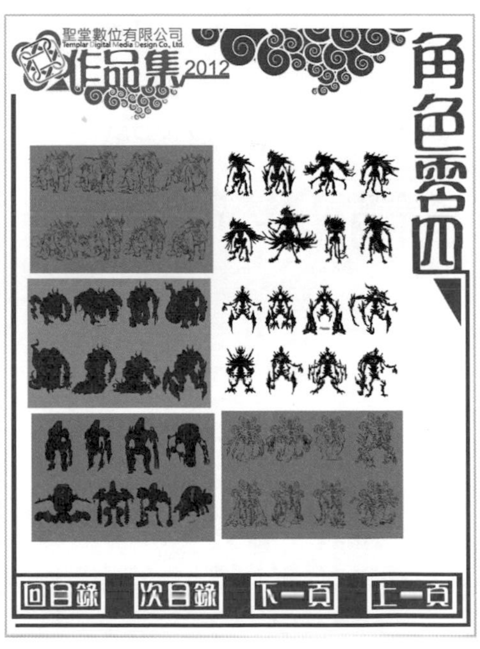

▲ 角色設計 _ 內頁四

▲ 角色設計 _ 內頁五

▲ 角色設計 _ 內頁六

4. 圖案設計

在圖案部分需製作的影片片段有，次目錄、圖案設計 _ 圖案 1、圖案設計 _ 圖案 2、圖案設計 _ 圖案 3、圖案設計 _ 圖案 4、圖案設計 _ 圖案 5、圖案設計 _ 圖案 6，共 7 個元件。

▲ 圖案設計 _ 目錄

▲ 圖案設計 _ 內頁一

▲ 圖案設計 _ 內頁二

▲ 圖案設計 _ 內頁三

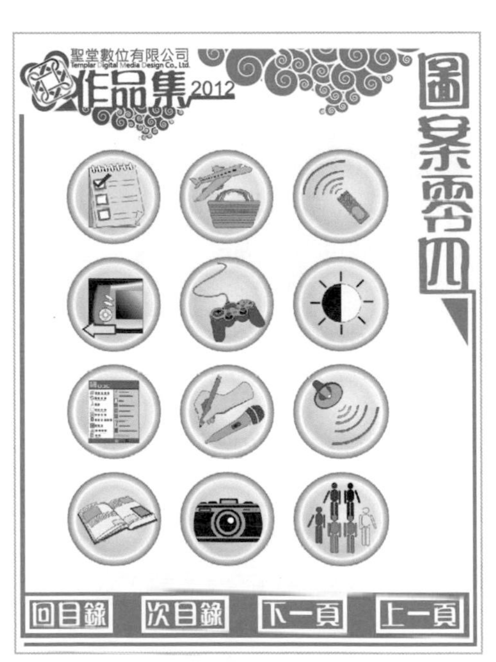

▲ 圖案設計 _ 內頁四

▲ 圖案設計 _ 內頁五

▲ 圖案設計 _ 內頁六

5. 海報設計

在海報部分需製作的影片片段有，次目錄、海報設計 _ 海報 1、海報設計 _ 海報 2、海報設計 _ 海報 3、海報設計 _ 海報 4、海報設計 _ 海報 5、海報設計 _ 海報 6，共 7 個元件。

▲ 海報設計 _ 目錄

▲ 海報設計 _ 內頁一

▲ 海報設計 _ 內頁二

▲ 海報設計 _ 內頁三

▲ 海報設計 _ 內頁四

▲ 海報設計 _ 內頁五

▲ 海報設計 _ 內頁六

6. 塗裝設計

在塗裝部分需製作的影片片段有，次目錄、塗裝設計 _ 塗裝 1、塗裝設計 _ 塗裝 2、塗裝設計 _ 塗裝 3、塗裝設計 _ 塗裝 4，共 5 個元件。

▲ 塗裝設計 _ 目錄

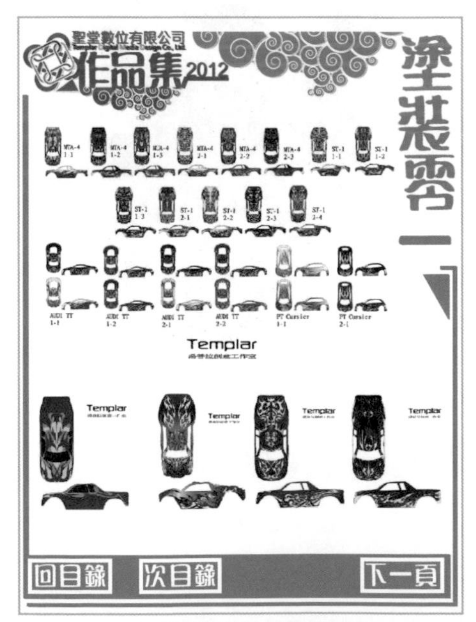

▲ 塗裝設計 _ 內頁一

▲ 塗裝設計 _ 內頁二

▲ 塗裝設計 _ 內頁三

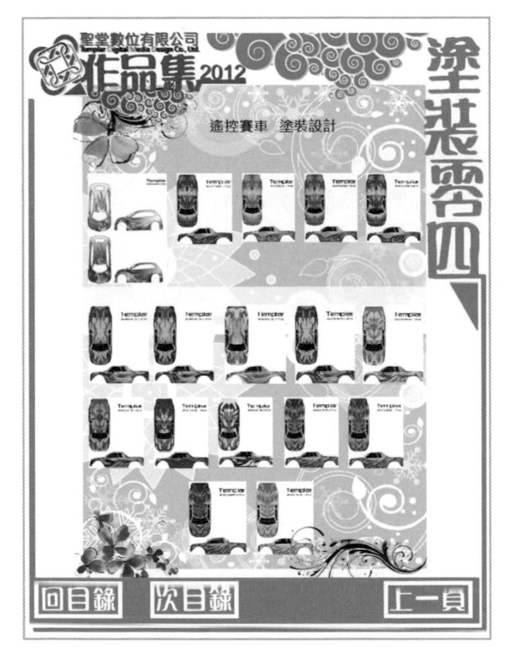

▲ 塗裝設計 _ 內頁四

7-3-2 舞台排版

完成上述各個內容的影片片段製作後，再來就是將這些元件擺放至舞台中，下列則對舞台中的各元件排版進行相關說明。可開啟「1_ 素材組合 .fla」進行相關的練習。

- 範例：光碟 > Example > 01- 作品集 > 範例檔 > 1_ 素材組合 .fla

STEP 1 新增五個圖層並重新命名，圖層名稱由上而下為：塗裝設計、海報設計、圖案設計、角色設計、目錄、封面。

▲ 在舞台中所新增的圖層與其名稱

STEP 2 將元件庫中的「0_ 封面 _OK」影片片段，拖曳至舞台中的封面圖層。

STEP 3 將元件拖曳進舞台後，開啟「對齊面板」(快速鍵：Ctrl + K)，來將影片片段與舞台的中心點進行對齊動作。

▲ 將「0_ 封面 _OK」影片片段擺放至舞台後，並進行垂直與水平置中對齊動作

STEP 4 相同道理，依序將各個影片片段擺放至舞台中的相對圖層中。由於我們單一類型會有 7 個影片片段元件，因此在拖曳至舞台時，我們必須逐步地將元件擺放至下一影格中。若以角色設計為例，其擺放的元件與順序如下：

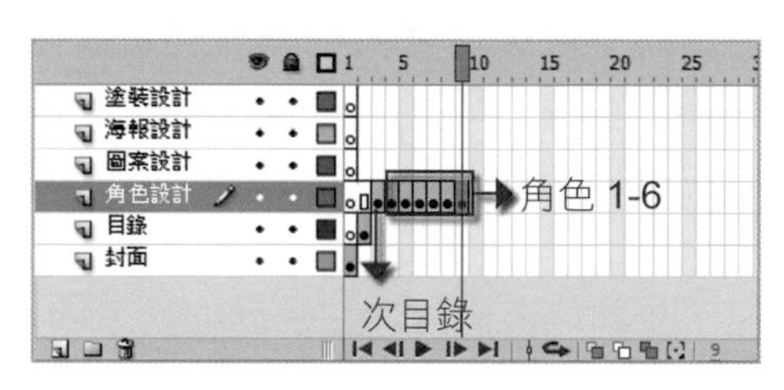

▲ 角色設計圖層需擺放的元件順序

STEP 5 再將元件擺放至舞台的過程中，由於預設的影格數目與我們的元件數量不相同，所以我們必須手動的建立「插入空白關鍵影格」。其方法為：在影格上按「滑鼠右鍵 > 插入空白關鍵影格」。

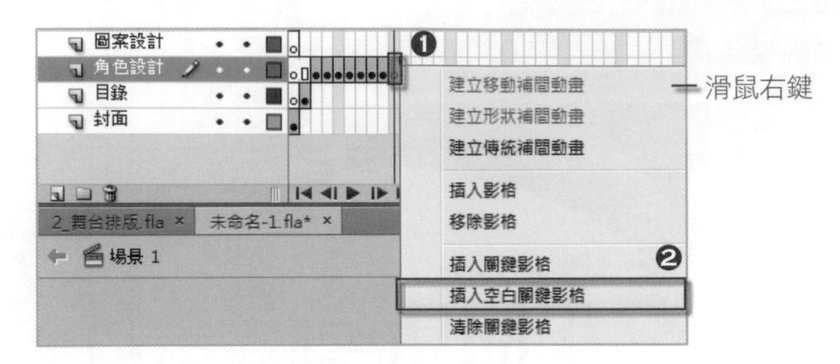

▲ 建立空白關鍵影格，才可擺放元件

STEP 6 依照 Step4~Step5 的方式，將各元件擺放至舞台中對應的圖層上。

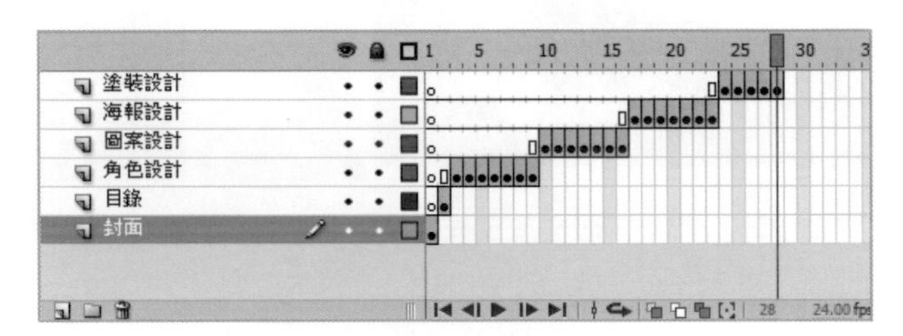

▲ 最後舞台中，各類型的影片片段的擺放結果

7-3-3 影格命名

為影格進行名稱的動作是為了後續當我們利用程式來控制內容時，可前往相對應的內容中（影格）。

STEP 1 在舞台中的塗裝設計圖層上方新增一個名稱為「ActionScript」的圖層。

STEP 2 將「ActionScript」圖層的影格 1~28 皆轉換成「空白關鍵影格」。其作法為：選取 ActionScript 圖層的影格 1~ 影格 28，並點擊「滑鼠右鍵 > 轉換成空白關鍵影格」。

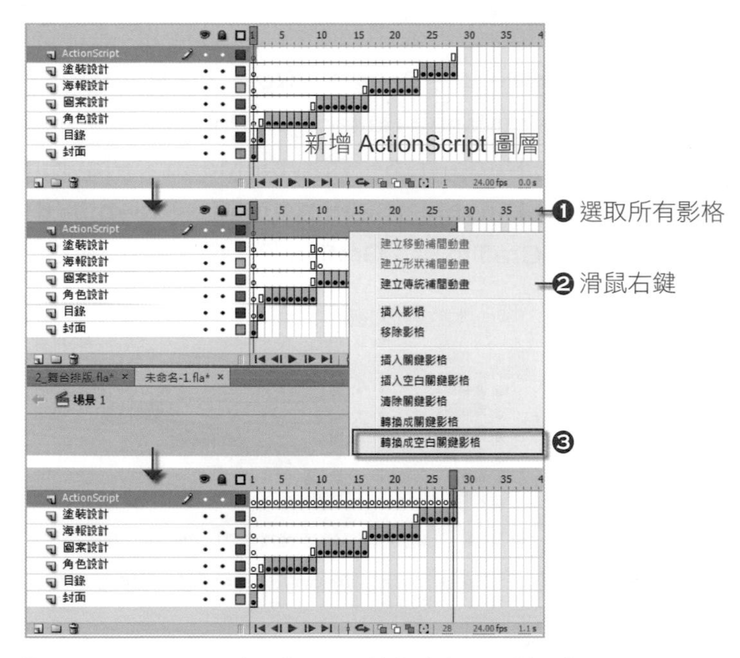

▲ 將 ActionScript 圖層的影格 1~28 轉換成空白關鍵影格

STEP 3 在 ActionScript 圖層中，選取影格 1，並開啟「屬性」面板（快速鍵：Ctrl + F3），在屬性面板的名稱欄位中輸入「home」。此動作就是為該影格進行命名。

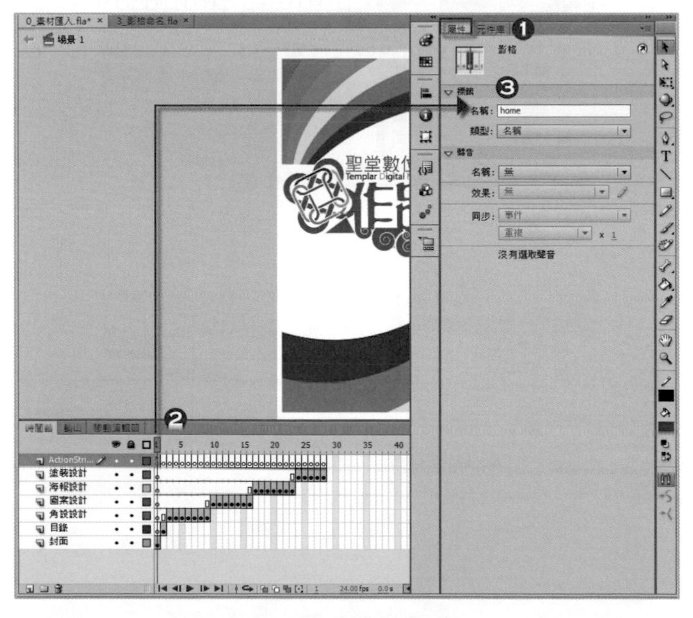

▲ 為影格進行命名

STEP 4 依照 Step2 的動作，依序為影格 2~ 影格 28 進行命名，其名稱依序為 Menu、RoleMenu、Role_1、Role_2、Role_3、Role_4、Role_5、Role_、PatternMenu、Pattern_1、Pattern_2、Pattern_3、Pattern_4、Pattern_5、Pattern_6、PlaybillMenu、Playbill_1、Playbill_2、Playbill_3、Playbill_4、Playbill_5、Playbill_6、GraffitoMenu、Graffito_1、Graffito_2、Graffito_3、Graffito_4、Graffito_5。

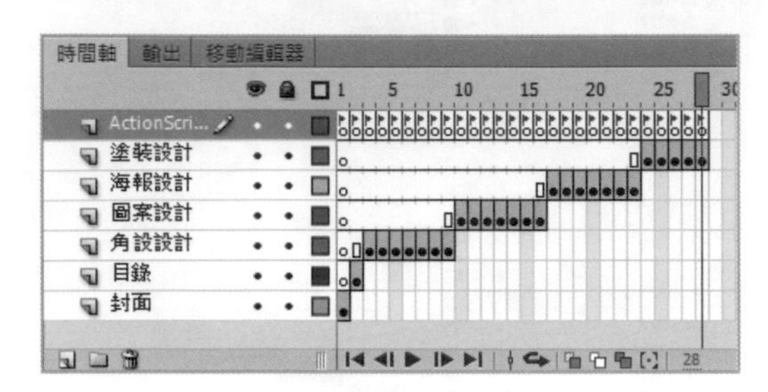

▲ 命名過的影格會出現紅色旗子標誌

STEP 5 為了往後瀏覽作品時，可做到停止的動作，因此我們必須在每影格中加入「stop（ ）;」指令。其作法為：選取影格 1 > 開啟動作面板（快速鍵：F9）> 輸入「stop（ ）;」指令。加入指令後的影格，將改為有「a」標記的樣式，不再是紅色旗子。

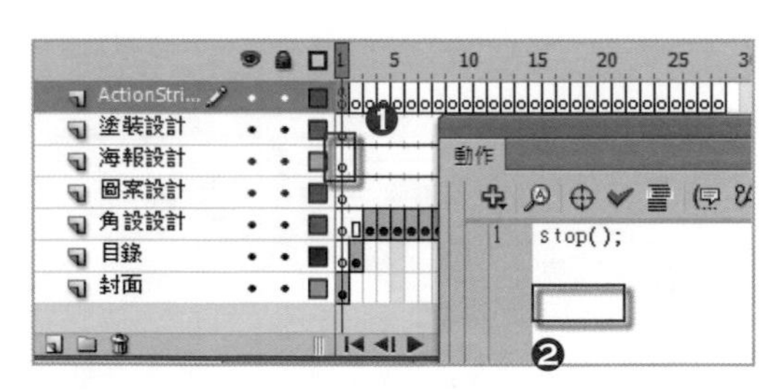

▲ 加入 stop（ ）; 指令於各影格之中

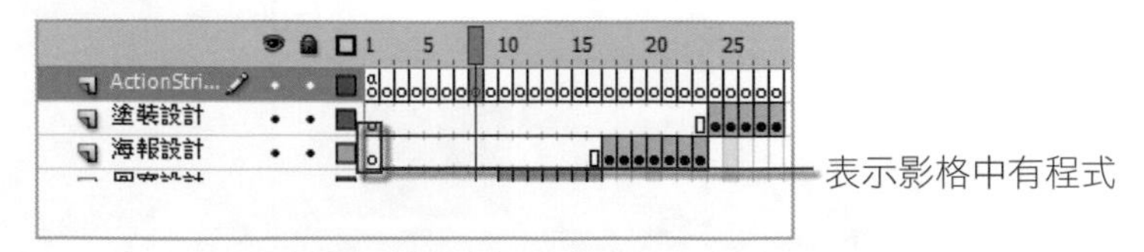

▲ 具有程式碼的影格顯示方式

7-4 封面倒數功能

在智慧型裝置中，瀏覽本範例之成果檔時，在封面的部分會先倒數 3 秒後才進入選單目錄的頁面。因此，在影格 1 中的倒數計時功能，我們可套用程式碼片段中的「倒數計時器」並在依照我們的需求進行修改即可達到目的。

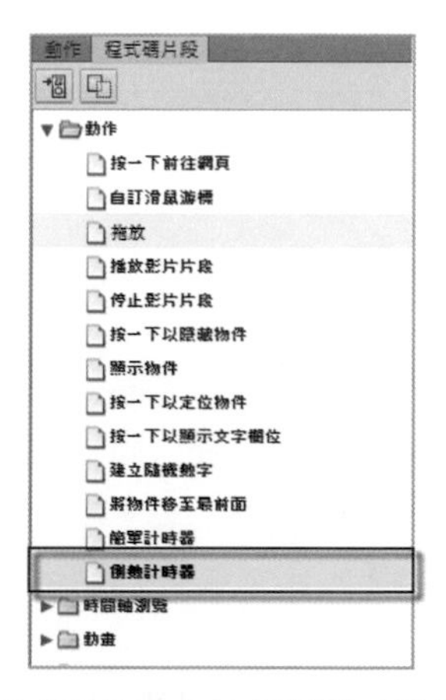

▲ 程式碼片段中的倒數計時器語法

STEP 1 在影格 1 中套用程式碼片段中的「倒數計時器」語法。

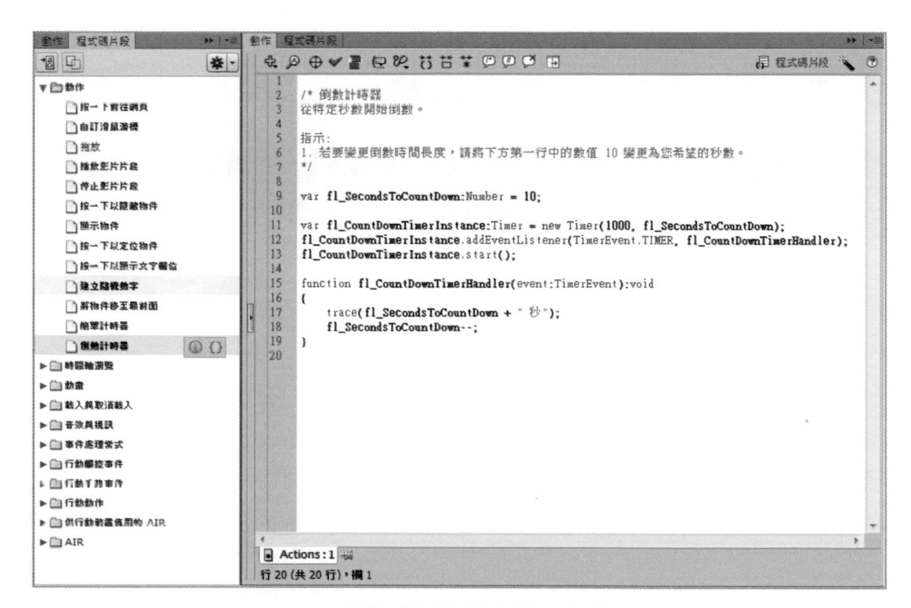

▲ 套用「倒數計時器」程式

● 倒數計時器程式碼說明

```
var fl_SecondsToCountDown:Number = 10;
// 到數的時間，預設為 10 秒，修改此變數即可調整倒數的時間。
var fl_CountDownTimerInstance:Timer = new Timer(1000,fl_
SecondsToCountDown);
// 每當指定的「間隔毫秒」時間到時，計時器物件就會發出 TimerEvent.TIMER 事件。預設為每
一秒鐘觸發一次，並減一秒。
fl_CountDownTimerInstance.addEventListener(TimerEvent.TIMER, fl_
CountDownTimerHandler);
// 建立一個事件傾聽
fl_CountDownTimerInstance.start( );
// 倒數計時器啟動
function fl_CountDownTimerHandler(event:TimerEvent):void
{
        fl_SecondsToCountDown--;
}
// 每執行一次倒數計時則時間，fl_SecondsToCountDown 就少 1 秒。
```

STEP 2 將「fl_SecondsToCountDown」變數的時間，修改為 3 秒。其程式碼如下：

```
var fl_SecondsToCountDown:Number = 3;
```

STEP 3 在 function（ ）函數中，加入 if（ ）判斷式，判斷當秒數歸零時，會前往目錄選單的影格。其程式碼如下：

```
if(fl_SecondsToCountDown == 0)
    {
            nextFrame( ); // 前往下一影格（目錄選單）
    }
```

```
stop();

/* 倒數計時器
從特定秒數開始倒數。

指示:
1. 若要變更倒數時間長度，只需修改 fl_SecondsToCountDown 的數值。
*/

var fl_SecondsToCountDown:Number = 3;

var fl_CountDownTimerInstance:Timer = new Timer(1000,fl_SecondsToCountDown);
fl_CountDownTimerInstance.addEventListener(TimerEvent.TIMER, fl_CountDownTimerHandler);
fl_CountDownTimerInstance.start();

function fl_CountDownTimerHandler(event:TimerEvent):void
{
    fl_SecondsToCountDown--;
    if (fl_SecondsToCountDown == 0)
    {
        nextFrame();
    }
}
```

▲ 最後「倒數計時器」之程式

7-5 ｜ 目錄選單

經由上述的操作結果，我們已經完成了作品集的基本架構，再來就是需要建立互動的效果。我們在各個頁面中都可看到上一頁、下一頁、回目錄這樣的圖示，但此圖示並非是獨立的素材，所以無法做到將這些素材獨立的轉換成元件後，再輸入程式碼以進行相關的控制。

但各位讀者不必擔心，我們可自行新增一個透明按鈕，並將透明按鈕擺放在這些按鈕圖樣的上方，也可達到我們所要的瀏覽方式。

STEP 1 在目錄圖層上方新增一個名稱為「目錄_感應區」的圖層。

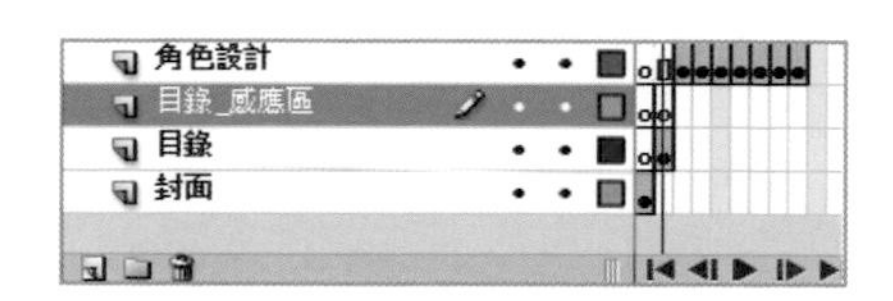

▲ 建立目錄_感應區圖層

STEP 2 此時，在「目錄_感應區」圖層的狀態下，在「角色設計」文字的上方繪製一個矩形，此範圍剛好可以覆蓋該文字即可。

▲ 繪製矩形

STEP 3 選取該矩形框，並點擊「滑鼠右鍵 > 轉換成元件」，其在轉換成元件面板的設定內容如下：

- 名稱：目錄 _ 按鈕感應區
- 類型：按鈕

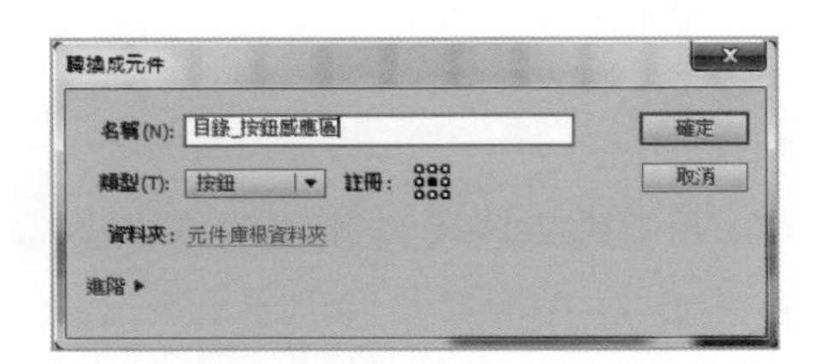

▲ 將矩形轉換成按鈕

STEP 4 進入按鈕的編輯模式中，並將在一般影格中的內容直接拖曳到感應區中，此時，我們回到舞台，就可看見原先繪製的矩形範圍已成為一個透明的按鈕。

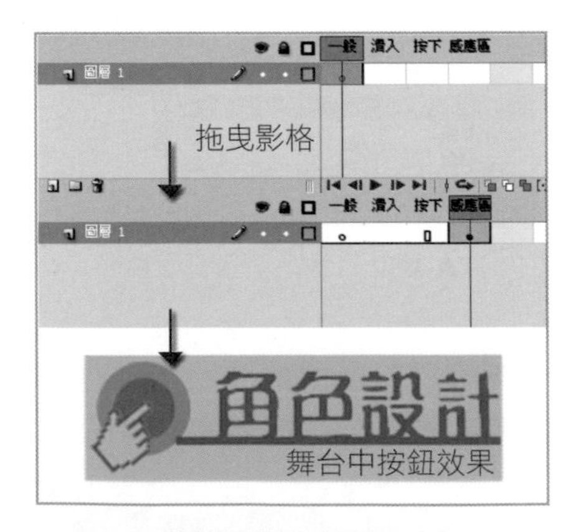

▲ 將按鈕修改為透明效果

STEP 5 利用「複製」的方式，複製在舞台上剛所建立的按鈕，需複製出 3 個新按鈕，使在目錄的舞台上共有 4 個相同的透明按鈕，且擺放在文字圖樣之上。

▲ 4 個透明按鈕擺放位置

STEP 6 接續，為 4 按鈕進行命名的動作。其設定的名稱如下：

- 角色設計：Role_btn
- 圖案設計：Pattern_btn
- 海報設計：Playbill_btn
- 塗裝設計：Graffito_btn

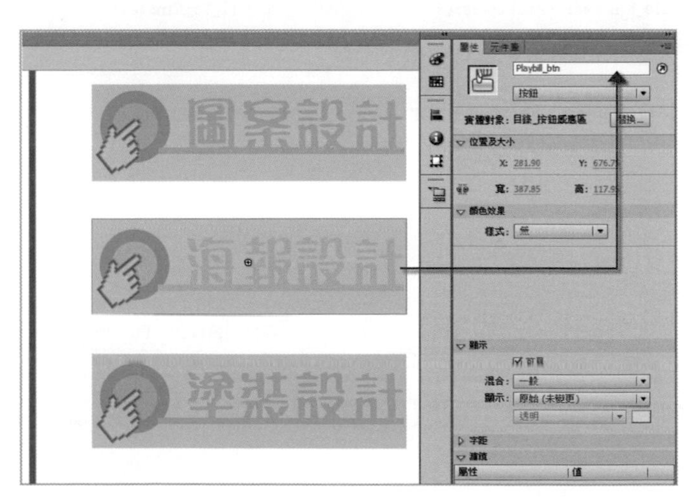

▲ 為每個按鈕進行命名

STEP 7 在按鈕部分的程式碼，我們可透過程式碼片段的功能，來幫助我們快速建立觸控效果。

STEP 8 在選取「角色設計」透明按鈕的狀態下，點選「程式碼片段 > 行動觸控事件 > 輕點事件」。以進行套用。

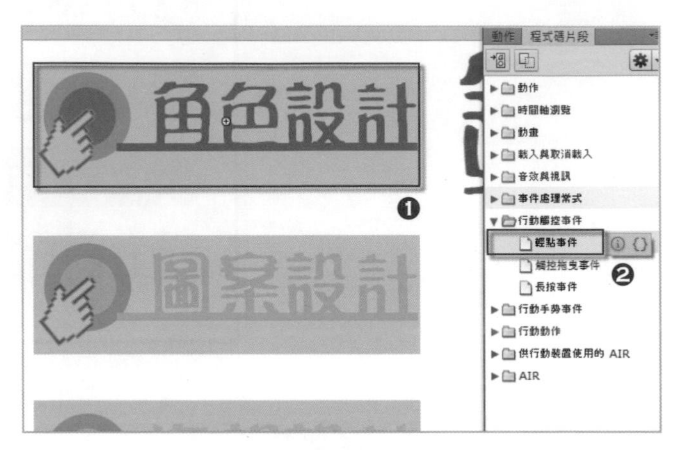

▲ 套用輕點事件

```
43  /* 輕點事件
44  輕點元件實體，就會執行可新增自訂程式碼的函數。
45
46  指示:
47  1. 在下方含有 "// 啟動您的自訂程式碼" 的程式碼之後，將自訂的程式碼加入新行。
48  輕點元件實體時，就會執行程式碼。
49  */
50
51  Multitouch.inputMode = MultitouchInputMode.TOUCH_POINT;
52
53  Role_btn.addEventListener(TouchEvent.TOUCH_TAP, fl_TapHandler);
54
55  function fl_TapHandler(event:TouchEvent):void
56  {
57      // 啟動您的自訂程式碼
58      //此範例程式碼在每次輕點事件時，會將物件的透明度減少一半
59      Role_btn.alpha *= 0.5;
60      // 結束您的自訂程式碼
61  }
62
```

▲ 動作面板中的輕點事件程式

STEP 9 此時，我們先將程式的事件名稱「fl_TapHandler」修改成符合角色設計的事件名稱「RoleDesign」。藉由這樣的事件名稱修改，我們後續就可不斷的利用複製、貼上與取代之功能來完成剩餘的按鈕程式撰寫，藉此大幅降低開發時間。

```
/*輕點事件
輕點元件實體，就會執行可新增自訂程式碼的函數。

提示：
1. 在下方有 "// 啟動您的自訂程式碼" 的程式碼之後，將自訂的程式碼加入新行。
輕點元件實體時，就會執行程式碼。
*/

Multitouch.inputMode = MultitouchInputMode.TOUCH_POINT;

Role_btn.addEventListener(TouchEvent.TOUCH_TAP, fl_TapHandler);

function fl_TapHandler(event:TouchEvent):void
{
    // 啟動您的自訂程式碼
    //此範歷程是馬在每次輕點時，會將物件的透明度減少一半
    Role_btn.alpha *= 0.5;
    // 結束您的自訂程式碼
}
```

修改

```
/* 輕點事件
輕點元件實體，就會執行可新增自訂程式碼的函數。
*/

/*角色設計按鈕*/
Multitouch.inputMode = MultitouchInputMode.TOUCH_POINT;

Role_btn.addEventListener(TouchEvent.TOUCH_TAP, RoleDesign);

function RoleDesign(event:TouchEvent):void
{
    gotoAndStop("RoleMenu");
}
```

▲ 修改輕點事件中的事件名稱

STEP 10 修改輕點事件的執行動作。在 function（ ）函數中，加入「gotoAndStop（"RoleMenu"）;」指令。

```
/* 輕點事件
輕點元件實體，就會執行可新增自訂程式碼的函數。
*/

/*角色設計按鈕*/
Multitouch.inputMode = MultitouchInputMode.TOUCH_POINT;

Role_btn.addEventListener(TouchEvent.TOUCH_TAP, RoleDesign);

function RoleDesign(event:TouchEvent):void
{
    gotoAndStop("RoleMenu");
}
```

▲ 修改輕點事件中的執行動作

STEP 11 到此，我們已經完成了在目錄選單中的「角色設計」按鈕動作。

STEP 12 再來我們會利用複製的方式來為剩餘的圖案設計、海報設計與塗裝設計這 3 個透明按鈕加入程式碼。因此，複製角色設計的程式碼內容，並貼上 3 次，共有 4 個相同的程式碼。

STEP 13 修改複製出的 3 組程式碼之事件名稱。其修改的名稱依序如下：

- 圖案設計：PatternDesign
- 海報設計：PlaybillDesign

- 塗裝設計：GraffitoDesign

STEP 14 修改每個按鈕的執行動作，其修改的動作如下：

- 圖案設計：gotoAndStop（"PatternMenu"）;
- 海報設計：gotoAndStop（"PlaybillMenu"）;
- 塗裝設計：gotoAndStop（"GraffitoMenu"）;

STEP 15 最終完整的程式碼如下：

```
stop（ ）;
/* 角色設計按鈕 */
Multitouch.inputMode = MultitouchInputMode.TOUCH_POINT;
Role_btn.addEventListener（TouchEvent.TOUCH_TAP, RoleDesign）;
function RoleDesign（event:TouchEvent）:void
{
      gotoAndStop（"RoleMenu"）;
}
/* 海報設計按鈕 */
Pattern_btn.addEventListener（TouchEvent.TOUCH_TAP, PatternDesign）;
function PatternDesign（event:TouchEvent）:void
{
      gotoAndStop（"PatternMenu"）;
}
/* 海報設計按鈕 */
Playbill_btn.addEventListener（TouchEvent.TOUCH_TAP, PlaybillDesign）;
function PlaybillDesign（event:TouchEvent）:void
{
      gotoAndStop（"PlaybillMenu"）;
}
/* 塗裝設計按鈕 */
Graffito_btn.addEventListener（TouchEvent.TOUCH_TAP, GraffitoDesign）;
function GraffitoDesign（event:TouchEvent）:void
{
      gotoAndStop（"GraffitoMenu"）;
}
```

7-6 次目錄選單

在每個設計的項目中都有「次目錄」選單，在這部份我們可照目錄選單的方式，先撰寫好第一個透明按鈕的動作，最後在採用複製、貼上與取代的方式來完成剩餘的按鈕動動作。

7-6-1 次目錄的選單

STEP 1 在目錄圖層上方新增一個名稱為「角色 _ 次目錄 _ 感應區」的圖層。

STEP 2 此時，在「角色 _ 按鈕感應區」圖層的狀態下，在「角色零一」文字的上方繪製一個矩形範圍，此範圍剛好可以覆蓋該文字與圖案。

STEP 3 選取該矩形框，並點擊「滑鼠右鍵 > 轉換成元件」，其在轉換成元件面板的設定內容如下：

- 名稱：次目錄 _ 按鈕感應區
- 類型：按鈕

STEP 4 進入按鈕的編輯模式中，並將在一般影格中的內容直接拖曳到感應區中，此時，我們回到舞台，就可看見原先繪製的矩形範圍已成為一個透明的按鈕。

▲ 角色零一的透明按鈕

STEP 5 利用「複製」的方式，複製在舞台上剛所建立的按鈕，需複製出 5 個新按鈕，使在目錄的舞台上共有 6 個相同的透明按鈕，且擺放在文字圖樣之上。

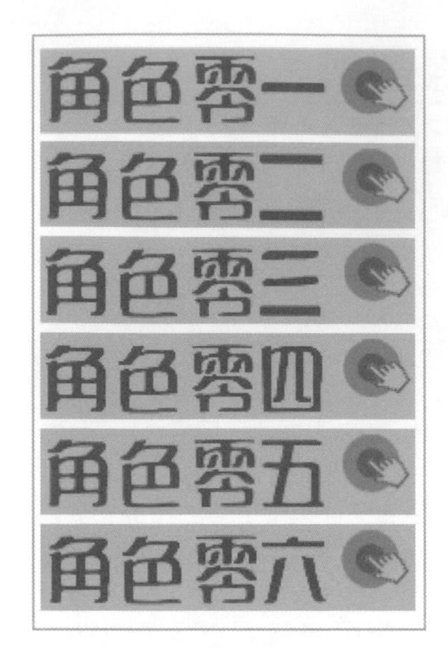

▲ 6 個透明按鈕擺放位置

STEP 6 接續，為 6 按鈕進行命名的動作。其設定的名稱如下：

- 角色零一：Role01_btn
- 角色零二：Role02_btn
- 角色零三：Role03_btn
- 角色零四：Role04_btn
- 角色零五：Role05_btn
- 角色零六：Role06_btn

STEP 7 在選取「角色零一」透明按鈕的狀態下，點選「程式碼片段 > 行動觸控事件 > 輕點事件」。以進行套用。

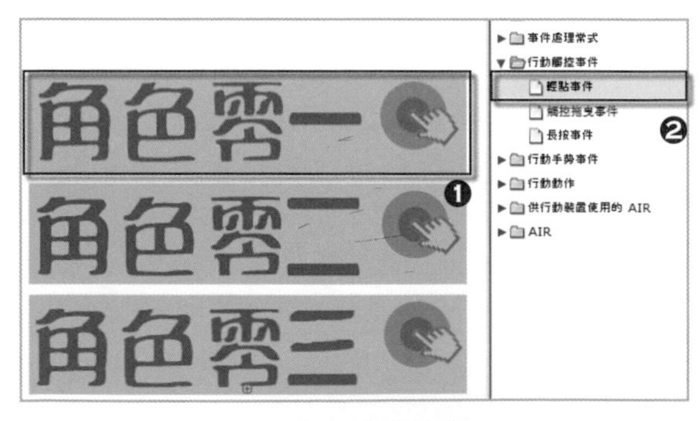

▲ 套用輕點事件

STEP 8 此時，進行輕點事件名稱與執行動作的修改，在執行動作的部分為當點擊角色零一時，會前往角色零一個頁面。其角色零一的完整程式如下：

```
Role01_btn.addEventListener(TouchEvent.TOUCH_TAP, RoleDesign_01);
function RoleDesign_01(event:TouchEvent):void
{
	gotoAndStop("Role_1");
}
```

STEP 9 再來，利用複製角色零一的程式碼內容，並貼上 5 次，共有 6 個相同的程式碼。依序的修改事件名稱與執行動作，其完整的程式碼如下：

```
Multitouch.inputMode = MultitouchInputMode.TOUCH_POINT;
/* 圖案 01 按鈕 */
Pattern01_btn.addEventListener(TouchEvent.TOUCH_TAP, PatternDesign_01);
function PatternDesign_01(event:TouchEvent):void
{
	gotoAndStop("Pattern_1");
}
/* 圖案 02 按鈕 */
Pattern02_btn.addEventListener(TouchEvent.TOUCH_TAP, PatternDesign_02);
function PatternDesign_02(event:TouchEvent):void
{
	gotoAndStop("Pattern_2");
}
/* 圖案 03 按鈕 */
Pattern03_btn.addEventListener(TouchEvent.TOUCH_TAP, PatternDesign_03);
function PatternDesign_03(event:TouchEvent):void
{
	gotoAndStop("Pattern_3");
}
/* 圖案 04 按鈕 */
Pattern04_btn.addEventListener(TouchEvent.TOUCH_TAP, PatternDesign_04);
function PatternDesign_04(event:TouchEvent):void
{
	gotoAndStop("Pattern_4");
```

```
}
/* 圖案 05 按鈕 */
Pattern05_btn.addEventListener(TouchEvent.TOUCH_TAP, PatternDesign_05);
function PatternDesign_05(event:TouchEvent):void
{
     gotoAndStop("Pattern_5");
}
/* 圖案 06 按鈕 */
Pattern06_btn.addEventListener(TouchEvent.TOUCH_TAP, PatternDesign_06);
function PatternDesign_06(event:TouchEvent):void
{
     gotoAndStop("Pattern_6");
}
```

7-6-2 次目錄的控制按鈕

在次目錄的頁面中，還剩下「回目錄」與「次目錄」兩按鈕尚未設定。在此會對此兩部分進行透明按鈕的設定。

▲ 角色設計中未製作按鈕的部分

STEP 1 在「角色 _ 按鈕感應區」圖層中，在「回目錄」上方繪製一矩形框，並轉換成透明的按鈕元件。其按鈕的名稱為：內頁 _ 按鈕感應區。

STEP 2 在複製出一個「內頁 _ 按鈕感應區」，並擺放到「次目錄」之上方。

▲ 回目錄與次目錄的按鈕

STEP 3 設定兩按鈕的名稱，其設定的名稱如下：

- 回目錄：Role_BackMenu_btn
- 次目錄：Role_Menu_btn

STEP 4 將兩按鈕套用「輕點事件」，並進行程式的修改。其修改後的結果如下：

```
/* 回目錄按鈕 */
Role_BackMenu_btn.addEventListener(TouchEvent.TOUCH_TAP,
Role_BackMenu_01);
function Role_BackMenu_01(event:TouchEvent):void
{
    gotoAndStop("Menu");
}
/* 次目錄按鈕 */
Role_Menu_btn.addEventListener(TouchEvent.TOUCH_TAP, Role_Menu_01);
function Role_Menu_01(event:TouchEvent):void
{
    gotoAndStop("RoleMenu");
}
```

7-6-3 套用與修改

經過上述兩小節的說明後，已完成了角色單元中次目錄的程式開發。就如同筆者前述所講的內容，當製作好一個內容時我們可採用複製的方式來縮短開發時間。

STEP 1 在圖案設計圖層、海報設計圖層、塗裝設計圖層的上方新增「圖案 _ 次目錄 _ 感應區」、「海報 _ 次目錄 _ 感應區」、「塗裝 _ 次目錄 _ 感應區」三個圖層。

STEP 2 複製「角色 _ 次目錄 _ 感應區」中的 8 個透明按鈕，並貼到「圖案 _ 次目錄 _ 感應區」、「海報 _ 次目錄 _ 感應區」與「塗裝 _ 次目錄 _ 感應區」的三個圖層中。

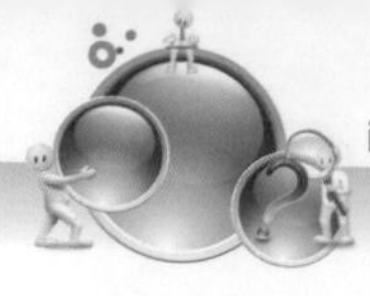

▲ 將「角色 _ 次目錄 _ 感應區」的 8 個按鈕貼到相對的圖層中

TIPS

將複製好的按鈕貼到其他圖層時，可透過「滑鼠右鍵 > 在原地貼上」的方式，使貼上的按鈕位置會與「角色 _ 次目錄 _ 感應區」中的按鈕位置相同，這樣的動作就可不用再進行按鈕調整的動作。

STEP 3 完成之後，我們必須修改位於影格 10、影格 17 與影格 24 中的按鈕名稱。其修改的名稱如下：

位置	按鈕的圖案樣式	按鈕屬性名稱
圖案設計 _ 次目錄（影格 10）	圖案零一	Pattern01_btn
	圖案零二	Pattern02_btn
	圖案零三	Pattern03_btn
	圖案零四	Pattern04_btn
	圖案零五	Pattern05_btn
	圖案零六	Pattern06_btn
	回目錄	Pattern_BackMenu_btn
	次目錄	Pattern_Menu_btn

位置	按鈕的圖案樣式	按鈕屬性名稱
海報設計_次目錄（影格 17）	海報零一	Playbil01_btn
	海報零二	Playbil02_btn
	海報零三	Playbil03_btn
	海報零四	Playbil04_btn
	海報零五	Playbil05_btn
	海報零六	Playbil06_btn
	回目錄	Playbill_BackMenu_btn
	次目錄	Playbill_Menu_btn
塗裝設計_次目錄（影格 24）	塗裝零一	Graffito01_btn
	塗裝零二	Graffito02_btn
	塗裝零三	Graffito03_btn
	塗裝零四	Graffito04_btn
	回目錄	Graffito_BackMenu_btn
	次目錄	Graffito_Menu_btn

STEP 4 完成按鈕名稱的修改後，再來就是進行程式碼的修改。方式為，複製 Actions 圖層中，角色設計次目錄中的所有程式碼，並貼到影格 10、影格 17 與影格 24 中。

STEP 5 由於塗裝設計的內容只有 4 個作品，因此在 Actions 圖層中，刪除 05~06 兩按鈕的程式。

STEP 6 再來，依序將影格 10、影格 17 與影格 24 中的「RoleDesign」進行取代的動作。其取代的說明如下：

- 影格 10：PatternDesign
- 影格 17：PlaybilDesign
- 影格 24：GraffitoDesign

STEP 7 另外，在執行動作的部分也須進行取代的動作，將「Role_」取代的名稱如下：

- 影格 10：Pattern_
- 影格 17：Playbill_
- 影格 24：Graffito_

STEP 8 在次目錄頁面中的次目錄按鈕部分，其執行動作部分需獨自進行修改，修改的部分如下：

- 圖案設計：gotoAndStop（"PatternMenu"）;
- 海報設計：gotoAndStop（"PlaybillMenu"）;
- 塗裝設計：gotoAndStop（"GraffitoMenu"）;

```
/*次目錄按鈕*/
Graffito_Menu_btn.addEventListener(TouchEvent.TOUCH_TAP, Graffito_Menu_01);

function Graffito_Menu_01(event:TouchEvent):void
{
    gotoAndStop("GraffitoMenu");
}
```

▲ 修改次目錄頁面中的次目錄按鈕動作

STEP 9 完成 4 個次目錄的按鈕開發。

7-7 內頁中的控制按鈕

到目前為止，我們透過測試的結果顯示，封面倒數 3 秒後進入選單目錄，若點擊角色設計時，則會前往角色設計的次目錄，在次目錄中點擊角色零五後，會前往零五的頁面。但無法透過下方的按鈕再次地進行瀏覽，因此本小節所要説明的部分就是針對每個類型的頁面中，對「回目錄」、「次目錄」、「上一頁」、「下一頁」進行按鈕的事件開發。

STEP 1 將舞台畫面移到影格 5，並將元件庫中的「內頁 _ 按鈕感應區」按鈕拖曳至舞台中的「角色 _ 按鈕感應區」圖層中，並擺放在文字圖樣的上方。

▲ 將「內頁 _ 按鈕感應區」按鈕拖曳到舞台中並擺放到適當的位置

TIPS

由於影格 4 只有三個按鈕，若以此作為範例時，當將結果的程式碼複製給其他內頁的按鈕使用時，會缺少一個按鈕的程式。因此，筆者以影格 5 的頁面作為此章節的介紹範例，爾後只要配合內容的按鈕數量而進行刪除的動作即可。

STEP 2 為按鈕進行命名的動作，其名稱如下：

- 回目錄：Role_BackMenu_btn02
- 次目錄：Role_Menu_btn02
- 下一頁：Role_Next_btn02
- 上一頁：Role_Prev_btn02

TIPS

在按鈕的名稱上，會依照內頁的順序進行區別（第一頁為次目錄頁面，不在此敘述的範圍內），也就是說，按鈕的名稱後面會再多加上「01」、「02」… 的數字。由於影格 5 是屬於角色設計內頁中的第二頁，因此以「02」來進行辨別。

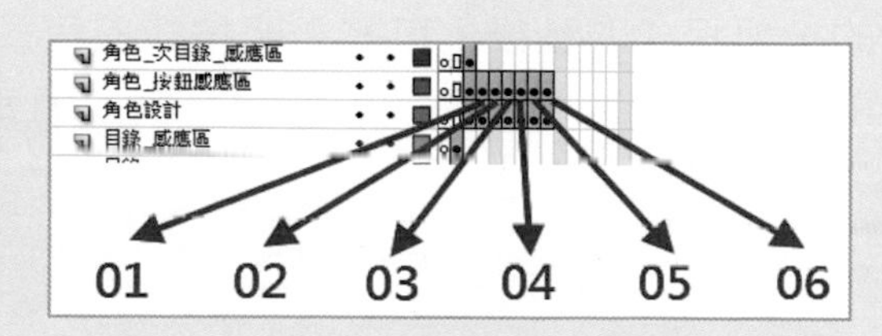

STEP 3 在 4 個按鈕的部分，可套用「輕點事件」來協助程式的開發，撰寫好一個按鈕後，可採用複製的方式來完成剩餘的 3 個按鈕程式開發。其完整的程式碼如下：

```
/* 回目錄按鈕 */
Role_BackMenu_btn02.addEventListener(TouchEvent.TOUCH_TAP,
Role_BackMenu_03);
function Role_BackMenu_03(event:TouchEvent):void
{
    gotoAndStop("Menu");
}
/* 次目錄按鈕 */
Role_Menu_btn02.addEventListener(TouchEvent.TOUCH_TAP, Role_Menu_03);
function Role_Menu_03(event:TouchEvent):void
{
    gotoAndStop("RoleMenu");
}
/* 下一頁按鈕 */
Role_Next_btn02.addEventListener(TouchEvent.TOUCH_TAP, Role_Next_03);
function Role_Next_03(event:TouchEvent):void
{
    nextFrame();
}
/* 上一頁按鈕 */
Role_Prev_btn02.addEventListener(TouchEvent.TOUCH_TAP, Role_Prev_03);
function Role_Prev_03(event:TouchEvent):void
{
    prevFrame();
}
```

STEP 4 完成影格 5 的按鈕程式開發後，可將透明按鈕與程式碼運用複製與貼上的方式來套用於剩餘的內頁中（包含圖案設計、海報設計以及塗裝設計），其該複製的內容需有：

1. 按鈕元件

2. 完整的程式碼

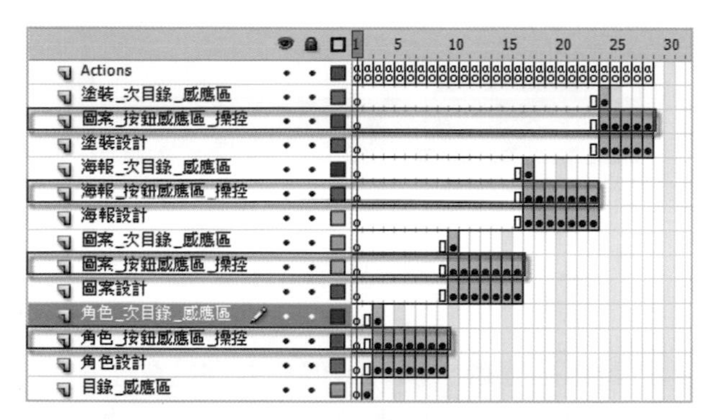

▲ 將內頁按鈕套用在所有內頁之後的圖層

STEP 5 將按鈕與程式複製到其他頁面後，修改時需要注意的事項有：

- 按鈕名稱：依照內頁的順序進行修改
- 程式碼：事件的編號

```
/*內容按鈕控制*/
/*回目錄按鈕*/
Role_BackMenu_btn02.addEventListener(TouchEvent.TOUCH_TAP, Role_BackMenu_03);

function Role_BackMenu_03(event:TouchEvent):void
{
    gotoAndStop("Menu");
}
```

影格 5

影格 6

```
/*內容按鈕控制*/
/*回目錄按鈕*/
Role_BackMenu_btn03.addEventListener(TouchEvent.TOUCH_TAP, Role_BackMenu_04);

function Role_BackMenu_04(event:TouchEvent):void
{
    gotoAndStop("Menu");
}
```

▲ 影格 5 與影格 6 中程式碼的差異

STEP 6 另外，以角色設計的內頁為例。其影格 4 為第一頁，而影格 9 為第六頁，而此兩頁當中的按鈕部分各自缺少了「上一頁」與「下一頁」，針對此部分，在按鈕與程式上都須配合內頁中按鈕的樣式來進行刪除的動作。

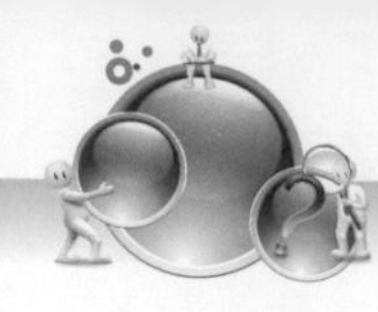

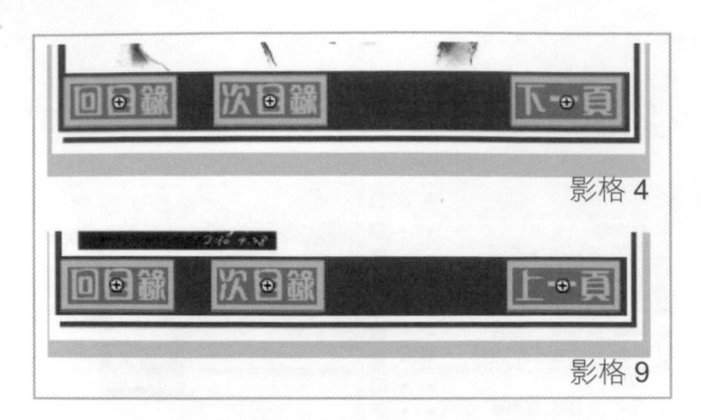

▲ 影格 4 與影格 9 中透明按鈕的差異

STEP 7 雖然本範例的製作過程過於瑣碎，但只要保持先求開發好一個完整的結果，之後就可用利用複製、貼上、修改名稱的方式來完成剩餘的程式開發。因此，當各位讀者往後在開發類似的專案時，也可套用此開發邏輯，但前提是在專案的呈現方式是雷同的。

7-8 測試與發佈

當我們完成上述的開發流程後，最重要的當然是發佈檔案來測試看看所有功能是否正常，由於我們是開發智慧型裝置用的 App，因此進行發佈測試後，在其結果畫面中不能直接利用滑鼠進行操作。

所以，我們必須要透過 Simulator（模擬器）的協助，來模擬在智慧型裝置中的操作效果。其發佈測試與模擬器的設定方式如下：

STEP 1 點選 Flash 面板功能列中的「控制 > 測試影片 > 在 AIR Debug Launcher（行動裝置）中」來進行發佈。

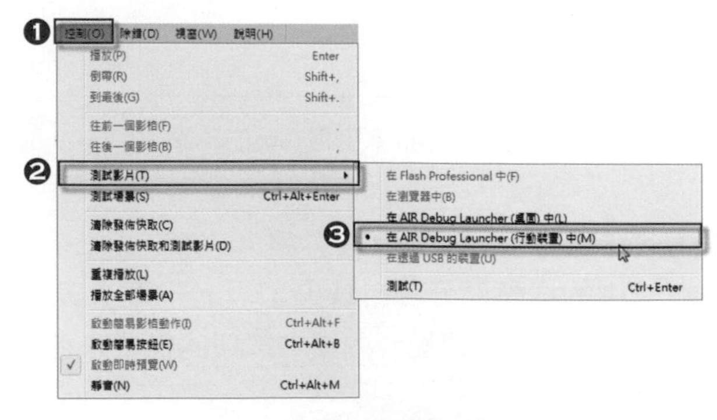

▲ 啟動測試影片功能

STEP 2 在模擬器中，「勾選」TOUCH AND GESTURE 面板中的「Touch layer」，勾選後才可模擬在智慧型裝置中的操作行為。

TIPS

TOUCH AND GESTURE 面板的詳細說明可參考 Ch03 中的 Simulator（模擬器）部分。

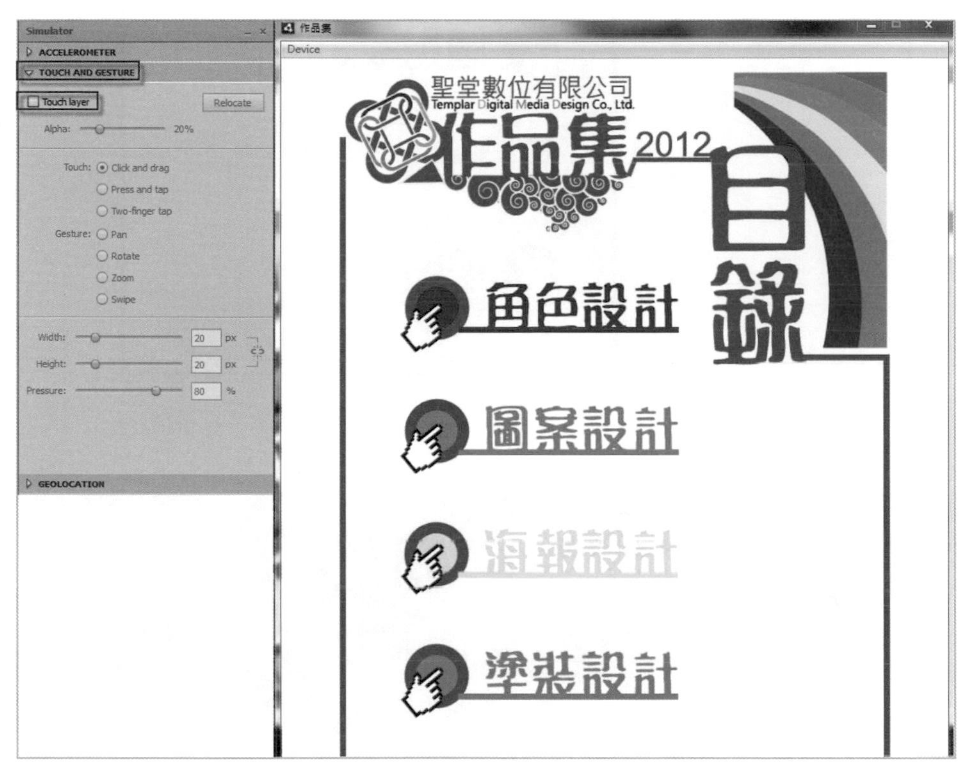

▲ 未勾選 Touch layer 時無法進行觸控事件的操作

STEP 3 勾選 Touch layer 後，預覽畫面會有以灰色半透明的效果進行覆蓋，此情形就表示目前已具有觸控事件的功能。

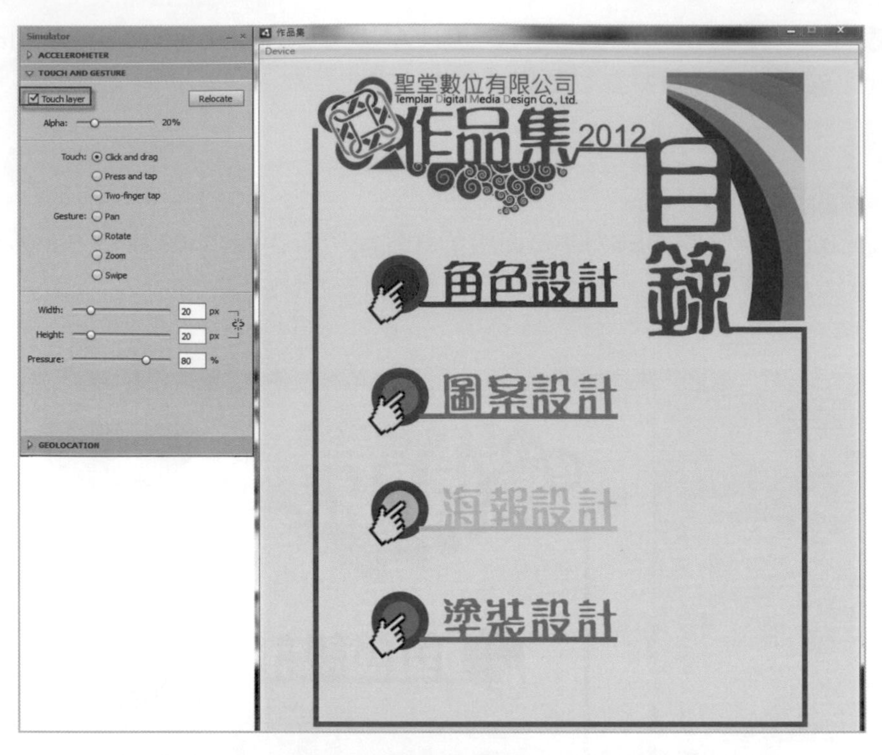

▲ 勾選 Touch layer 後，測試畫面會有灰色的透明顏色進行覆蓋

STEP 4 選取「Click and drag」指令後，滑鼠的樣式會以黃色圓點呈現，黃色的圓點表示為在操作智慧型裝置時的手指。此時，我們就可透過此黃點來進行內容的操作。

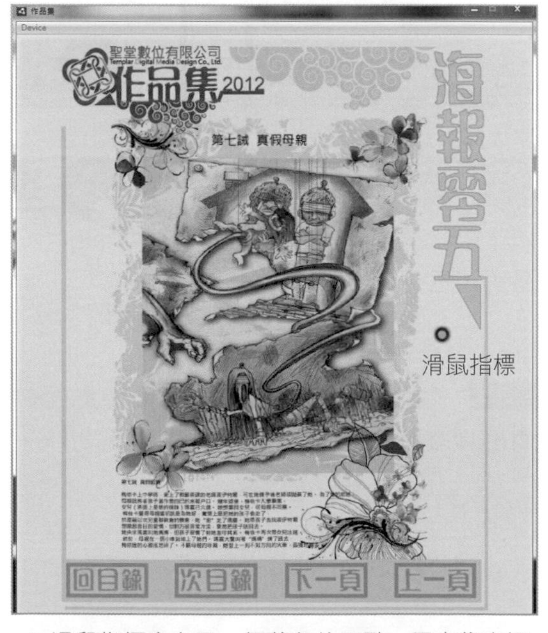

▲ 滑鼠指標會有另一個黃色的原點，用來代表觸控時的手指頭

STEP 5 範例完成。

TIPS

由於在電腦中進行測試的方式皆相同，若在非特殊的情況下，筆者在後續的範例中皆不再為發佈的部分重新進行說明。

實作題

1. 新增一個 AIR for iOS 文件（舞台尺寸：1024 X 768），並在舞台的 1~5 影格中，製作「下一頁」與「上一頁」兩種按鈕元件，且利用程式碼片段中的「輕點事件」，來達到控制影格播放的功能。

2. 利用本單元提供的範例與教學，嘗試進行製作自己的照片集或者作品集。

CHAPTER 08

鴨母王翻頁書

利用手勢來進行翻頁的 App，是最常見的一種內容呈現方式，尤其對於繪本的 App 來說，更是慣用的手法。因此本範例會以鴨母王的民間故事作為繪本題材，內容共有 8 頁。而在閱讀上會以向左或向右的揮動手勢事件來進行閱讀的行為，且在每頁的內容中還加入些許的互動功能與發音，讓整個繪本更加完整與豐富。

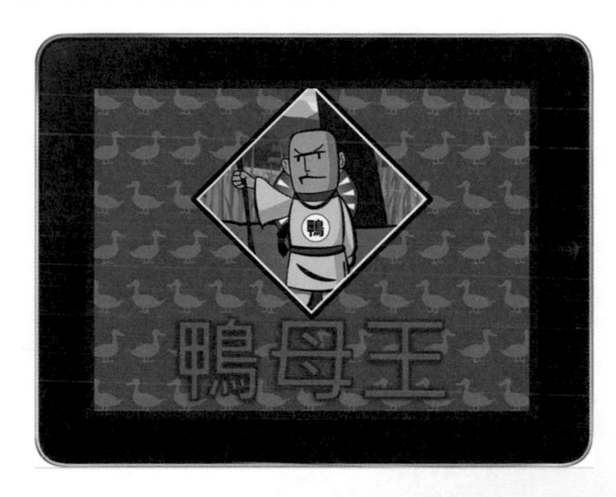

教學目標

- 行動手勢事件中揮動事件的使用
- 按鈕事件
- 翻頁效果的開發

8-1 事前觀念

在程式碼片段面板中的行動手勢事件中可以找到「揮動事件」。我們可在舞台中新增一個影片片段元件並套用該程式，套用後在 Simulator（模擬器）中，選擇「Swipe」就可測試揮動效果，其測試的方式需按住滑鼠左鍵不放，並向左或向右揮動，就可觀察到元件的移動變化。

```
/* 揮動事件
揮動舞台就會執行包含自訂程式碼的函數。您可以使用此事件捲動 TextField 中的文字

指示:
1. 在下方含有"// 啟動您的自訂程式碼"的程式碼之後，將自訂的程式碼加入新行。
*/

Multitouch.inputMode = MultitouchInputMode.GESTURE;

stage.addEventListener (TransformGestureEvent.GESTURE_SWIPE, fl_SwipeHandler)

function fl_SwipeHandler(event:TransformGestureEvent):void
{
    switch(event.offsetX)
    {
        // 向右揮動
        case 1:
        {
            // 啟動您的自訂程式碼
            // 此範例程式碼會將選取的物件向右移動 20 個像素。
            movieClip_1.x += 20;
            // 結束您的自訂程式碼
            break;
        }
        // 向左揮動
```

▲ 套用「揮動事件」程式

8-2 文件建立與素材匯入

在本範例中，對於素材匯入、元件製作、舞台排版等過程不再多做說明，操作的流程可參考 Ch07 單元的文件建立與素材匯入小節。而此範例的文件規範為：

- 文件格式：AIR for iOS
- 文件尺寸：1024（寬）X 768（高）
- 舞台顏色：#333333

素材匯入後的結果可開啟「0_ 素材匯入 .fla」檔案來得知匯入後的元件庫。

- 範例：光碟 > Example > 02- 鴨母王 > 範例檔 > 0_ 素材匯入 .fla

▲ 素材匯入後的元件庫

8-3 動畫製作

在頁面中加入些許的互動效果可讓內容更生動，因此本小節會針對每個頁面中，有共同需要的動畫與每個頁面所需的動畫內容進行說明：

8-3-1 共同動畫

在共同動畫的部分為「手指」，其作用是提示每個頁面中具有動畫效果的位置，使閱讀者可藉此點選該位置的元件來呈現動畫內容。開啟「0_ 素材匯入 .fla」來進行練習。

- 範例：光碟 > Example > 02- 鴨母王 > 範例檔 > 0_ 素材匯入 .fla

STEP 1 建立一個影片片段元件，點擊「插入 > 新增元件」，而在建立新元件面板中需設定的內容如下：

- 名稱：touch 提示
- 類型：影片片段

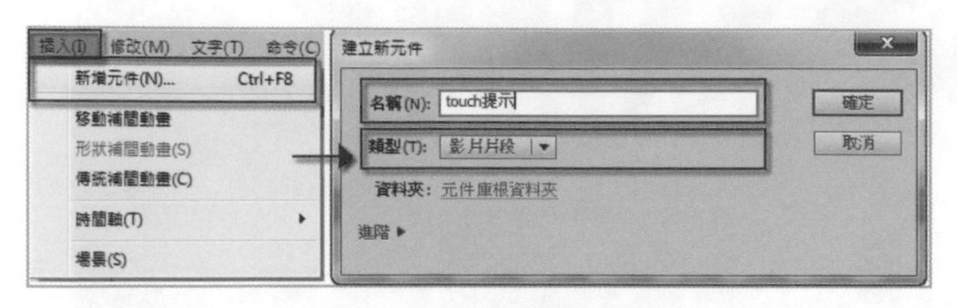

▲ 建立 touch 提示的影片片段

STEP 2 從元件庫中，將「touch」圖示拖曳至舞台中，並開啟對齊面板（快速鍵：Ctrl + K），對齊的步驟如下：

- 勾選：與舞台對齊
- 對齊水平中心
- 對齊垂直中心

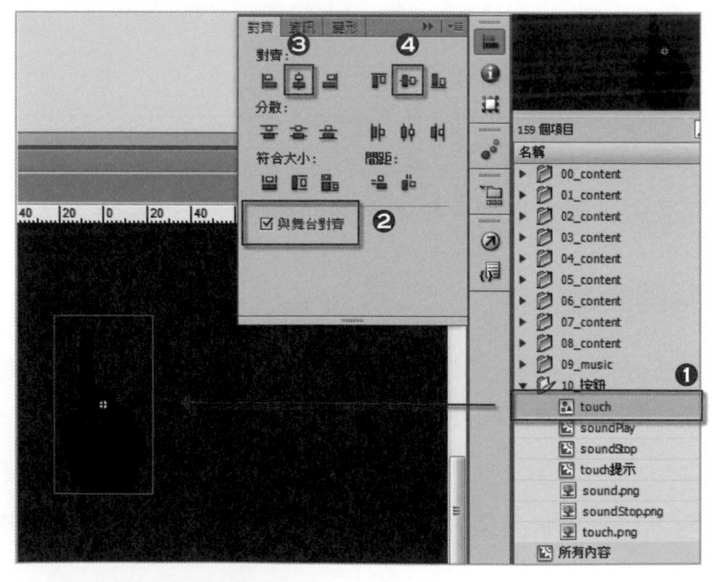

▲ 對齊 touch 提示的圖片

STEP 3 在時間軸中，將影格 30 與影格 60 分別點擊「滑鼠右鍵 > 插入關鍵影格」，並將影格 1 至影格 60 建立成傳統補間動畫模式。

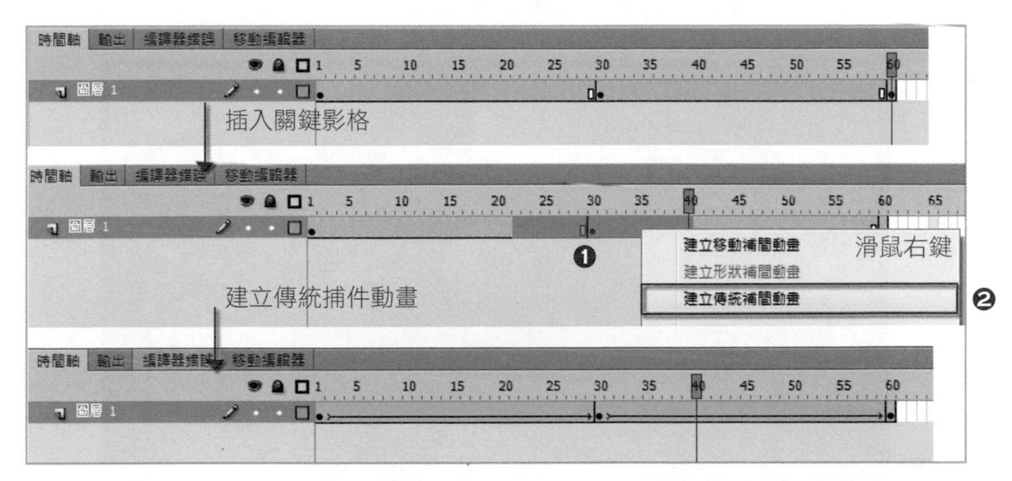

▲ 傳統補間動畫建立方式

STEP 4 透過屬性面板中的「顏色效果」，來設定時間軸中 3 個關鍵影格的物件透明度（Alpha），其 Alpha 設定的數值如下：

- 影格 1：0%
- 影格 30：40%
- 影格 60：0%

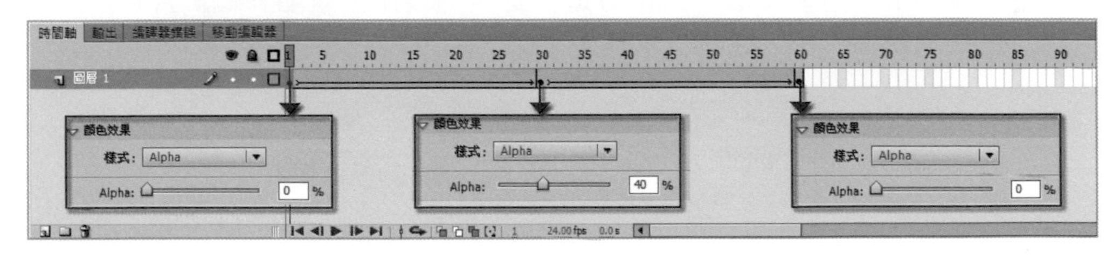

▲ 修改元件的透明度

STEP 5 touch 提示的影片動畫設定完成。

8-3-2 頁面 1 動畫

動畫說明：點擊鴨母王的右手，可讓鴨子前進。

▲ 頁面 1 動畫說明

鴨母王右手動畫

STEP 1 首先，針對鴨母王右手的部分進行動作的製作。新增一個影片片段，其影片名稱為「01_ 右手上下移動」。

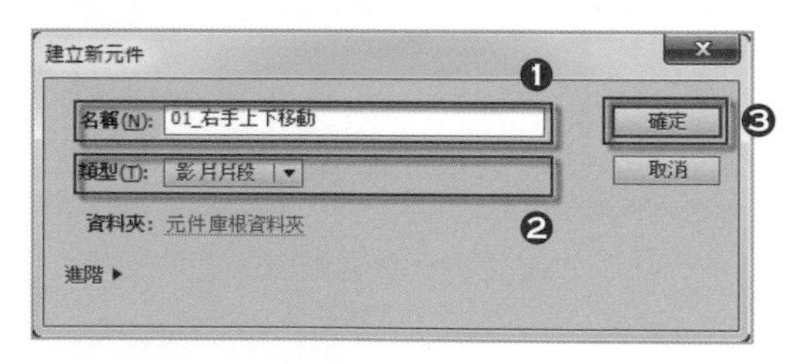

▲ 建立影片片段並命名

STEP 2 從元件庫中，將「01_ 右手」圖示拖曳至舞台中，並開啟對齊面板（快速鍵：Ctrl + K），對齊的步驟如下：

- 勾選：與舞台對齊
- 對齊水平中心
- 對齊垂直中心

STEP 3 選取舞台中的「01_ 右手」圖示，並點擊工具列中的「自由變形工具」，利用變形工具來調整該圖示的註冊點位置。往後此元件會以該中心點作為旋轉的軸心，將元件的軸心點往右邊移動到適當的位置。

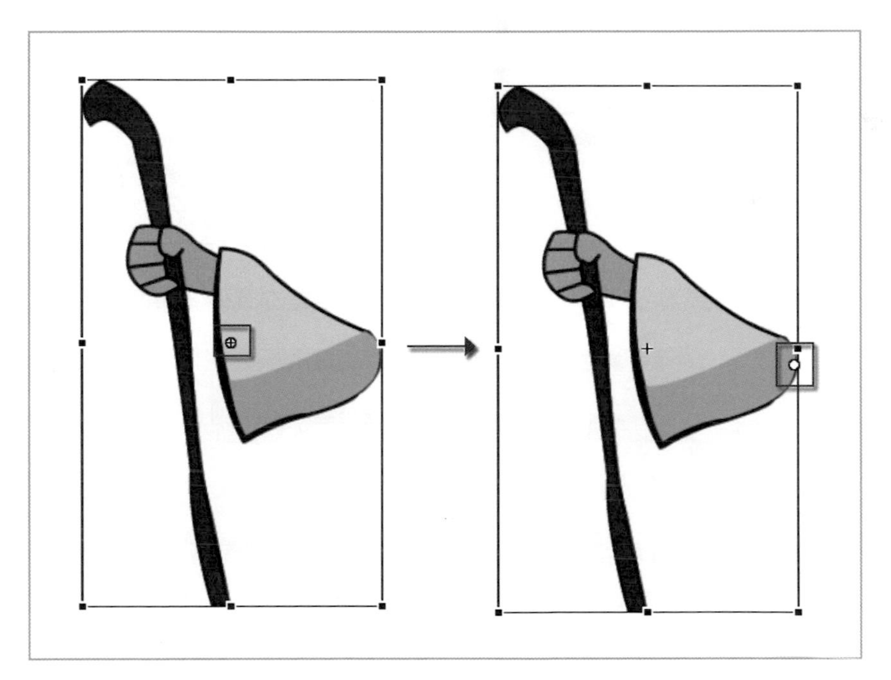

▲ 調整元件的註冊點

STEP 4 將軸心點移動到適當的位置後，在影格 2、11、20，點擊滑鼠右鍵來「插入關鍵影格」（F6）。

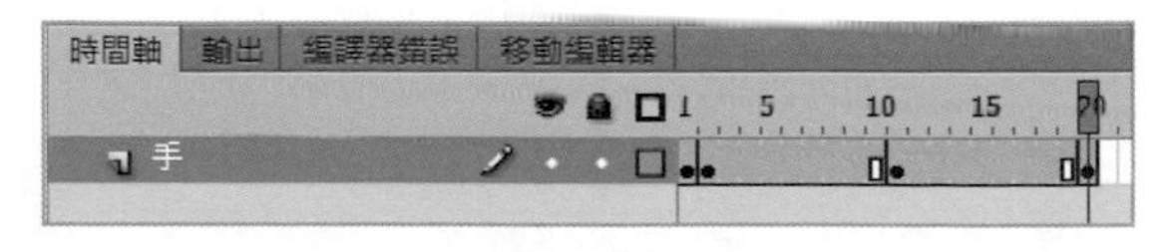

▲ 建立關鍵影格

STEP 5 利用自由變形工具來調整影格 11 中的物件角度，向右旋轉約 15 度。

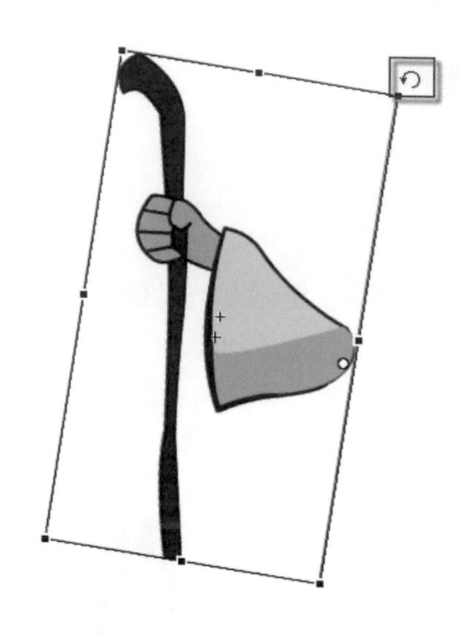

▲ 旋轉元件

STEP 6 選取影格 2 至影格 20，點擊「滑鼠右鍵 > 建立傳統補間動畫」。

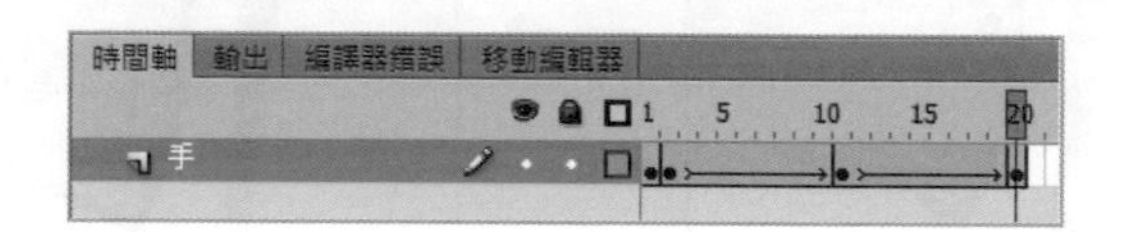

▲ 建立傳統捕間動畫

STEP 7 在手的圖層上方新增一個名稱為「Actions」的圖層。並將影格 2 與影格 20 中點擊「滑鼠右鍵 > 插入空白關鍵影格」，且在影格 1 與影格 20 個別加入「stop( );」指令。

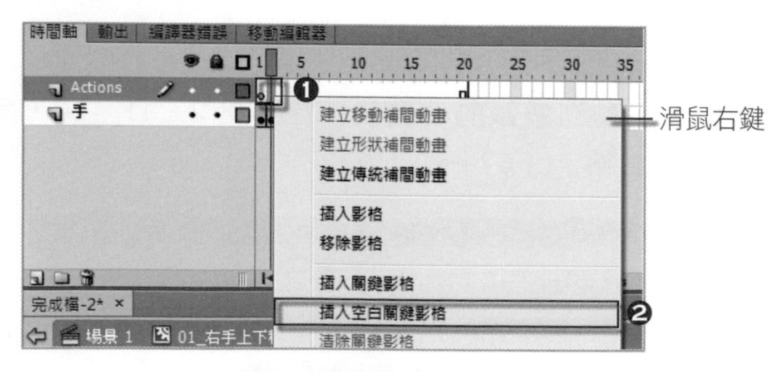

▲ 建立空白關鍵影格

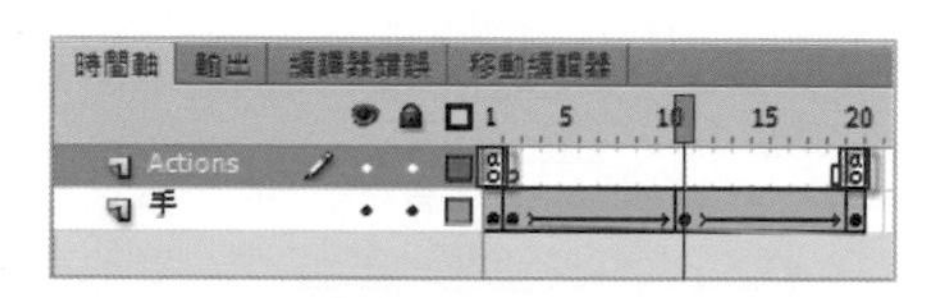

▲ 置入停止語法

鴨子前進動畫

STEP 1 首先，針對鴨子前進的動作進行製作。新增一個影片片段，其影片名稱為「01_ 鴨子左右移動」。

STEP 2 從元件庫中，將「01_ 鴨子」圖示拖曳至舞台中，並開啟對齊面板（Ctrl + K），對齊的步驟如下：

- 勾選：與舞台對齊
- 對齊水平中心
- 對齊垂直中心

STEP 3 選取鴨子物件，此時按住鍵盤上的Shift，並利用方向鍵，向左移動20下。

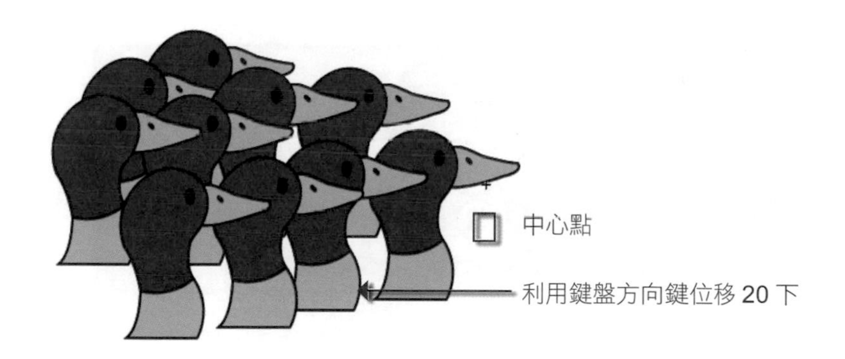

▲ 調整鴨子的進場位置

STEP 4 針對時間軸中的影格 25 與影格 80，點擊「滑鼠右鍵 > 插入關鍵影格」。並將影格 80 中的鴨子圖示，向右移動 40 下。

STEP 5 在影格 25 至影格 80 中的任一影格上，點擊「滑鼠右鍵 > 建立傳統補間動畫」。

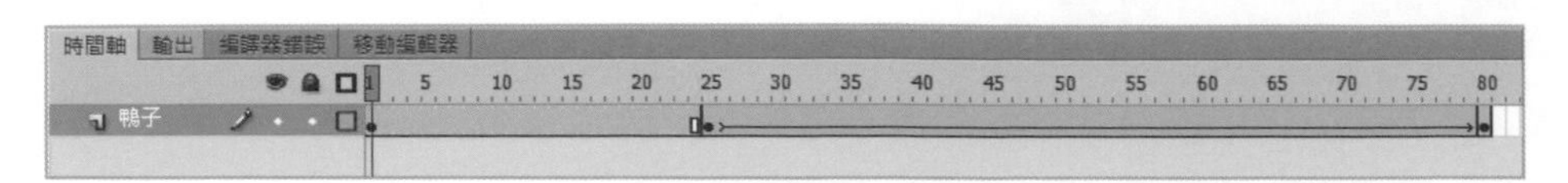

▲ 建立傳統補間動畫

STEP 6 在鴨子的圖層上方新增一個名稱為「Actions」的圖層。並將影格 2 與影格 80 中點擊「滑鼠右鍵 > 插入空白關鍵影格」，且在影格 1 與影格 80 個別加入「stop( );」指令。

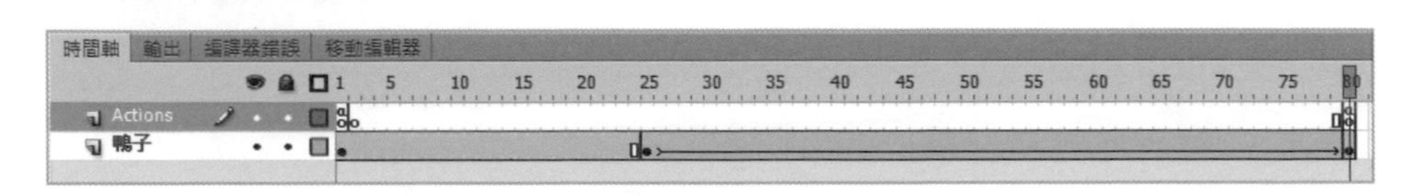

▲ 置入停止語法

8-3-3 頁面 2 動畫

動畫說明：點擊鴨母王的右手或杜君英的左手，會播放民眾舉手動畫。

▲ 頁面 2 動畫說明

鴨母王右手動畫

STEP 1 首先，針對鴨母王右手的部分進行動作的製作。新增一個影片片段，其影片名稱為「02_ 鴨母王手移動」。

STEP 2 從元件庫中，將「02_ 鴨手」圖示拖曳至舞台中，並開啟對齊面板（快速鍵：Ctrl + K），對齊的步驟如下：

- 勾選：與舞台對齊
- 對齊水平中心
- 對齊垂直中心

STEP 3 選取舞台中的「02_ 鴨手」圖示，並點擊工具列中的「自由變形工具」，利用變形工具來調整該圖示的註冊點位置。往後此元件會以該中心點作為旋轉的軸心，將元件的軸心點往右邊移動到適當的位置。

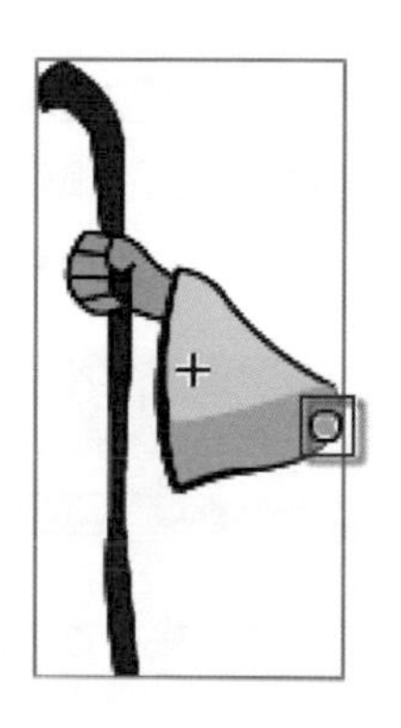

▲ 調整元件的註冊點

STEP 4 將軸心點移動到適當的位置後，在影格 2、11、20，點擊滑鼠右鍵來「插入關鍵影格」（快速鍵：F6）。

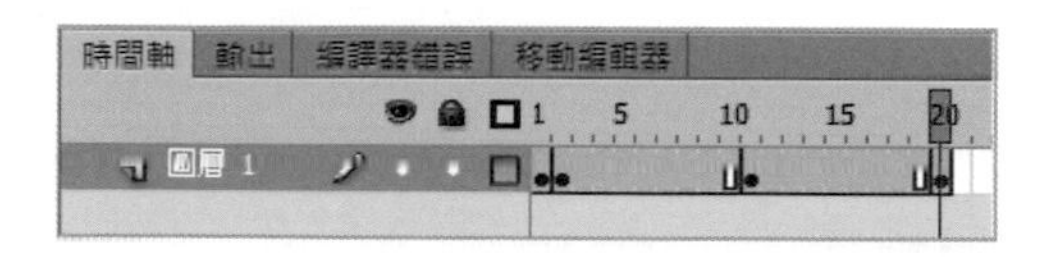

▲ 建立關鍵影格

STEP 5 利用自由變形工具來調整影格 11 中的物件角度，向右旋轉約 15 度。

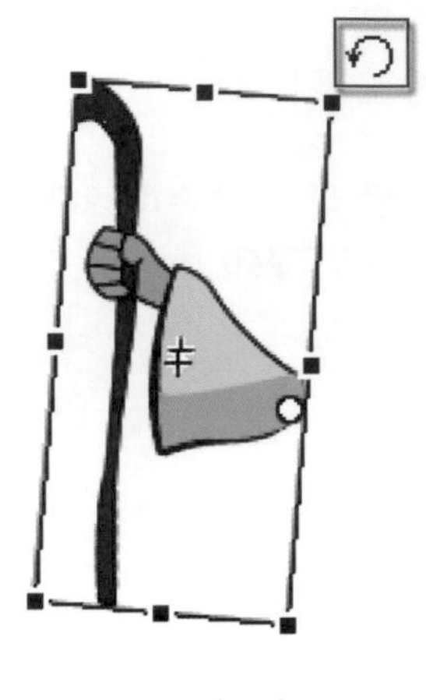

▲ 旋轉元件

STEP 6 選取影格 2 至影格 20，點擊「滑鼠右鍵 > 建立傳統補間動畫」。

STEP 7 在手的圖層上方新增一個名稱為「Actions」的圖層。並將影格 2 與影格 20 中點擊「滑鼠右鍵 > 插入空白關鍵影格」，且在影格 1 加入「stop ( );」指令，而在影格 20 則加入「gotoAndStop(1);」指令。

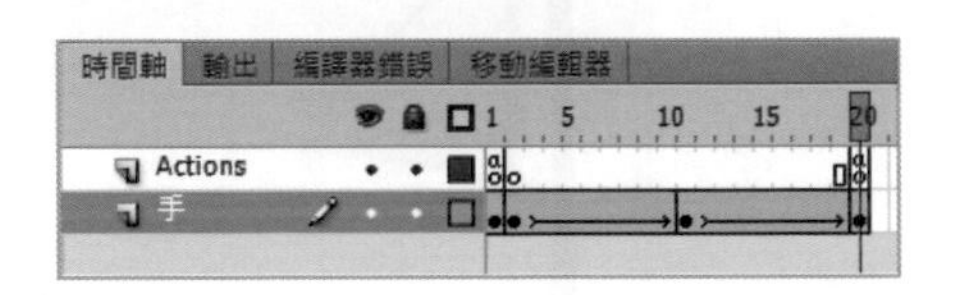

▲ 建立空白關鍵影格與置入停止語法

杜君英左手動畫

STEP 1 針對杜君英左手的部分進行動作的製作。新增一個影片片段，其影片名稱為「02_ 杜手移動」。

STEP 2 從元件庫中，將「02_ 杜手」圖示拖曳至舞台中，並開啟對齊面板（Ctrl + K），對齊的步驟如下：

- 勾選：與舞台對齊
- 對齊水平中心
- 對齊垂直中心

STEP 3 選取舞台中的「02_ 杜手」圖示，並點擊工具列中的「自由變形工具」，利用變形工具來調整該圖示的註冊點位置。往後此元件會以該中心點作為旋轉的軸心，將元件的軸心點往右邊移動到適當的位置。

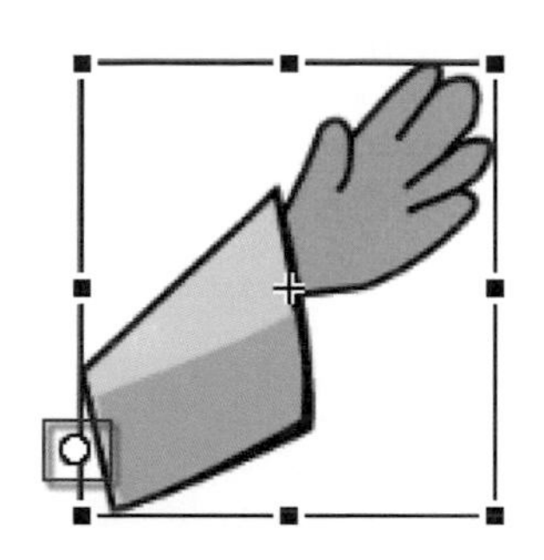

▲ 調整元件的註冊點

STEP 4 將軸心點移動到適當的位置後，在影格 2、11、20，點擊滑鼠右鍵來「插入關鍵影格」(快速鍵：F6)。

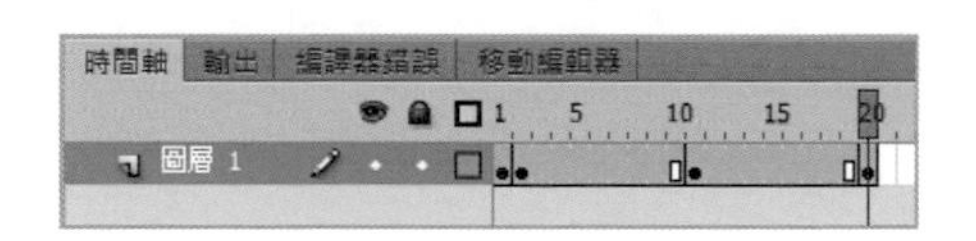

▲ 建立關鍵影格

STEP 5 利用自由變形工具來調整影格 11 中的物件角度，向左旋轉約 15 度。

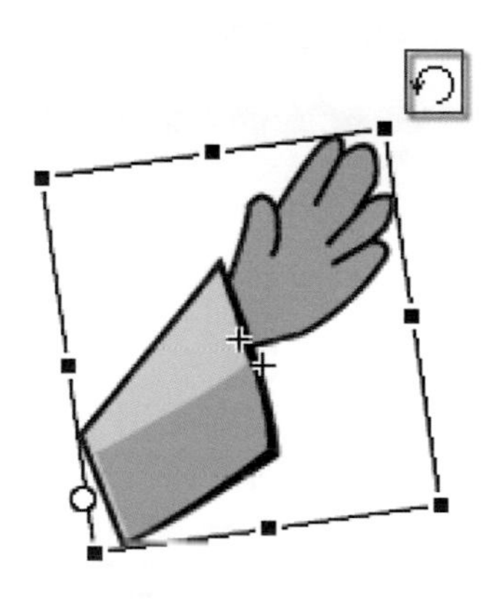

▲ 旋轉元件

STEP 6 選取影格 2 至影格 20，點擊「滑鼠右鍵 > 建立傳統補間動畫」。

STEP 7 在手的圖層上方新增一個名稱為「Actions」的圖層。並將影格 2 與影格 20 中點擊「滑鼠右鍵 > 插入空白關鍵影格」，且在影格 1 加入「stop ( );」指令，而在影格 20 則加入「gotoAndStop(1);」指令。

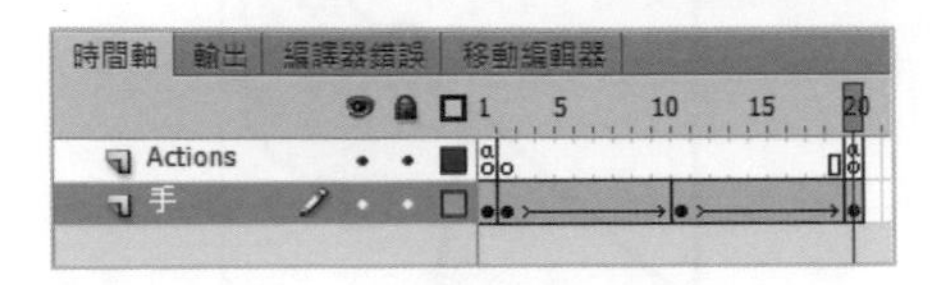

▲ 建立空白關鍵影格與置入停止語法

民眾舉手動畫

STEP 1 針對吶喊聲的部分進行動作的製作。新增一個影片片段，其影片名稱為「吶喊聲手」。

STEP 2 從元件庫中，將「02_ 吶喊聲」圖示拖曳至舞台中，並開啟對齊面板（Ctrl + K），對齊的步驟如下：

- 勾選：與舞台對齊
- 對齊水平中心
- 對齊垂直中心

STEP 3 在影格 11、25、50，點擊滑鼠右鍵來「插入關鍵影格」（F6）。

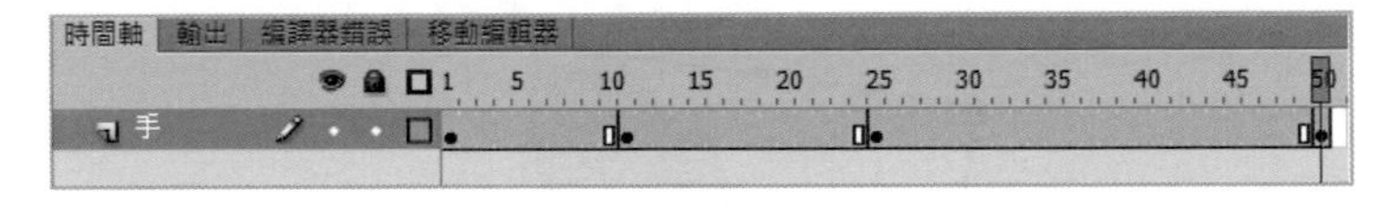

▲ 建立關鍵影格

STEP 4 選取影格 11 中的物件，並在屬性面板中的顏色效果選項中，將樣式調整為「Alpha」，其數值調整為 0。

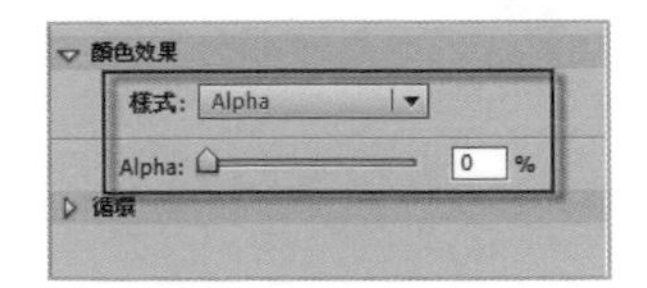

▲ 調整透明度

STEP 5 在影格 11 至影格 25 中，點擊「滑鼠右鍵 > 建立傳統補間動畫」。

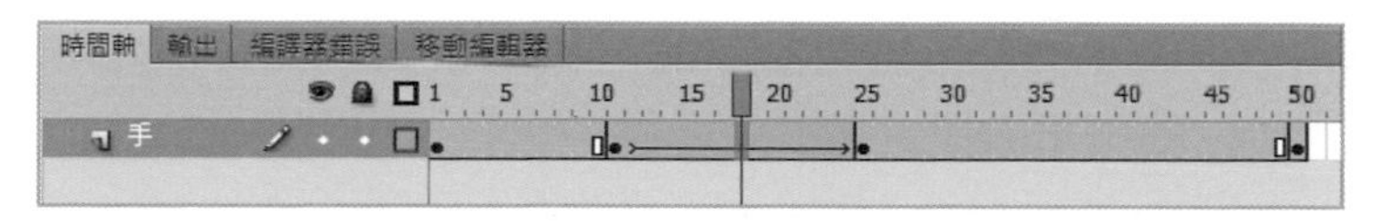

▲ 建立傳統補間動畫

STEP 6 在手的圖層上方新增一個名稱為「Actions」的圖層。並將影格 2 與影格 50 中點擊「滑鼠右鍵 > 插入空白關鍵影格」，且在影格 1 加入「stop ( );」指令，而在影格 50 則加入「gotoAndStop(1);」指令。

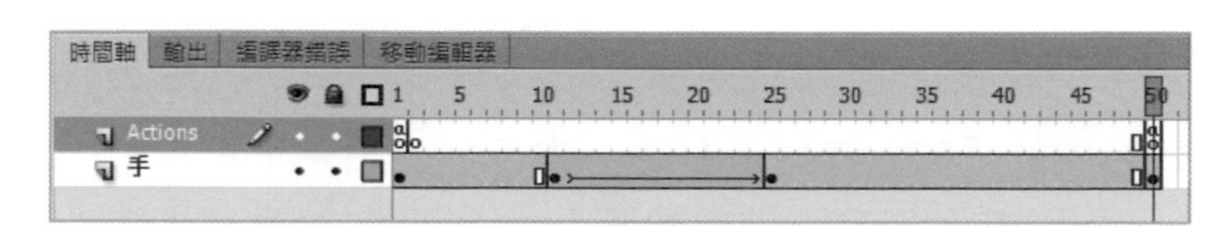

▲ 建立空白關鍵影格與置入停止語法

8-3-4 頁面 3 動畫

動畫說明：點擊鴨母王的右手會播放皇宮的動畫，杜君英的右手則是播放他兒子的動畫。

▲ 頁面 3 動畫說明

鴨母王右手動畫

STEP 1 針對鴨母王右手的部分進行動作的製作。新增一個影片片段，其影片名稱為「03_ 鴨母王右手移動」。

STEP 2 從元件庫中，將「03_ 鴨母王右手」圖示拖曳至舞台中，並開啟對齊面板（快速鍵：Ctrl + K），對齊的步驟如下：

- 勾選：與舞台對齊
- 對齊水平中心
- 對齊垂直中心

STEP 3 選取舞台中的「03_ 鴨母王右手」圖示，並點擊工具列中的「自由變形工具」，利用變形工具來調整該圖示的註冊點位置。往後此元件會以該中心點作為旋轉的軸心，將元件的軸心點往右邊移動到適當的位置。

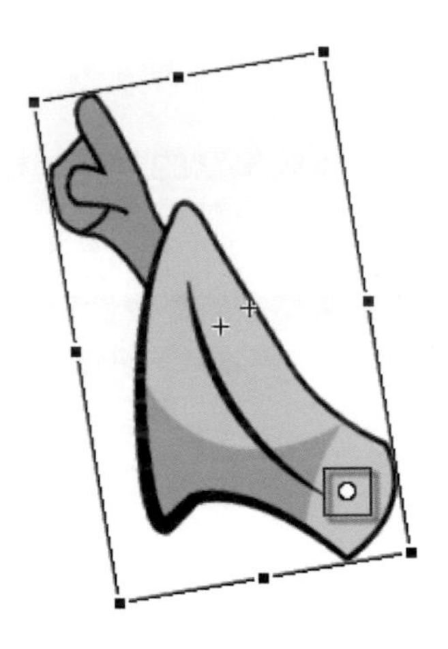

▲ 調整元件的註冊點

STEP 4 將軸心點移動到適當的位置後，在影格 2、10、20，點擊滑鼠右鍵來「插入關鍵影格」（F6），並在影格 29「插入影格」。

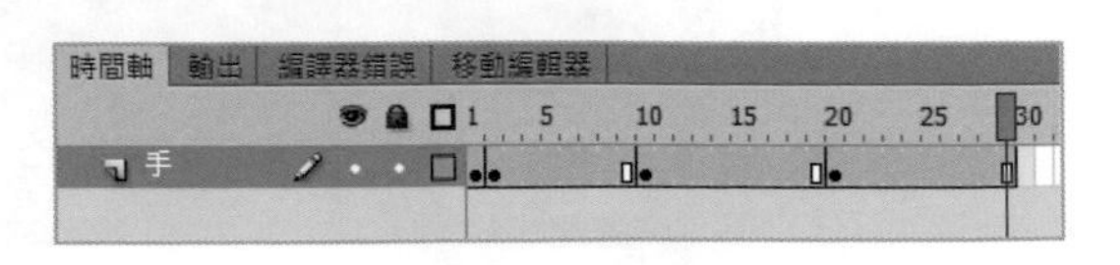

▲ 建立關鍵影格

STEP 5 利用自由變形工具來調整影格 10 中的物件角度，向右旋轉約 25 度。

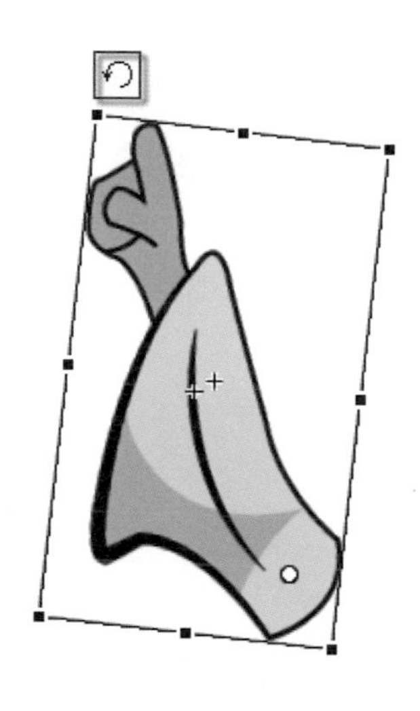

▲ 旋轉元件

STEP 6 選取影格 2 至影格 20，點擊「滑鼠右鍵 > 建立傳統補間動畫」。

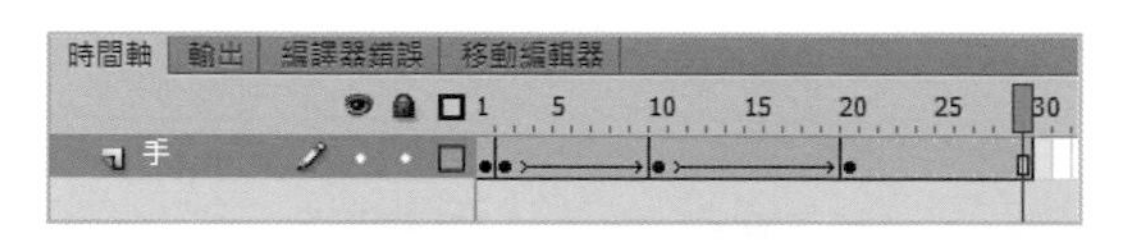

▲ 建立傳統補間動畫

STEP 7 在手圖層的上方新增一個名稱為「城堡」的圖層。從元件庫中，將「03_ 城堡」圖示拖曳至舞台中，其擺放位置如下：

- X 座標：-190
- Y 座標：-370

▲ 元件的相關位置

STEP 8 在影格 2、10、18、29，點擊滑鼠右鍵來「插入關鍵影格」(快速鍵：F6)。

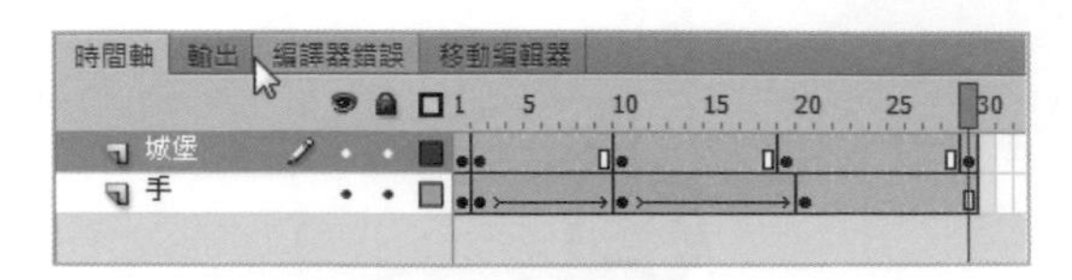

▲ 建立關鍵影格

STEP 9 選取城堡圖層中影格 19 的元件，其座標位置如下：

- X 座標：-120
- Y 座標：-370

STEP 10 選取影格 10 至影格 29，點擊「滑鼠右鍵 > 建立傳統補間動畫」。

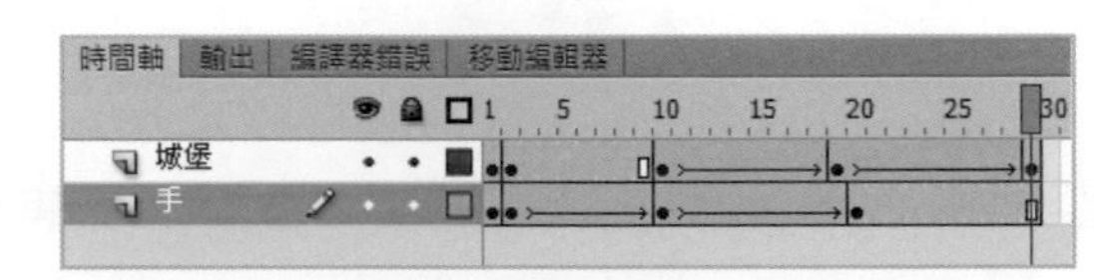

▲ 建立傳統補間動畫

STEP 11 在手的圖層上方新增一個名稱為「Actions」的圖層。並將影格 2 與影格 29 中點擊「滑鼠右鍵 > 插入空白關鍵影格」，且在影格 1 加入「stop ( );」指令，而在影格 29 則加入「gotoAndStop(1);」指令。

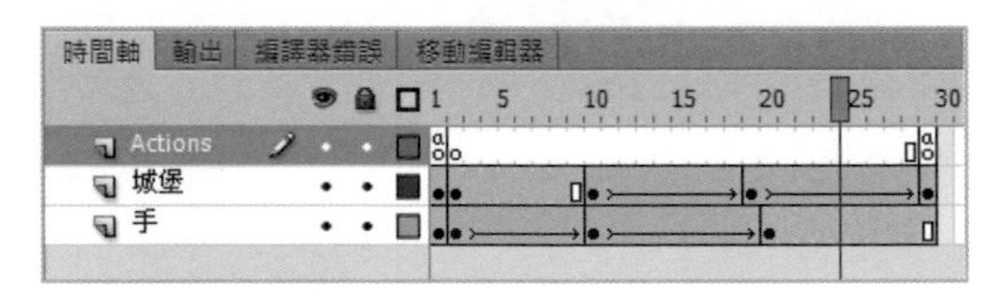

▲ 建立空白關鍵影格與置入停止語法

杜君英右手動畫

STEP 1 針對杜君英右手的部分進行動作的製作。新增一個影片片段，其影片名稱為「03_ 杜君英手移動」。

STEP 2 從元件庫中，將「03_ 杜君英 _ 右手 1」圖示拖曳至舞台中，並開啟對齊面板(快速鍵：Ctrl + K)，對齊的步驟如下：

- 勾選：與舞台對齊
- 對齊水平中心
- 對齊垂直中心

STEP 3 在影格 5 中，點擊「滑鼠右鍵 > 插入空白關鍵影格」，並將元件庫中的「03_ 杜君英 _ 右手 2」圖示拖曳至舞台中，其座標位置為：

- X 座標：-28.6
- Y 座標：-68.7

STEP 4 在影格 23 與影格 40 中插入關鍵影格。

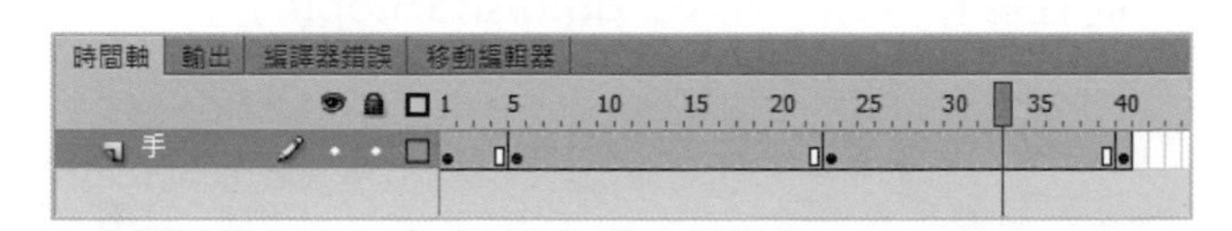

▲ 建立關鍵影格

STEP 5 在手圖層的上方新增一個名稱為「小孩」的圖層。並將影格 5 轉換成「空白關鍵影格」，此時在從元件庫中，將「03_ 小孩」圖示拖曳至舞台中，其擺放位置如下：

- X 座標：-1.7
- Y 座標：-340.65

▲ 元件的相關位置

STEP 6 將「小孩」圖示的軸心點移動到適當的位置後，在影格 23、40，點擊滑鼠右鍵來「插入關鍵影格」(快速鍵：F6)。

STEP 7 利用自由變形工具來調整影格 23 中的物件角度，向右旋轉約 35 度。

STEP 8 選取影格 5 至影格 40，點擊「滑鼠右鍵 > 建立傳統補間動畫」。

▲ 調整元件的註冊點

STEP 9 在手的圖層上方新增一個名稱為「Actions」的圖層。並將影格 2 與影格 40 中點擊「滑鼠右鍵 > 插入空白關鍵影格」，且在影格 1 加入「stop( );」指令，而在影格 40 則加入「gotoAndStop(1);」指令。

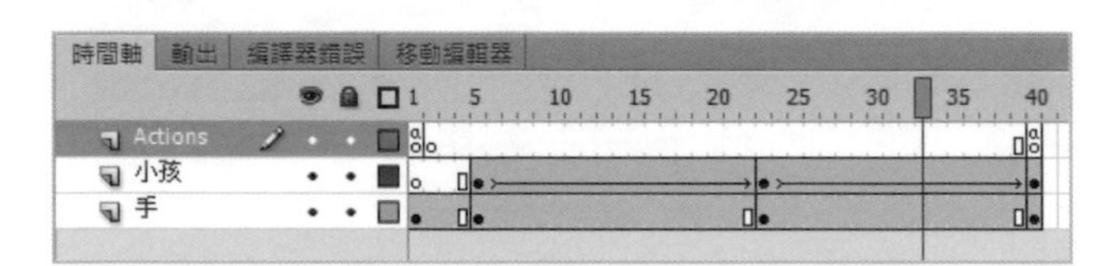

▲ 建立空白關鍵影格與置入停止語法

8-3-5 頁面 4 動畫

動畫說明：點擊鴨母王的左手，會播放明朝始祖動畫。

▲ 頁面 4 動畫說明

鴨母王左手動畫

STEP 1 針對鴨母王左手的部分進行動作的製作。新增一個影片片段，其影片名稱為「04_ 鴨母王左手移動」。

STEP 2 從元件庫中，將「04_ 鴨母王左手」圖示拖曳至舞台中，並開啟對齊面板（快速鍵：Ctrl + K），對齊的步驟如下：

- 勾選：與舞台對齊
- 對齊水平中心
- 對齊垂直中心

STEP 3 選取舞台中的「04_ 鴨母王左手」圖示，並點擊工具列中的「自由變形工具」，利用變形工具來調整該圖示的註冊點位置。往後此元件會以該中心點作為旋轉的軸心，將元件的軸心點往左邊移動到適當的位置。

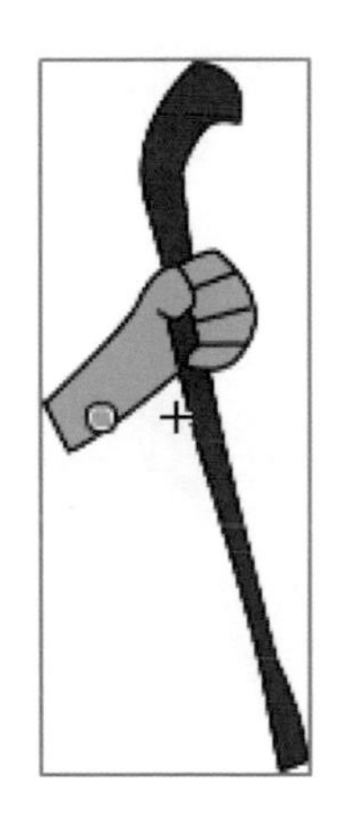

▲ 調整元件的註冊點

STEP 4 將軸心點移動到適當的位置後，在影格 2、11、20，點擊滑鼠右鍵來「插入關鍵影格」（快速鍵：F6）。

STEP 5 利用自由變形工具來調整影格 11 中的物件角度，向右旋轉約 15 度。

STEP 6 選取影格 2 至影格 20，點擊「滑鼠右鍵 > 建立傳統補間動畫」。

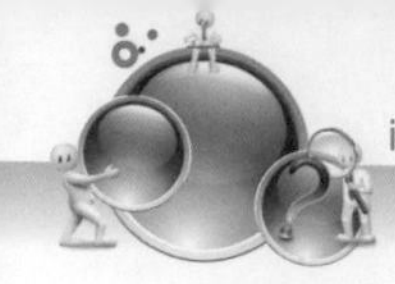

STEP 7 在手的圖層上方新增一個名稱為「Actions」的圖層。並將影格 2 與影格 20 中點擊「滑鼠右鍵 > 插入空白關鍵影格」，且在影格 1 加入「stop ( );」指令，而在影格 20 則加入「gotoAndStop(1);」指令。

明朝始祖動畫

STEP 1 針對明朝始祖動畫進行動作的製作。新增一個影片片段，其影片名稱為「04_ 明朝始祖透明度變化」。

STEP 2 從元件庫中，將「04_ 明朝始祖」圖示拖曳至舞台中，並開啟對齊面板（快速鍵：Ctrl + K），對齊的步驟如下：

- 勾選：與舞台對齊
- 對齊水平中心
- 對齊垂直中心

STEP 3 在影格 2、20，點擊滑鼠右鍵來「插入關鍵影格」（快速鍵：F6）。

STEP 4 選取影格 2 中的明朝始祖圖示，並將其 Alpha 值設為「50%」。

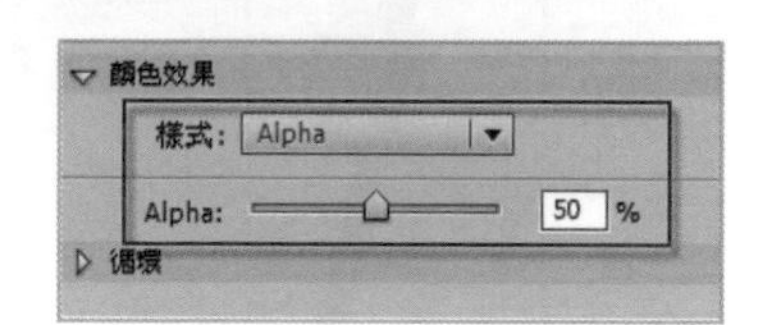

▲ 調整透明度

STEP 5 選取影格 2 至影格 20，點擊「滑鼠右鍵 > 建立傳統補間動畫」。

STEP 6 在手的圖層上方新增一個名稱為「Actions」的圖層。並將影格 2 與影格 20 中點擊「滑鼠右鍵 > 插入空白關鍵影格」，且在影格 1 加入「stop( );」指令，而在影格 20 則加入「gotoAndStop(1);」指令。

8-3-6 頁面 5 動畫

動畫說明：點擊鴨母王的左腳，會播放踩踏的動畫。

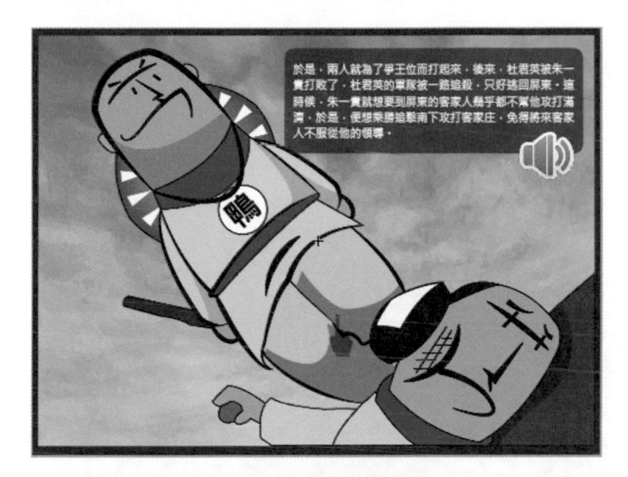

▲ 頁面 5 動畫說明

鴨母王左腳動畫

STEP 1 針對鴨母王左腳的部分進行動作的製作。新增一個影片片段，其影片名稱為「05_ 鴨母王左腳移動」。

STEP 2 從元件庫中，將「05_ 鴨母王左腳」圖示拖曳至舞台中，並開啟對齊面板（快速鍵：Ctrl + K），對齊的步驟如下：

- 勾選：與舞台對齊
- 對齊水平中心
- 對齊垂直中心

STEP 4 在影格 2、8、14，點擊滑鼠右鍵來「插入關鍵影格」（快速鍵：F6）。

STEP 5 選取影格 8 中的「05_ 鴨母王左腳」圖示，並修改其座標位置：

- X 座標：-20
- Y 座標：-20

STEP 6 選取影格 2 至影格 14，點擊「滑鼠右鍵 > 建立傳統補間動畫」。

STEP 7 在手的圖層上方新增一個名稱為「Actions」的圖層。並將影格 2 與影格 14 中點擊「滑鼠右鍵 > 插入空白關鍵影格」，且在影格 1 加入「stop ( );」指令，而在影格 14 則加入「gotoAndStop(1);」指令。

8-3-7 頁面 6 動畫

動畫說明：點擊義軍，鄉鎮會進行旋轉。

▲ 頁面 6 動畫說明

鄉鎮旋轉動畫

STEP 1 針對鄉鎮旋轉的部分進行動作的製作。新增一個影片片段，其影片名稱為「06_ 地區旋轉」。

STEP 2 從元件庫中，將「06_ 地區」圖示拖曳至舞台中，並開啟對齊面板（快速鍵：Ctrl + K），對齊的步驟如下：

- 勾選：與舞台對齊
- 對齊水平中心
- 對齊垂直中心

STEP 3 在影格 2、160，點擊滑鼠右鍵來「插入關鍵影格」(快速鍵：F6)。

STEP 4 選取影格 2 至影格 160，點擊「滑鼠右鍵 > 建立傳統補間動畫」。

STEP 5 選取影格 2 至影格 160 中的任一影格，並在屬性面板中，將補間動畫中的旋轉，設定為「順時針」。

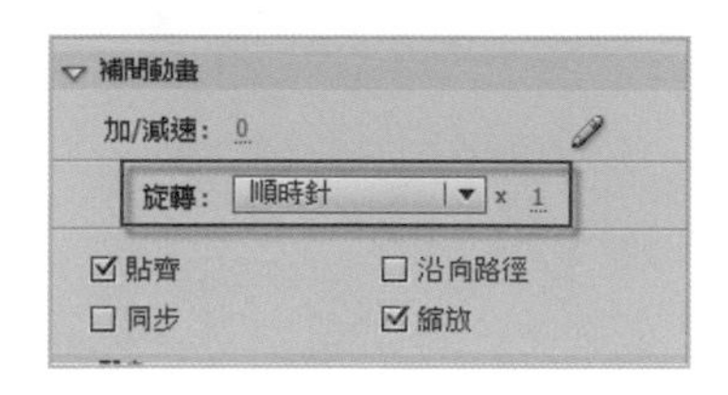

▲ 調整補間動畫的旋轉方式

STEP 6 在手的圖層上方新增一個名稱為「Actions」的圖層。並將影格 2 與影格 160 中點擊「滑鼠右鍵 > 插入空白關鍵影格」，且在影格 1 加入「stop ( );」指令，而在影格 160 則加入「gotoAndStop(1);」指令。

8-3-8 頁面 7 動畫

動畫說明：點擊畫面中的捲軸，會播放說話的動畫。

▲ 頁面 7 動畫說明

說話動畫

STEP 1 針對說話動畫的部分進行製作。新增一個影片片段，其影片名稱為「07_說話動畫」。

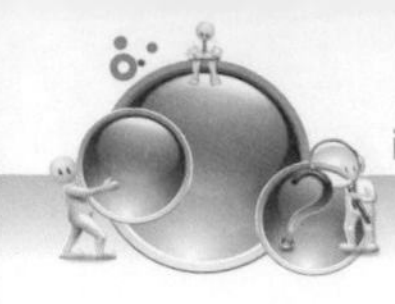

STEP 2 在圖層部分，新增兩個新圖層，並修改三個圖層的名稱，圖層由上而下的名稱依序為：07_ 説話 3、07_ 説話 2、07_ 説話 1。

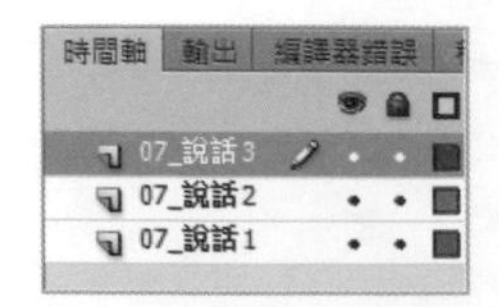

STEP 3 將元件庫中的物件擺放至相對應的圖層與影格位置中，其相對位置如表所示：

圖層名稱	物件名稱	影格	座標位置
07_ 説話 1	07_ 説話 1	1	X 座標：283.3 Y 座標：116.05
07_ 説話 2	07_ 説話 2	30	X 座標：-67.5 Y 座標：-162.55
07_ 説話 3	07_ 説話 3	50	X 座標：-331.25 Y 座標：-160.85

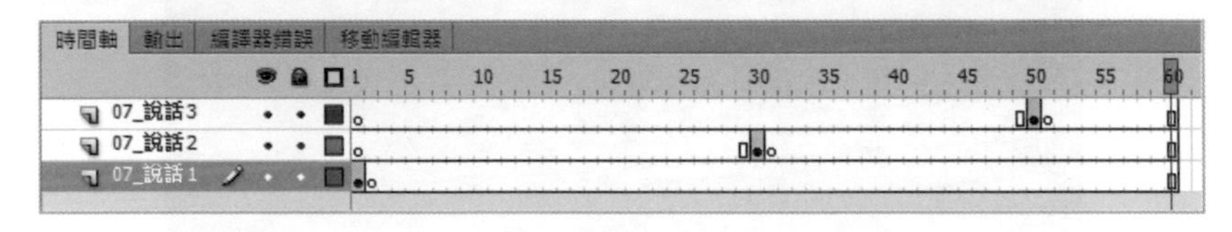

▲ 元件的相關位置

STEP 4 將 07_ 説話 1 圖層中的影格 2、20；07_ 説話 2 圖層中的影格 40；07_ 説話 3 圖層中的影格 60，點擊滑鼠右鍵來「插入關鍵影格」(快速鍵：F6)。

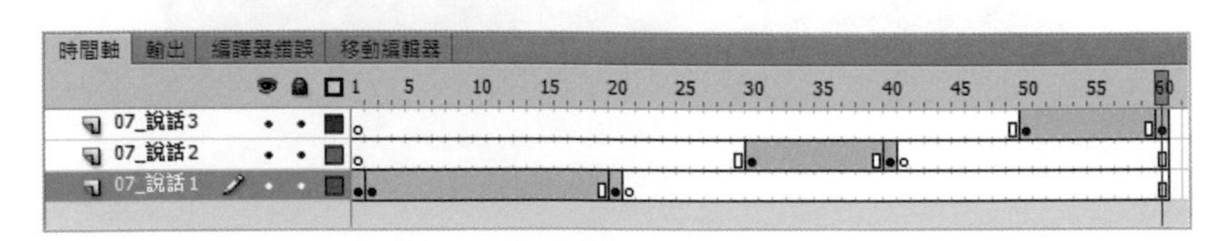

▲ 建立關鍵影格

STEP 5 將 07_ 說話 1 圖層中的影格 1、2；07_ 說話 2 圖層中的影格 30；07_ 說話 3 圖層中的影格 50，之物件的 Alpha 直設定為「0%」。

STEP 6 將 07_ 說話 1 圖層中的影格 2~20；07_ 說話 2 圖層中的影格 30~40；07_ 說話 3 圖層中的影格 50~60，建立「傳統補間動畫」。

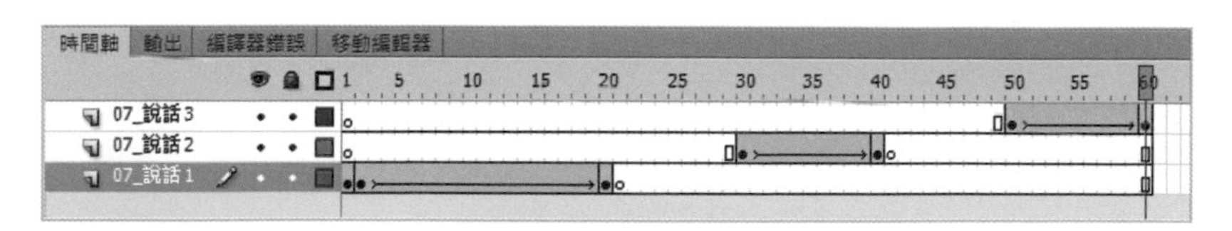

▲ 建立傳統補間動畫

STEP 7 在手的圖層上方新增一個名稱為「Actions」的圖層。並將影格 2 與影格 60 中點擊「滑鼠右鍵 > 插入空白關鍵影格」，且在影格 1 加入「stop ( );」指令，而在影格 60 則加入「gotoAndStop(1);」指令。

8-3-9 頁面 8 動畫

動畫說明：背景的光芒會不斷旋轉。

▲ 頁面 8 動畫說明

背景光芒轉動畫

STEP 1 針對背景光芒旋轉的部分進行動作的製作。新增一個影片片段，其影片名稱為「08_ 背影旋轉」。

STEP 2 從元件庫中，將「08_ 背景」圖示拖曳至舞台中，並開啟對齊面板（快速鍵：Ctrl + K），對齊的步驟如下：

- 勾選：與舞台對齊
- 對齊水平中心
- 對齊垂直中心

STEP 3 在影格 160，點擊滑鼠右鍵來「插入關鍵影格」（快速鍵：F6）。

STEP 4 選取影格 1 至影格 160，點擊「滑鼠右鍵 > 建立傳統補間動畫」。

STEP 5 選取影格 1 至影格 160 中的任一影格，並在屬性面板中，將補間動畫中的旋轉，設定為「順時針」。

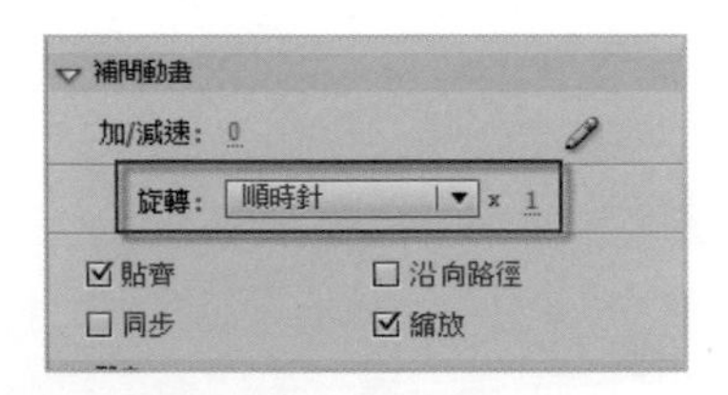

▲ 補間動畫的旋轉方式

8-4 頁面聲音製作

在每個頁面中，都具有對話的文字，藉由這些對話的文字內容可幫助閱讀者融入鴨母王的故事情節中。因此，在對話的部分除了有文字內容外，還加入的真人發音的部分，讓整個頁面更加豐富。由於每個頁面中的聲音元件在製作上的方式相同，因此筆者以頁面 1 中的聲音元件為例，進行完整的流程介紹，最後會列出生於聲音元件在製作過程中所設定的元件名稱、聲音檔案以及影格數。

頁面 1 聲音

STEP 1 開啟「1_ 動畫製作 .fla」檔案。建立一個影片片段元件，點擊「插入 > 新增元件」，而在建立新元件面板中須設定的內容如下：

- 範例：光碟 > Example > 02- 鴨母王 > 範例檔 > 1_ 動畫製作 .fla

- 名稱：頁面 1_ 聲音
- 類型：影片片段

STEP 2 新增三個圖層並修改名稱，圖層名稱由上而下為：Actions、圖示、聲音。

▲ 新增圖層

STEP 3 選取聲音圖層中的影格 2 部分，點擊「滑鼠右鍵 > 插入空白關鍵影格」。完成影格的建置後，其要插入的聲音檔案與設定如下所示：

影格	聲音檔案名稱	聲音設定（同步選項）
影格 1	book01-1.mp3	停止
影格 2	book01-1.mp3	串流

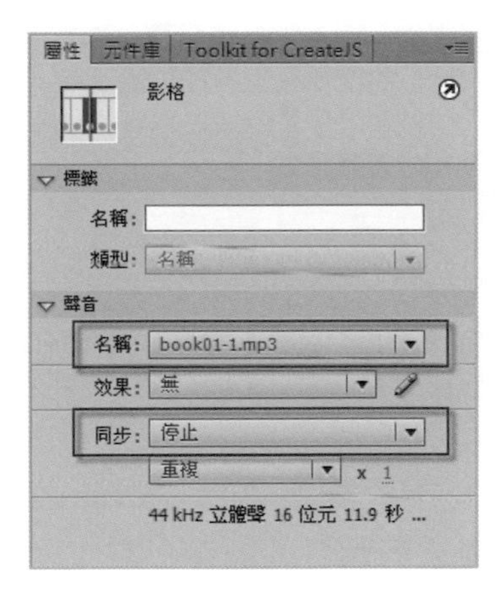

▲ 設定聲音方式

STEP 4 選取圖示圖層中的影格 2 部分，點擊「滑鼠右鍵 > 插入空白關鍵影格」。完成影格的建置後，其要拖曳至舞台的影片片段檔案如下所示：

- 影格 1：soundPlay
- 影格 2：soundStop

▲ 聲音圖示的屬性名稱

STEP 5 將聲音圖示的影片片段拖曳至舞台後，開啟對齊面板（快速鍵：Ctrl + K），對齊的步驟如下：

- 勾選：與舞台對齊
- 對齊水平中心
- 對齊垂直中心

STEP 6 在聲音圖層中，依照聲音的長度來調整影格的長度，其調整後的影格數為「250」。在影格 250 的地方將三個圖層「插入影格」（快速鍵：F5）。

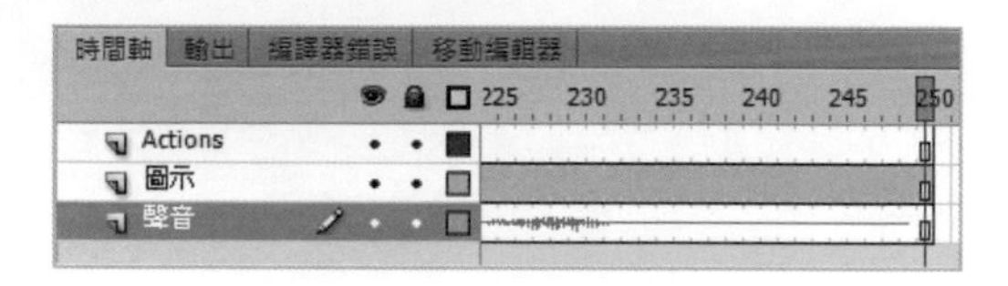

▲ 補足所有圖層的影格

STEP 7 到此，已經完成頁面 1 中基本聲音的元件製作，而在聲音的程式部分，筆者將留在後面進行說明。

STEP 8 在頁面 1 中，由於有兩段對話內容，因此必須在重複 Step1 至 Step6 的動作來完成另一個聲音元件的製作。製作元件當中的相關設定如下：

- 頁面 1 聲音
  - 影片片段名稱：頁面 1-1_ 聲音
  - 聲音檔案名稱：book01-2.mp3
  - 影格長度：254

- 頁面 2 聲音
- 對話 1：
  - 影片片段名稱：頁面 2_ 聲音
  - 聲音檔案名稱：book02-1.mp3
  - 影格長度：351
- 對話 2：
  - 影片片段名稱：頁面 2_1_ 聲音
  - 聲音檔案名稱：book02-2.mp3
  - 影格長度：398
- 頁面 3 聲音
  - 影片片段名稱：頁面 3_ 聲音
  - 聲音檔案名稱：book03-1.mp3
  - 影格長度：528
- 頁面 4 聲音
  - 影片片段名稱：頁面 4_ 聲音
  - 聲音檔案名稱：book04-1.mp3
  - 影格長度：353
- 頁面 5 聲音
  - 影片片段名稱：頁面 5_ 聲音
  - 聲音檔案名稱：book05-1.mp3
  - 影格長度：602
- 頁面 6 聲音
  - 影片片段名稱：頁面 6_ 聲音
  - 聲音檔案名稱：book06-1.mp3
  - 影格長度：726
- 頁面 7 聲音
  - 影片片段名稱：頁面 7_ 聲音

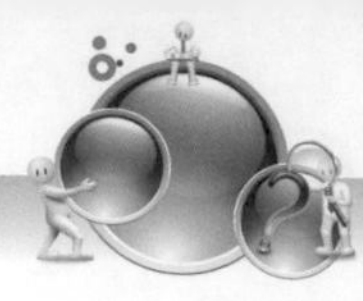

- 聲音檔案名稱：book07-1.mp3
- 影格長度：415

● 頁面 8 聲音

- 影片片段名稱：頁面 8_ 聲音
- 聲音檔案名稱：book08-1.mp3
- 影格長度：397

8-5 頁面排版與遮色片製作

經由 8.3 與 8.4 小節的介紹後，大致已完成每個頁面中所需的動畫元件，再來就是為每個頁面所需的元件進行排版與設定「遮色片」效果。

由於每個頁面的排版其實都大同小異，只是將元件擺放在適當的圖層與舞台位置中，因此筆者在此並不會對每個頁面的排版進行介紹，但其實在排版完後會發現某些元件的尺寸已經超過舞台的尺寸，且會影響到上一頁面或下一頁面的畫面，此時我們可利用遮色片的效果來遮住每個頁面中，舞台以外的內容。

開啟「2_ 頁面聲音製作 .fla」檔案來為每個頁面進行遮色片的製作，此檔案，筆者已完成每個頁面的排版的動作，各位讀者可自行開啟檔案來了解整個排版的結構。每個排版完的各頁面影片片段名稱如下：

● 範例：光碟 > Example > 02- 鴨母王 > 範例檔 > 2_ 頁面聲音製作 .fla

- 封面：00_page
- 頁面 1：01_page
- 頁面 2：02_page
- 頁面 3：03_page
- 頁面 4：04_page
- 頁面 5：05_page
- 頁面 6：06_page
- 頁面 7：07_page
- 頁面 8：08_page

▲ 各頁面編排後樣式

8-5-1 遮色片效果製作

STEP 1 進入「00_page」影片片段的編輯模式中。

STEP 2 在背景圖層上方新增一個名稱為「遮罩」的圖層。

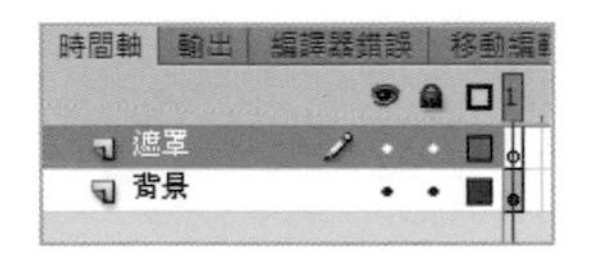

▲ 建立遮罩圖層

STEP 3 在遮罩圖層中繪製一矩形，其矩形的大小與顏色如下：

- 寬：1004
- 高：748
- 顏色：#333333

STEP 4 在選取所繪製的矩形狀態下，開啟對齊面板（快速鍵：Ctrl + K），其對齊的步驟如下：

- 勾選：與舞台對齊
- 對齊水平中心
- 對齊垂直中心

STEP 5 在遮罩圖層上，點擊「滑鼠右鍵 > 遮色片」，使該遮罩圖層中的矩形會覆蓋背景圖層中的內容，將該矩形以外的範圍隱藏。

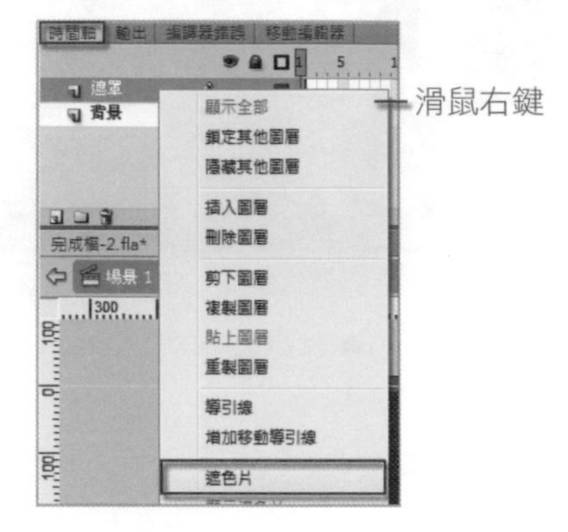

▲ 建立遮色片方式

STEP 6 完成封面頁面的遮色片製作。

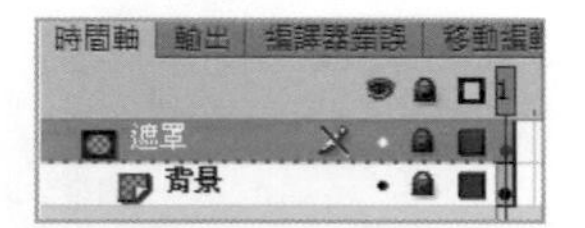

▲ 遮色片的呈現方式

接下來可利用此製作方法，來為其他 7 個頁面檔案建立遮色片效果。然而在製作的同時，由於其他頁面的圖層較多，而遮色片效果只會影響遮罩圖層的下一圖層內容，因此，當遮色片效果製作完畢後，我們必須手動的將其餘的圖層，拖曳至遮色片的管理範圍中。

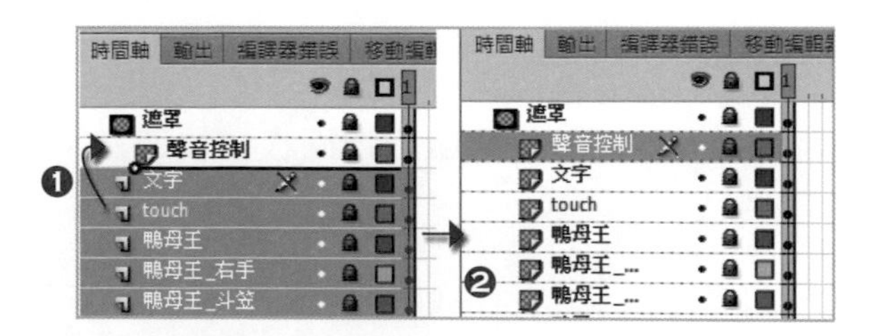

▲ 將其餘圖層調整到遮色片的遮蓋範圍中

8-5-2 排列頁面內容

接著我們需要將所有的內容（共 8 個）放到一個影片片段中，最終再透過揮動的事件進而呈現換頁的效果，而排列方式為由左至右水平橫向排列。

▲ 建立遮色片後各頁面的呈現樣式

STEP 1 建立一個影片片段元件，點擊「插入 > 新增元件」，而在建立新元件面板中須設定的內容如下：

- 名稱：所有內容
- 類型：影片片段

STEP 2 新增八個圖層（共 9 個）並修改名稱，圖層名稱由上而下為：music、00_page、01_page、02_page、03_page、04_page、05_page、06_page、07_page、08_page。

STEP 3 從元件庫中依序將各個頁面的影片片段拖曳到合適的圖層中。在 Flash 影片片段中寬度的最大尺寸約為 3900 px，因此若當元件超出此範圍時，則所超出的元件部分將不會被呈現在舞台中，不過元件依然存在舞台上。而我們每個頁面的寬度為 1024 px，總共有 8 個頁面，相加之下，最終「所有內容」的影片片段寬度為 8192 px。不過我們可直接在屬性面板中為該元件直接指定位置。其元件的相關位置如下：

圖層名稱	影片片段名稱	位置
00_page	00_page	X 座標：0 Y 座標：0
01_page	01_page	X 座標：1024 Y 座標：0
02_page	02_page	X 座標：2048 Y 座標：0
03_page	03_page	X 座標：3072 Y 座標：0
04_page	04_page	X 座標：4096 Y 座標：0

圖層名稱	影片片段名稱	位置
05_page	05_page	X 座標：5120 Y 座標：0
06_page	06_page	X 座標：6144 Y 座標：0
07_page	07_page	X 座標：7168 Y 座標：0
08_page	08_page	X 座標：8192 Y 座標：0

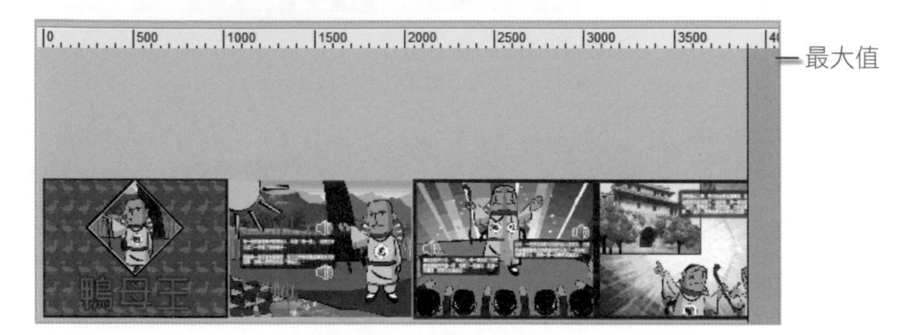

▲ 影片片段中，呈現範圍的最大值

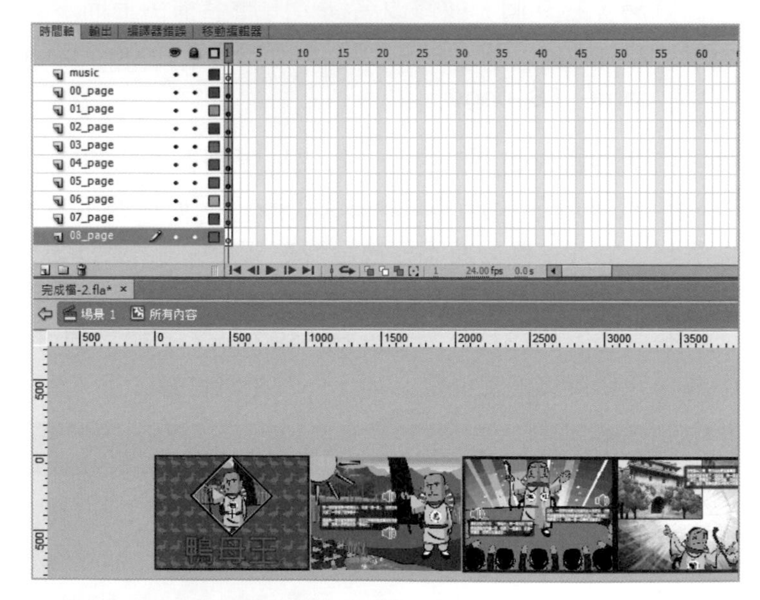

▲ 所有內容影片片段的圖層

8-5-3 背景音樂

STEP 1 選取「所有內容」影片片段中的「music」圖層之影格 1。

STEP 2 在屬性面板中，進行聲音的相關設定，其設定的項目如下：

- 名稱：鴨母王 - 背景音樂 .mp3
- 同步：事件與循環

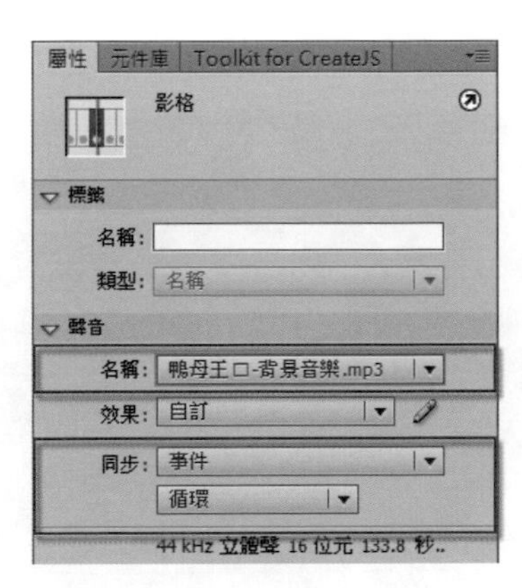

▲ 設定聲音

STEP 3 在屬性面板中，點擊效果項目中的「編輯」圖示。進入鴨母王 - 背景音樂的編輯模式中。此時將編輯封套面板中的左聲道與右聲道之音量大小向下調整，藉此降低背景音樂的音量。

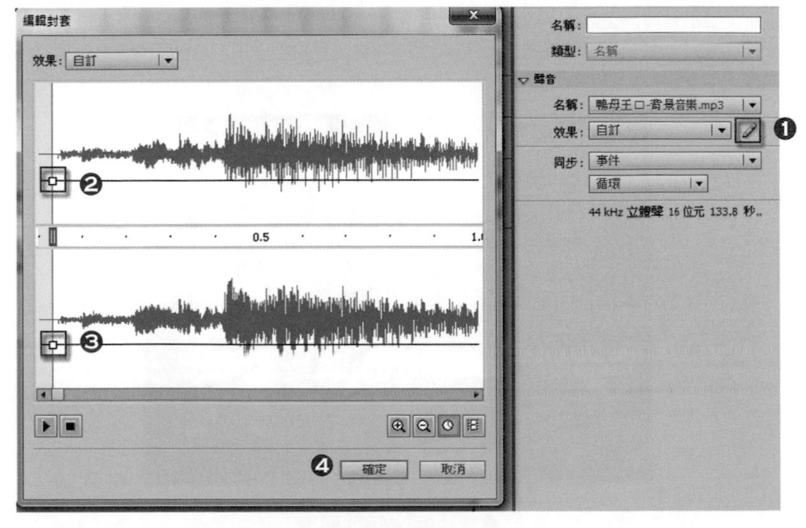

▲ 調整音量的大小

8-6 元件命名

本範例中需要命名的元件都是屬於有觸發事件或是影片播放等效果的元件，而這些元件需要命名後才能由事件來觸發，下列將以圖片的方式來呈現每個頁面中所需設定的元件名稱。開啟「3_ 排版與遮色片製作 .fla」檔案以進行練習。

- 範例：光碟 > Example > 02- 鴨母王 > 範例檔 > 3_ 排版與遮色片製作 .fla

封面頁面因為沒有任何的控制元件，所以不需要將物件特別命名。

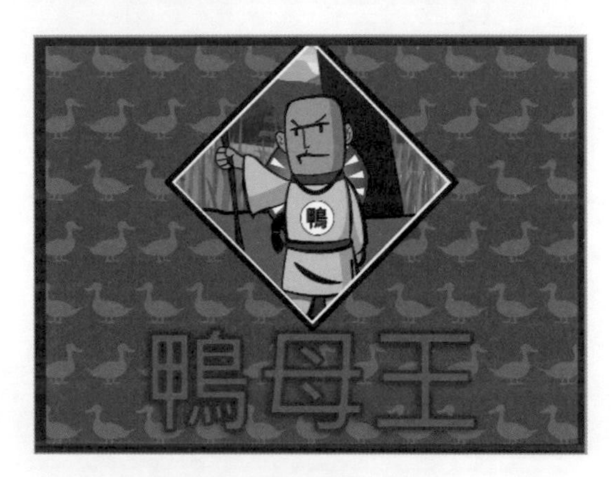

▲ 封面

8-6-1 各頁面中的元件名稱

筆者將每個頁面中所要進行命名的動作，以圖片來呈現，每個頁面所要命名的結果如下列各圖：

▲ 頁面 1- 元件命名

▲ 頁面 2- 元件命名

▲ 頁面 3- 元件命名

▲ 頁面 4- 元件命名

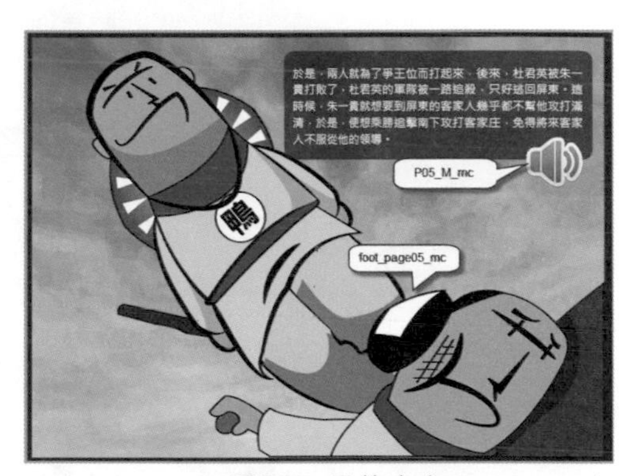

▲ 頁面 5- 元件命名

▲ 頁面 6- 元件命名

▲ 頁面 7- 元件命名

▲ 頁面 8- 元件命名

8-6-2 各頁面中的聲音元件名稱

STEP 1 進入「頁面 1_ 聲音」的編輯模式，為圖示圖層中的影格 1 與影格 2 之播放與停止聲音圖示進行命名。

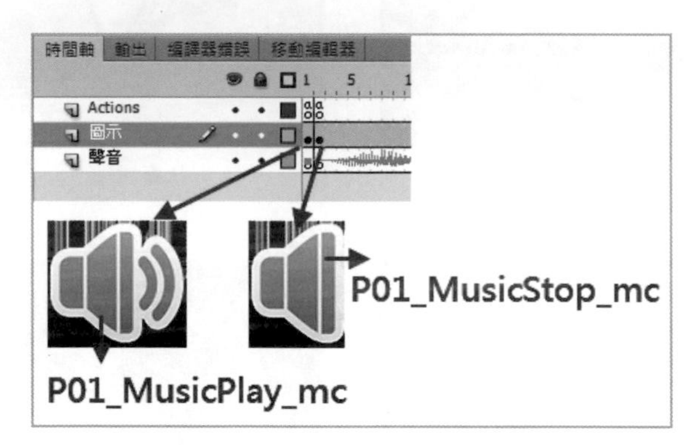

▲ 頁面 1_ 聲音元件中圖示的屬性名稱

STEP 2 重複 Step1 之動作，依序為其他的頁面聲音中之圖示進行命名，其設定的名稱如下：

影片片段名稱	影格位置	屬性名稱
頁面 1-1_ 聲音	影格 1	P01_1_MusicPlay_mc
	影格 2	P01_1_MusicStop_mc

影片片段名稱	影格位置	屬性名稱
頁面 2_ 聲音	影格 1	P02_MusicPlay_mc
	影格 2	P02_MusicStop_mc
頁面 2_1_ 聲音	影格 1	P02_1_MusicPlay_mc
	影格 2	P02_1_MusicStop_mc
頁面 3_ 聲音	影格 1	P03_MusicPlay_mc
	影格 2	P03_MusicStop_mc
頁面 4_ 聲音	影格 1	P04_MusicPlay_mc
	影格 2	P04_MusicStop_mc
頁面 5_ 聲音	影格 1	P05_MusicPlay_mc
	影格 2	P05_MusicStop_mc
頁面 6_ 聲音	影格 1	P06_MusicPlay_mc
	影格 2	P06_MusicStop_mc
頁面 7_ 聲音	影格 1	P07_MusicPlay_mc
	影格 2	P07_MusicStop_mc
頁面 8_ 聲音	影格 1	P08_MusicPlay_mc
	影格 2	P08_MusicStop_mc

8-6-3 各頁面中的元件名稱

STEP 1 將「所有內容」影片片段拖曳到主場景的舞台中，此圖層名稱修改為「所有內容」，其元件的位置如下：

- X 座標：512
- Y 座標：384

▲ 將所有內容元件擺放至主舞台中

STEP 2 在屬性面板中，將該元件的名稱設定為「gallery_items」。

▲ 設定所有內容元件的屬性名稱

屆此，已完成相關的元件命名動作，下一節內容將會進行相關的程式開發。

8-7 | 對話聲音控制

在每個頁面中都具有 1~2 個不等的對話聲音，而在對話聲音的播放控制部分，筆者將進行相關的程式開發介紹。而在 Ch03 章節中的行動手勢事件部分，筆者有提到，揮動事件與行動觸控事件兩者不能同時使用，因此在聲音控制的部分筆者會以按鈕事件來進行開發。

8-7-1 兩段對話聲音的控制方式

STEP 1 開啟「4_ 元件命名 .fla」檔案。進入「頁面 1_ 聲音」的編輯模式，選取影格 1 中的聲音圖示，並套用程式碼片段中的「按一下前往下一影格並停止」事件。

- 範例：光碟 > Example > 02- 鴨母王 > 範例檔 > 4_ 元件命名 .fla

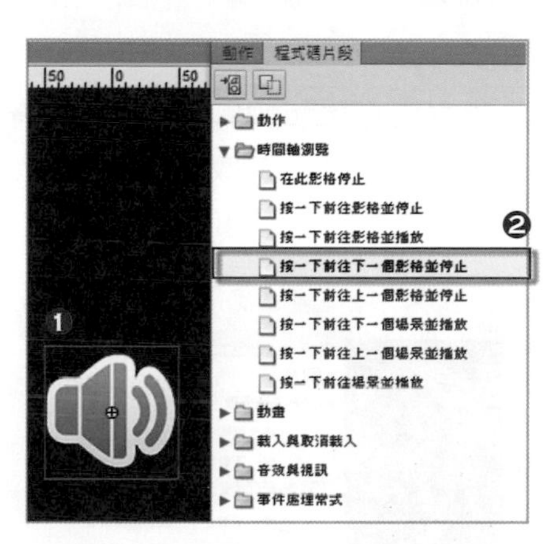

▲ 套用「按一下前往下一影格並停止」事件

STEP 2 選取 Actions 圖層的影格 1，並開啟「動作」面板（快速鍵：F9）。並輸入「stop( );」指令。

STEP 3 再來，將事件名稱修改為「P01_MusicPlay」。

STEP 4 在 function 函數中，加入「MovieClip(parent).P01_1_M_mc.gotoAndStop(1);」指令。其作用是使上一階層中的 P01_1_M_mc 元件停在影格 1（第 2 段對話聲音元件），也就是暫停該聲音的播放動作。其完整程式碼如下：

```
stop();
P01_MusicPlay_mc.addEventListener(MouseEvent.CLICK,P01_MusicPlay);
function P01_MusicPlay(event:MouseEvent):void
{
      nextFrame();
      MovieClip(parent).P01_1_M_mc.gotoAndStop(1); //停止 P01_1_M_mc 的播放
}
```

TIPS

由於頁面 1 中的對話聲音有兩個，為了避免當按了兩段聲音時會發生同時播放的情形，因此必須利用程式來控制，當按下其中一段對話聲音時，而另一個對話聲音則不論是否有播放都會停在該元件中的影格 1。在 8.6 小節中時，已事先為了這個問題而進行聲音的效果設定。

STEP 5 再來，為了使對話聲音還在播放的同時，可以達到停止的動作，必須在影格 2 中加入相關的控制程式。選取圖示圖層中，影格 2 的聲音圖示，並套用「按一下前往影格並停止」事件。

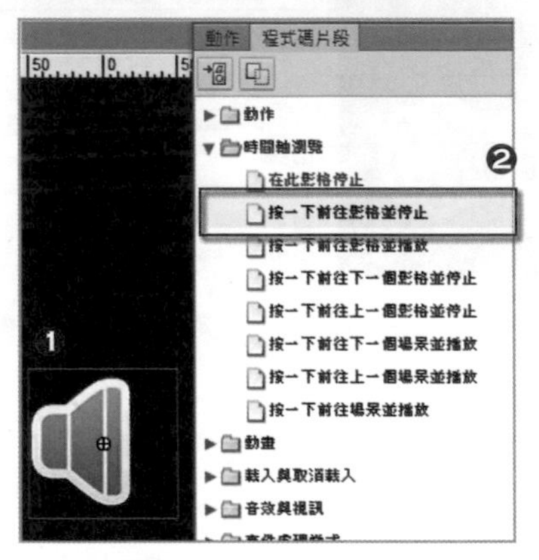

▲ 套用「按一下前往影格並停止」事件

STEP 6 選取 Actions 圖層的影格 2，並開啟「動作」面板（快速鍵：F9）。並輸入「play( );」指令。

STEP 7 將事件名稱修改為「P01_MusicStop」。

STEP 8 將 function 函數中的「gotoAndStop(5);」指令修改為「gotoAndStop(1);」，其作用是回到影格 1，此時在播放的聲音會進行停止的效果。完整的程式碼如下：

```
play();
P01_MusicStop_mc.addEventListener(MouseEvent.CLICK, P01_MusicStop);
function P01_MusicStop(event:MouseEvent):void
{
	gotoAndStop(1);
}
```

STEP 9 完成頁面 1 中，P01_M_mc 元件的聲音控制。

STEP 10 進入「頁面 1_1_ 聲音」的編輯模式，選取影格 1 中的聲音圖示，並套用程式碼片段中的「按一下前往下一影格並停止」事件。

STEP 11 選取 Actions 圖層的影格 1，並開啟「動作」面板（快速鍵：F9）。並輸入「stop( );」指令。

STEP 12 再來，將事件名稱修改為「P01_1_MusicPlay」。

STEP 13 在 function 函數中，加入「MovieClip(parent).P01_M_mc.gotoAndStop(1);」指令。其作用是使上一階層中的 P01_M_mc 元件停在影格 1，來暫停該聲音的播放動作。其完整程式碼如下：

```
stop();
P01_1_MusicPlay_mc.addEventListener(MouseEvent.CLICK,P01_1_MusicPlay);
function P01_1_MusicPlay(event:MouseEvent):void
{
	nextFrame();
	MovieClip(parent).P01_M_mc.gotoAndStop(1);
}
```

STEP 14 選取 Actions 圖層的影格 2，並開啟「動作」面板（快速鍵：F9）。並輸入「play( );」指令。

STEP 15 將事件名稱修改為「P01_1_MusicStop」。

STEP 16 將 function 函數中的「gotoAndStop(5);」指令修改為「gotoAndStop(1);」，其作用是回到影格 1，此時在播放的聲音會進行停止的效果。完整的程式碼如下：

```
play();
P01_1_MusicStop_mc.addEventListener(MouseEvent.CLICK, P01_1_MusicStop);
function P01_1_MusicStop(event:MouseEvent):void
{
	gotoAndStop(1);
}
```

STEP 17 到此，已完成頁面 1 中兩段聲音的控制。

再來，頁面 2 中的兩段對話聲音部分之開發方式與上述流程相同，只要修改「按鈕名稱」、「事件名稱」與「要控制停止播放的元件名稱」即可。

其實，最快速的方法為，分別複製「頁面 1_ 聲音」與「頁面 1-1_ 聲音」的程式碼，並各自貼到「頁面 2_ 聲音」與「頁面 2-1_ 聲音」元件的圖層中，而在將有關 P01 的名稱修改為「P02」即可。

8-7-2 一段對話聲音的控制方式

STEP 1 進入「頁面 3_ 聲音」的編輯模式，選取影格 1 中的聲音圖示，並套用程式碼片段中的「按一下前往下一影格並停止」事件。

STEP 2 選取 Actions 圖層的影格 1，並開啟「動作」面板（快速鍵：F9）。並輸入「stop( );」指令。

STEP 3 再來，將事件名稱修改為「P03_MusicPlay」。

STEP 4 播放動作的完整程式碼如下：

```
stop();
P03_MusicPlay_mc.addEventListener(MouseEvent.CLICK,P03_MusicPlay);
function P03_MusicPlay(event:MouseEvent):void
{
	gotoAndPlay(2);
}
```

STEP 5 再來，為了使對話聲音還在播放的同時，可以達到停止的動作，必須在影格 2 中加入相關的控制程式。選取圖示圖層中，影格 2 的聲音圖示，並套用「按一下前往影格並停止」事件。

STEP 6 選取 Actions 圖層的影格 2，並開啟「動作」面板（快速鍵：F9）。並輸入「play( );」指令。

STEP 7 將事件名稱修改為「P03_MusicStop」。

STEP 8 將 function 函數中的「gotoAndStop(5);」指令修改為「gotoAndStop(1);」，其作用是回到影格 1，此時在播放的聲音會進行停止的效果。完整的程式碼如下：

```
P03_MusicStop_mc.addEventListener(MouseEvent.CLICK, P03_MusicStop);
function P03_MusicStop(event:MouseEvent):void
{
	gotoAndStop(1);
}
```

STEP 9 完成頁面 3 中，P03_M_mc 元件的聲音控制。

STEP 10 重複 Step1~Step8 的動作，來完成剩餘的「頁面 4_ 聲音」~「頁面 8_ 聲音」中對話聲音的控制部分。記得在撰寫程式的同時，程式中的「按鈕名稱」與「事件名稱」需依照頁面數來進行修改。

8-8 各頁面的互動效果開發

在 8-3 小節時，已完成了每個頁面中的互動效果製作，而在 8-6 小節也完成了這些元件的命名動作，最後就讓我們來為這些互動內容進行程式開發的動作。開啟「5_ 對話聲音控制 .fla」檔案以進行下述的練習。

- 範例：光碟 > Example > 02- 鴨母王 > 範例檔 > 5_對話聲音控制 .fla

8-8-1 頁面 1 動畫控制

● 動畫説明：點擊鴨母王的右手，可讓鴨子前進。

STEP 1 進入「01_page」影片片段的編輯模式中，選取「鴨母王的右手」，並套用程式碼片段中的「按一下前往影格並播放」事件。

▲ 套用「按一下前往影格並播放」事件

STEP 2 將事件名稱修改為「hand_page01」。

STEP 3 在 function 函數中，加入鴨母王右手與鴨子移動兩動畫。完整的程式碼如下：

```
hand_page01_mc.addEventListener(MouseEvent.CLICK, hand_page01);
function hand_page01(event:MouseEvent):void
{
      hand_page01_mc.play(); // 鴨母王右手擺動
      duck_page01_mc.play(); // 鴨子移動
}
```

8-8-2 頁面 2 動畫控制

- 動畫說明：點擊鴨母王的右手或杜君英的左手，會播放民眾舉手動畫。

STEP 1 進入「02_page」影片片段的編輯模式中，選取「鴨母王的右手」，並套用程式碼片段中的「按一下前往影格並播放」。其完整的程式碼如下：

```
hand01_page02_mc.addEventListener(MouseEvent.CLICK, hand01_page02);
function hand01_page02(event:MouseEvent):void
{
	hand01_page02_mc.play(); //鴨母王手移動
	hand03_page02_mc.play(); //人群手移動
}
```

STEP 2 選取「杜君英的左手」，並套用程式碼片段中的「按一下前往影格並播放」。其完整的程式碼如下：

```
hand02_page02_mc.addEventListener(MouseEvent.CLICK, hand02_page02);
function hand02_page02(event:MouseEvent):void
{
	hand02_page02_mc.play(); //杜君英手移動
	hand03_page02_mc.play(); //人群手移動
}
```

8-8-3 頁面 3 動畫控制

- 動畫說明：點擊鴨母王的右手會播放城堡的動畫，杜君英的右手則是播放他兒子的動畫。

STEP 1 進入「03_page」影片片段的編輯模式中，選取「鴨母王的右手」，並套用程式碼片段中的「按一下前往影格並播放」。其完整的程式碼如下：

```
hand01_page03_mc.addEventListener(MouseEvent.CLICK, hand01_page03);
function hand01_page03(event:MouseEvent):void
{
	hand01_page03_mc.play();
}
```

STEP 2 選取「杜君英的右手」，並套用程式碼片段中的「按一下前往影格並播放」。其完整的程式碼如下：

```
hand02_page03_mc.addEventListener(MouseEvent.CLICK, hand02_page03);
function hand02_page03(event:MouseEvent):void
{
	hand02_page03_mc.play();
}
```

8-8-4 頁面 4 動畫控制

- 動畫説明：點擊鴨母王的左手，會播放明朝始祖動畫。

STEP 1 進入「04_page」影片片段的編輯模式中，選取「鴨母王的左手」，並套用程式碼片段中的「按一下前往影格並播放」。其完整的程式碼如下：

```
hand01_page04_mc.addEventListener(MouseEvent.CLICK, hand01_page04);
function hand01_page04(event:MouseEvent):void
{
	hand01_page04_mc.play();
	emperor_mc.play();
}
```

8-8-5 頁面 5 動畫控制

- 動畫説明：點擊鴨母王的左腳，會播放踩踏的動畫。

STEP 1 進入「05_page」影片片段的編輯模式中，選取「鴨母王的左腳」，並套用程式碼片段中的「按一下前往影格並播放」。其完整的程式碼如下：

```
foot_page05_mc.addEventListener(MouseEvent.CLICK, foot_page05);
function foot_page05(event:MouseEvent):void
{
	foot_page05_mc.play();
}
```

8-8-6 頁面 6 動畫控制

- 動畫說明：點擊義軍，鄉鎮會進行旋轉。

STEP 1 進入「06_page」影片片段的編輯模式中，選取「義軍角色」，並套用程式碼片段中的「按一下前往影格並播放」。其完整的程式碼如下：

```
peoper_page06_mc.addEventListener(MouseEvent.CLICK, peoper_page06);
function peoper_page06(event:MouseEvent):void
{
	region_page06_mc.play();
}
```

8-8-7 頁面 7 動畫控制

- 動畫說明：點擊畫面中的捲軸，會播放說話的動畫。

STEP 1 進入「07_page」影片片段的編輯模式中，選取「卷軸」，並套用程式碼片段中的「按一下前往影格並播放」。其完整的程式碼如下：

```
people_page07_mc.addEventListener(MouseEvent.CLICK, people_page07);
function people_page07(event:MouseEvent):void
{
	speak_page07_mc.play();
}
```

8-9 | 翻頁功能開發

最後，進入到本範例的重點部份「翻頁效果」，筆者將介紹如何讓本範例的繪本能夠達到翻頁的動作。在此部分會針對「揮動事件」與「計算內容的移動距離」來進行介紹。開啟「6 互動效果開發 .fla」以進行下述的練習。

- 範例：光碟 > Example > 02- 鴨母王 > 範例檔 > 6_ 互動效果開發 .fla

8-9-1 計算內容的移動距離

在向左或向右揮動時，畫面中的頁面會進行位移的動作，而頁面向左與向右移動的部分必須透過程式來控制，下列就讓我們來撰寫如何控制頁面的位移距離。

STEP 1 在主舞台的「所有內容」圖層上方，新增一個名稱為「Actions」的圖層。

STEP 2 在 Actions 圖層的影格 1 中，開啟動作面板（快速鍵：F9），並輸入「stop ( );」指令。

STEP 3 宣告「slideCounter」變數來計算滑動的次數。

```
var slideCounter:Number = 0; // 滑動計數
```

STEP 4 新增一個名稱為「moveGalleryLeft」的 function 函數，以計算頁面向左移動時的距離。

```
function moveGalleryLeft(evt:Event)
{
      程式碼…
}
```

STEP 5 在向左揮動的同時，為了讓頁面可以漸漸的滑動到指定位置（完整的呈現出另一頁面），而非一次到位。因此，我們必須給予該「所有內容」元件每次位移的數值，並在透過累加的動作，直到頁面滑動到我們所要的位置後即刻停止滑動效果。所以，在 function 函數中，加入「所有內容」（gallery_items）影片片段每次向左移動的距離，

```
gallery_items.x -= 102.4; //gallery_items 影片片段的 x 座標減少 102.4 的數值
slideCounter++; // slideCounter 持續累加
```

STEP 6 完成上述的動作後，再來則利用 if( ) 判斷式，當 slideCounter 累加 10 次後，會執行移除「moveGalleryLeft」監聽事件與「slideCounter」歸 0 的動作，藉此達到停止的目的，其程式碼如下：

```
if (slideCounter == 10)
        {
                gallery_items.removeEventListener("enterFrame", moveGalleryLeft);
                slideCounter = 0;
        }
```

```
/*當翻動一頁，名稱為gallery_items的影片片段的向左或向右之移動距離*/
function moveGalleryLeft(evt:Event) //向左移動
{
    gallery_items.x -=  102.4; //gallery_items影片片段的X座標減少102.4的數值
    slideCounter++; //slideCounter持續累加
    if (slideCounter == 10) //slideCounter加到第10次
    {
        gallery_items.removeEventListener("enterFrame", moveGalleryLeft); //移
        slideCounter = 0; //slideCounter變數變為0
    }
}
```

▲ 計算內容的移動距離之完整程式

STEP 7 同樣的道理，新增一個名稱為「moveGalleryRight」的 function 函數，來計算頁面向右移動時的距離。其完整程式碼如下

```
function moveGalleryRight(evt:Event)
{
        gallery_items.x += 102.4;
        slideCounter++;
        if (slideCounter == 10)
        {
                gallery_items.removeEventListener("enterFrame", moveGalleryRight);
                slideCounter = 0;
        }
}
```

TIPS

舞台的尺寸與每個頁面的寬度皆為 1024 px。為了讓頁面是以逐步的方式來完成移動效果，而非一次到指定位置。所以，我們將每次要移動的距離分「10 次」來完成，因此在程式的部分（gallery_items.x += 102.4;）才會每次移動「102.4　px」，而分 10 次完成（slideCounter == 10）的動作。

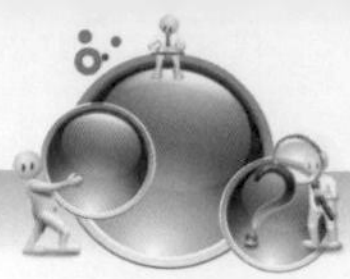

8-9-2 揮動事件

在揮動事件的部分，雖然程式碼片段的行動手勢事件中已提供了「揮動事件」，但套用後，我們必須還要進行大幅度的調整，所以本範例會採取以自行開發的方式為主。

STEP 1 首先，宣告「currentGalleryItem」與「totalGalleryItems」兩變數來記錄起始頁面值與總頁面數值。

```
var currentGalleryItem:Number = 1; // 當前畫面編號
var totalGalleryItems:Number = 9; // 編號總數（結束的畫面編號）
```

STEP 2 宣告揮動事件，其程式碼如下：

```
Multitouch.inputMode = MultitouchInputMode.GESTURE;
stage.addEventListener(TransformGestureEvent.GESTURE_SWIPE,
fl_SwipeToGoToNextPreviousFrame);
function fl_SwipeToGoToNextPreviousFrame(event:TransformGestureEvent):vo
id
{
程式碼…
}
```

STEP 3 在 function 函數中，利用 if( )..else if( ).. 判斷式，來判斷向左與向右滑動時要進行的判斷動作。

```
if (event.offsetX == 1 ) // 畫面向右移動
{
      程式碼…
}
else if (event.offsetX == -1) // 畫面向左移動
{
      程式碼…
}
```

- 屬性說明：
  - offsetX：X 軸的偏移量

STEP 4 在 if (event.offsetX == 1) 判斷式中，加入一個 if( ) 判斷式，以判斷當目前畫面編號（currentGalleryItem）大於 1 時，執行目前編號減 1 與執行頁面向右移動（moveGalleryRight）的事件。其程式碼如下：

```
if (event.offsetX == 1 ) // 畫面向右移動
        {
                if (currentGalleryItem > 1)
                {
                        currentGalleryItem--;
                        gallery_items.addEventListener("enterFrame", moveGalleryRight);
                }
        }
```

STEP 5 相反的，在 if (event.offsetX == -1) 判斷式中，加入一個 if( ) 判斷式，以判斷如果目前的畫面編號小於編號總數時，執行目前編號加 1 與執行頁面向左移動（moveGalleryLeft）的事件。其程式碼如下：

```
else if (event.offsetX == -1) // 畫面向左移動
        {
                if (currentGalleryItem < totalGalleryItems)
                {
                        currentGalleryItem++;
                        gallery_items.addEventListener("enterFrame", moveGalleryLeft);
                }
        }
```

```
stop();
var currentGalleryItem:Number = 1;// 2; 當前畫面編號
var totalGalleryItems:Number = 9;// 編號總數(結束的畫面編號)
var slideCounter:Number = 0;// 滑動計數

// 宣告揮動事件
Multitouch.inputMode = MultitouchInputMode.GESTURE;
stage.addEventListener(TransformGestureEvent.GESTURE_SWIPE, fl_SwipeToGoToNextP

function fl_SwipeToGoToNextPreviousFrame(event:TransformGestureEvent):void
{
    if (event.offsetX == 1 ) //畫面向右移動
    {
        if (currentGalleryItem > 1) //如果目前畫面編號大於1
        {
            currentGalleryItem--;// 目前畫面編號減1
            gallery_items.addEventListener("enterFrame", moveGalleryRight);
        }
    }
    else if (event.offsetX == -1) //畫面向左移動
    {
        if (currentGalleryItem < totalGalleryItems) //如果目前的畫面編號小於編號
        {
            currentGalleryItem++;// 目前畫面編號加1
            gallery_items.addEventListener("enterFrame", moveGalleryLeft);
        }
    }
}
```

▲ 揮動事件的完整程式

STEP 6 鴨母王繪本開發完成。

8-10 測試與發佈

在 Simulator（模擬器）面板中，需選擇「Swipe」才可模擬手勢事件的動作。測試的動作如下：

STEP 1 點選 Flash 面板功能列中的「控制 > 測試影片 > 在 AIR Debug Launcher(行動裝置)中」來進行發佈。

STEP 2 在模擬器中，「勾選」TOUCH AND GESTURE 面板中的「Touch layer」，勾選後才可模擬在智慧型裝置中的操作行為。

STEP 3 選取「Swipe」後，就能以滑鼠進行手勢事件的模擬。在內容區中按住滑鼠左鍵不放，並向左拖曳一小段距離後在放開滑鼠左鍵，則內容頁面就會向左移動（翻頁），反之則向右移動（翻頁）。如欲點擊內容頁面中的語音播放與人物動作等則需取消「Touch layer」，才能恢復滑鼠的點擊事件。

STEP 4 在頁面中的互動內容部分，由於該部分式滑鼠事件，因此必須取消「Touch layer」的動作，才可恢復滑鼠動作，以在進行內容的互動。

STEP 5 範例完成。

實作題

1. 新增一個 AIR for iOS 文件（舞台尺寸：640 X 960），並在舞台的 1~5 影格中，繪製簡單的元件，且利用程式碼片段中的「揮動事件」來進行影格的揮動控制效果。

2. 接續上述的成果，增加揮動時，畫面可向左或向右移動的翻頁效果。

3. 利用本單元提供的範例與教學，嘗試進行製作其他圖文繪本的翻頁電子書。

CHAPTER 09

觸控拖曳

在教育方面的 App 內容，常出現的一種模式就是利用拼圖來認識動物，或是將動物的名稱擺放在對的動物內。因此本範例會以動物的拼圖為例，藉由拖曳之方式來進行動物拼圖的遊戲，且在操作過程中，必然會判斷圖片是否放在對的地方，此判斷式在 Flash 中稱為「碰撞偵測」，此部分也會進行相關的介紹。

- 拖曳功能
- 碰撞偵測

9-1 事前觀念

在程式碼片段面板中的行動觸控事件中可以找到「觸控拖曳事件」。我們可在舞台中新增一個影片片段元件並套用該程式，套用後在 Simulator（模擬器）中，選擇「Click and drag」就可測試該元件的拖曳效果。

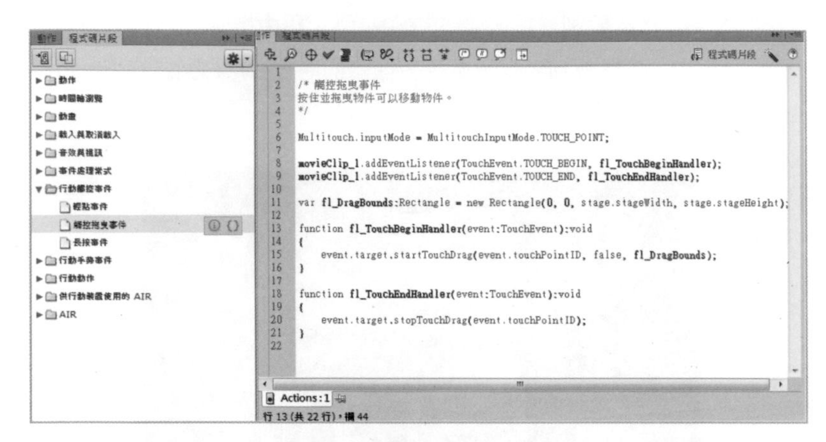

```
/* 觸控拖曳事件
按住並拖曳物件可以移動物件。
*/

Multitouch.inputMode = MultitouchInputMode.TOUCH_POINT;

movieClip_1.addEventListener(TouchEvent.TOUCH_BEGIN, fl_TouchBeginHandler);
movieClip_1.addEventListener(TouchEvent.TOUCH_END, fl_TouchEndHandler);

var fl_DragBounds:Rectangle = new Rectangle(0, 0, stage.stageWidth, stage.stageHeight);

function fl_TouchBeginHandler(event:TouchEvent):void
{
    event.target.startTouchDrag(event.touchPointID, false, fl_DragBounds);
}

function fl_TouchEndHandler(event:TouchEvent):void
{
    event.target.stopTouchDrag(event.touchPointID);
}
```

▲ 套用「觸控拖曳事件」程式

9-2 選單內容中元件的製作與命名

首先，先開啟範例檔資料夾中的「03_ 舞台排版 .fla」，此檔案已經將所有的素材匯入至元件庫，且在舞台上已將擺放好相對的內容。再來，各位讀者可開啟該檔案讓我們來逐步地進行相關的設計動作。

- 範例：光碟 > Example > 03- 觸控拖曳 > 範例檔 > 03_ 舞台排版 .fla

▲ 元件庫中，元件的相對位置

9-2-1 設定影格名稱

STEP 1 在「馬來貘＿圖示」圖層上方新增一圖層，其名稱為「Actions」。

STEP 2 將影格 1~11 的 11 個影格全部轉換成「空白關鍵影格」。

STEP 3 將 11 個影格進行命名的動作，其名稱如下：

- 影格 1（封面）：home
- 影格 2（選單）：menu
- 影格 3（人猿拼圖內容）：p01
- 影格 4（亞洲象拼圖內容）：p02
- 影格 5（孟加拉虎拼圖內容）：p03
- 影格 6（花豹拼圖內容）：p04
- 影格 7（長臂猿拼圖內容）：p05
- 影格 8（馬來長吻鱷拼圖內容）：p06
- 影格 9（馬來熊拼圖內容）：p07
- 影格 10（馬來貘拼圖內容）：p08
- 影格 11（過關畫面）：pass

▲ 影格命名

9-2-2 製作選單頁面的動物元件

STEP 1 將舞台畫面移到「menu」的位置（影格 2）。

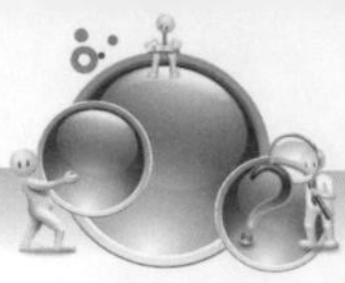

STEP 2 選取畫面中的「人猿」小圖示，在點擊「滑鼠右鍵 > 轉換成元件」。在轉換成元件面板中的設定項目如下：

- 名稱：Menu_BengalTiger
- 類型：影片片段

▲ 轉換成元件

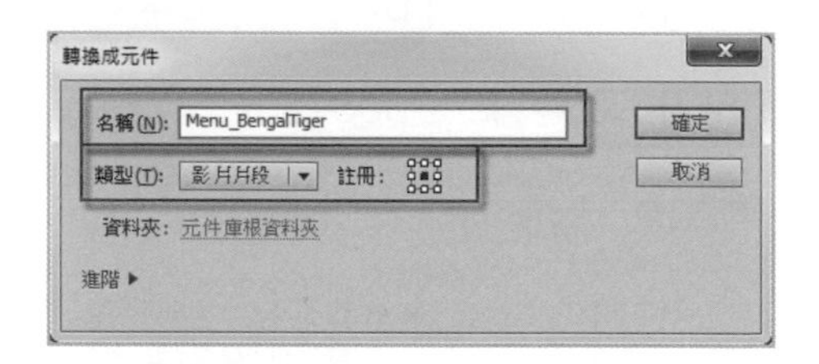

▲ 轉換成元件面板中的內容設定樣式

STEP 3 將已經轉換成影片片段的人猿 icon，設定屬性名稱，其名稱為「Menu_Orangutan_mc」。

▲ 設定屬性名稱

STEP 4 重複 Step2~Step3 的動作，將剩餘的 7 個 icon 轉換成影片片段，其設定的相關名稱如下：

圖示	影片片段名稱	屬性名稱
	Menu_Orangutan	Menu_Orangutan_mc
	Menu_AsianElephant	Menu_AsianElephant_mc
	Menu_BengalTiger	Menu_BengalTiger_mc
	Menu_Leopard	Menu_Leopard_mc
	Menu_Gibbon	Menu_Gibbon_mc
	Menu_Tomistoma	Menu_Tomistoma_mc
	Menu_Sunbear	Menu_Sunbear_mc
	Menu_MalayanTapir	Menu_MalayanTapir_mc

9-2-3 製作各個動物的分解元件

將舞台畫面移到「p01」(影格 3)。在影格中可看到左方已將人猿的圖示拆成 4 個部位。再來，我們需要將各個已拆解完畢的動物圖示轉換成影片片段，並給予屬性名稱。

▲ 人猿拼圖畫面

STEP 1 選取舞台中最上方的人猿頭部拆解圖示，點擊「滑鼠右鍵 > 轉換成元件」，在轉換成元件的面板上，其設定的內容如下：

- 名稱：人猿 _1
- 類別：影片片段
- 註冊：中心

▲ 將人猿的頭部拆解圖示轉換成元件

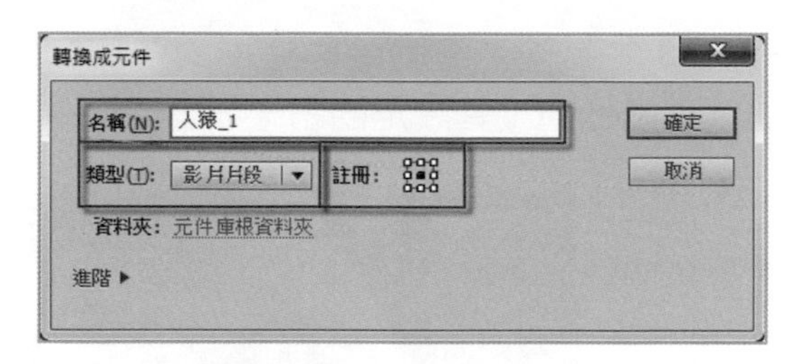

▲ 轉換成元件面板的設定內容

STEP 2 重複 Step1 的動作，依序將剩餘 3 個人猿的拆解圖示進行轉換成影片片段的動作，其影片片段的名稱為「人猿 _2」~「人猿 _4」。

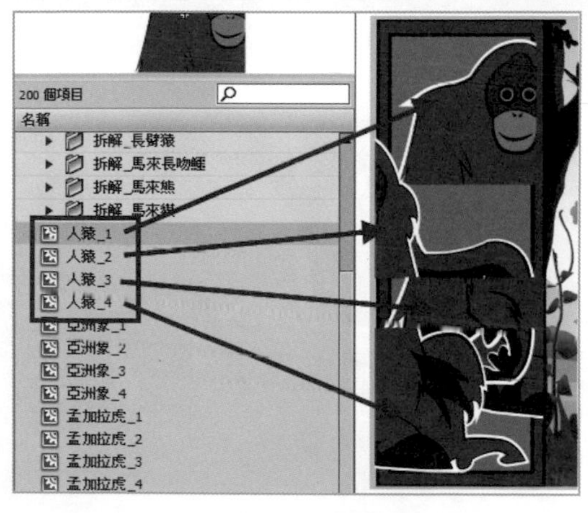

▲ 元件名稱對應

STEP 3 轉換成影片片段後，依序將 4 個人猿圖示設定屬性名稱，設定的名稱如下圖：

▲ 人猿拆解圖示的屬性名稱

STEP 4 重複 Step1~Step3 的動作，將剩餘影格中的各個動物拆解圖示轉換成影片片段與設定其屬性稱，其設定的結果如下：

▲ 亞洲象拆解圖示的屬性名稱

▲ 孟加拉虎拆解圖示的屬性名稱

▲ 花豹拆解圖示的屬性名稱

▲ 長臂猿拆解圖示的屬性名稱

▲ 馬來長吻鱷拆解圖示的屬性名稱

▲ 馬來熊拆解圖示的屬性名稱

▲ 馬來貘拆解圖示的屬性名稱

9-3 封面倒數

在封面的部份，我們會利用程式碼片段中的「倒數計時器」來使封面停留 3 秒後才會進入到選單的頁面。

STEP 1 將舞台畫面移到影格 1。

STEP 2 選取「程式碼片段 > 動作 > 倒數計時器」。此時，我們可看見在影格 1 的 Actions 圖層中已加入倒數計時器的程式碼。

▲ 套用倒數計時器程式

STEP 3 此時，在影格 1 的 Actions 圖層中開啟動作面板（快速鍵：F9），並輸入「stop( );」指令，已讓一開始畫面會停在影格 1 來進行倒數的動作。

STEP 4 此程式碼片段的預設時間為「10」秒，而我們的需求是，倒數 3 秒後就會進入選單的頁面，所以將「var fl_SecondsToCountDown:Number = 10;」中的「10」修改為「3」。

```
1   stop();  ❶
2
3   /* 倒數計時器
4   從特定秒數開始倒數。
5
6   指示:
7   1. 若要變更倒數時間長度，請將下方第一行中的數值 10 變更為您希望的秒數。
8   */
9
10  var fl_SecondsToCountDown:Number = 3;  ❷
11
12  var fl_CountDownTimerInstance:Timer = new Timer(1000, fl_SecondsToCountDown);
13  fl_CountDownTimerInstance.addEventListener(TimerEvent.TIMER, fl_CountDownTimerHar
14  fl_CountDownTimerInstance.start();
15
16  function fl_CountDownTimerHandler(event:TimerEvent):void
17  {
18      trace(fl_SecondsToCountDown + " 秒");
19      fl_SecondsToCountDown--;
20  }
21
```

▲ 修改倒數時間

STEP 5 再來，等倒數 3 秒後，會前往選單（影格 2）的頁面，所以我們須將 function 函數中的執行動作進行修改，修改程式部分主要是當倒數的秒數為 0 的時候，會前往選單的影格。其修改的程式如下：

```
function fl_CountDownTimerHandler(event:TimerEvent):void
{
	fl_SecondsToCountDown--;
	if (fl_SecondsToCountDown == 0)
	{
		gotoAndStop("menu");
	}
}
```

```
1  stop();
2
3  /* 倒數計時器*/
4
5  var fl_SecondsToCountDown:Number = 3;
6  var fl_CountDownTimerInstance:Timer = new Timer(1000, fl_SecondsToCountDown);
7  fl_CountDownTimerInstance.addEventListener(TimerEvent.TIMER, fl_CountDownTimerHar
8  fl_CountDownTimerInstance.start();
9
10 function fl_CountDownTimerHandler(event:TimerEvent):void
11 {
12     fl_SecondsToCountDown--;
13     if (fl_SecondsToCountDown == 0)
14     {
15         gotoAndStop("menu");
16     }
17 }
18
```

▲ 修改倒數計時的執行動作

STEP 6 完成封面的倒數程式撰寫。

9-4 按鈕事件

9-4-1 選單頁面

經由上述的步驟，我們已經完成了初步的動作（將素材轉換成影片片段），接下來則是要開始撰寫程式。

首先，我們先為選單頁面中的 8 個動物圖示，進行前往關卡的程式碼撰寫。

STEP 1 在選單頁面中，選取「人猿」圖示的狀態下，執行「程式碼片段 > 行動觸控事件 > 輕點事件」，已讓人猿圖示套用「輕點事件」的程式碼。

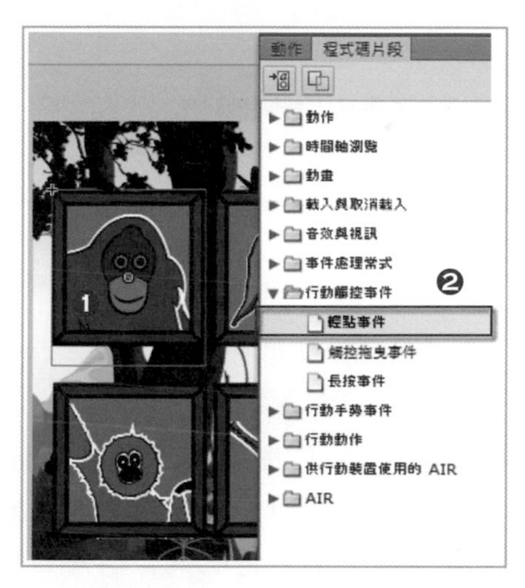

▲ 將「輕點事件」程式碼套用於人猿圖示

STEP 2 修改剛所套用輕點事件程式碼中的事件名稱，將事件的名稱修改為「Menu_Orangutan」。

```
1  stop();
2
3  Multitouch.inputMode = MultitouchInputMode.TOUCH_POINT;
4
5  /*人猿圖示*/
6  Menu_Orangutan_mc.addEventListener(TouchEvent.TOUCH_TAP, fl_TapHandler3);
7  function fl_TapHandler3(event:TouchEvent):void
8  {
9      // 啟動您的自訂程式碼
10     //此範例程式碼在每次輕點事件時，會將物件的透明度減少一半
11     fl_Taphandler_3.alpha *= 0.5;
12     // 結束您的自訂程式碼
13 }
```

```
1  stop();
2
3  Multitouch.inputMode = MultitouchInputMode.TOUCH_POINT;
4
5  /*人猿圖示*/
6  Menu_Orangutan_mc.addEventListener(TouchEvent.TOUCH_TAP, Menu_Orangutan);
7  function Menu_Orangutan(event:TouchEvent):void
8  {
9      // 啟動您的自訂程式碼
10     //此範例程式碼在每次輕點事件時，會將物件的透明度減少一半
11     fl_Taphandler_3.alpha *= 0.5;
12     // 結束您的自訂程式碼
13 }
```

▲ 修改選單頁面中的人猿圖示之事件名稱

STEP 3 將人猿事件的執行動作修改為「gotoAndStop(“p01”);」，以讓點選此按鈕時可前往人猿的拼圖內容。

```
1   stop();
2
3   Multitouch.inputMode = MultitouchInputMode.TOUCH_POINT;
4
5   /*人猿圖示*/
6   Menu_Orangutan_mc.addEventListener(TouchEvent.TOUCH_TAP, Menu_Orangutan);
7   function Menu_Orangutan(event:TouchEvent):void
8   {
9       gotoAndStop("p01");
10  }
```

▲ 前往人猿的拼圖內容

STEP 4 重複 Step1~Step3 的動作，依序為剩餘的 7 個動物圖示，加入輕點事件並修改其事件名稱。另外也可先複製已撰寫完成的人猿程式碼，並貼上 7 次，再來修改程式當中的元件名稱、事件名稱、前往的影格。其完整的程式碼如下：

```
stop( );
Multitouch.inputMode = MultitouchInputMode.TOUCH_POINT;
/* 人猿圖示 */
Menu_Orangutan_mc.addEventListener(TouchEvent.TOUCH_TAP, Menu_Orangutan);
function Menu_Orangutan(event:TouchEvent):void
{
      gotoAndStop("p01");
}
/* 亞洲象圖示 */
Menu_AsianElephant_mc.addEventListener(TouchEvent.TOUCH_TAP, Menu_AsianElephant);
function Menu_AsianElephant(event:TouchEvent):void
{
      gotoAndStop("p02");
}
/* 孟加拉虎圖示 */
Menu_BengalTiger_mc.addEventListener(TouchEvent.TOUCH_TAP, Menu_BengalTiger);
function Menu_BengalTiger(event:TouchEvent):void
{
      gotoAndStop("p03");
```

```
}
/* 花豹圖示 */
Menu_Leopard_mc.addEventListener(TouchEvent.TOUCH_TAP, Menu_Leopard);
function Menu_Leopard(event:TouchEvent):void
{
      gotoAndStop("p04");
}
/* 長臂猿圖示 */
Menu_Gibbon_mc.addEventListener(TouchEvent.TOUCH_TAP, Menu_Gibbon);
function Menu_Gibbon(event:TouchEvent):void
{
      gotoAndStop("p05");
}
/* 馬來長吻鱷圖示 */
Menu_Tomistoma_mc.addEventListener(TouchEvent.TOUCH_TAP, Menu_Tomistoma);
function Menu_Tomistoma(event:TouchEvent):void
{
      gotoAndStop("p06");
}
/* 馬來熊圖示 */
Menu_Sunbear_mc.addEventListener(TouchEvent.TOUCH_TAP, Menu_Sunbear);
function Menu_Sunbear(event:TouchEvent):void
{
      gotoAndStop("p07");
}
/* 馬來貘圖示 */
Menu_MalayanTapir_mc.addEventListener(TouchEvent.TOUCH_TAP, Menu_MalayanTapir);
function Menu_MalayanTapir(event:TouchEvent):void
{
      gotoAndStop("p08");
}
```

STEP 5 完成選單頁面中 8 個動物圖示的程式撰寫。

9-4-2 過關頁面

當操作完每關的拼圖後，會跳到過關的頁面，並在點選過關頁面中的「回選單」按鈕皆可重新回到選單頁面，而在加以重新選擇要學習的拼圖內容。因此，讓我們先來撰寫過關頁面中按鈕的執行程式。

STEP 1 將舞台畫面移到影格 11（過關頁面），並選取舞台中的「回選單」按鈕，之後點選「程式碼片段 > 行動觸控事件 > 輕點事件」。在套用的過程中，由於我們事先未替「回選單」按鈕進行命名的動作，因此會自動彈出設定實體名稱的面板來要我們為該按鈕設定屬性名稱，此時將按鈕的名稱命名為「pass_mc」。

▲ 套用輕點事件與命名按鈕名稱

STEP 2 修改套用輕點事件後的程式碼內容，其修改的內容與程式碼如下：

- 新增「stop( );」指令
- 將事件名稱修改為「pass」
- 修改執行的動作

```
stop( );
Multitouch.inputMode = MultitouchInputMode.TOUCH_POINT;
pass_mc.addEventListener(TouchEvent.TOUCH_TAP, pass);
function pass(event:TouchEvent):void
{
     gotoAndStop("menu");
}
```

```
stop();

/*過關*/

Multitouch.inputMode = MultitouchInputMode.TOUCH_POINT;

pass_mc.addEventListener(TouchEvent.TOUCH_TAP, pass);

function pass(event:TouchEvent):void
{
    gotoAndStop("menu");
}
```

▲ 回選單按鈕的完整程式

STEP 3 完成過關頁面中的回選單按鈕程式碼。

9-5 定義拆解動物元件的尺寸與起始位置

9-5-1 定義尺寸

首先，在每關的動物頁面中，我們可看出，左邊的動物拆解元件大小已經超出我們底圖中預設的擺放範圍。所以，我們必須藉由程式碼的方式來縮小這些拆解的動物元件，使這 4 個拆解動物元件的尺寸可符合我們所要擺放的區域。

在 Flash 中，要控制元件尺寸的屬性為「scaleX」與「scaleY」，其屬性的用法是對元件的註冊點進行水平與垂直比例的縮放，也就是對元件的 width（寬度）與 height（高度）進行百分比的縮放調整。

▲ 動物拆解元件已超出擺放的區域

接續的練習動作可開啟「05_ 選單按鈕事件 .fla」檔案來接續學習。

- 範例：光碟 > Example > 03- 觸控拖曳 > 範例檔 > 05_ 選單按鈕事件 .fla

STEP 1 將舞台畫面移到影格 3(p01)，來為人猿的關卡內容進行程式碼的撰寫。

STEP 2 選取 Actions 圖層，開啟動作面板（快速鍵：F9），在動作面板中輸入「stop( );」，使前往影格 3 時，可停止並操作當中的內容。

STEP 3 接續，對左邊 4 個拆解動物影片片段的寬度與高度進行縮小的動作，其縮小的數值為「0.6（60%）」，縮小的程式內容如下：

```
Orangutan_1.scaleX=0.6;
Orangutan_1.scaleY=0.6;
Orangutan_2.scaleX=0.6;
Orangutan_2.scaleY=0.6;
Orangutan_3.scaleX=0.6;
Orangutan_3.scaleY=0.6;
Orangutan_4.scaleX=0.6;
Orangutan_4.scaleY=0.6;
```

```
1   stop();
2
3   /*縮小4個影片片段*/
4   Orangutan_1.scaleX=0.6;
5   Orangutan_1.scaleY=0.6;
6   Orangutan_2.scaleX=0.6;
7   Orangutan_2.scaleY=0.6;
8   Orangutan_3.scaleX=0.6;
9   Orangutan_3.scaleY=0.6;
10  Orangutan_4.scaleX=0.6;
11  Orangutan_4.scaleY=0.6;
```

▲ 縮小 4 個拆解動物元件尺寸

TIPS

scaleX 表示寬度，scaleY 則表示高度。

若 scaleX 與 scaleY 的屬性值為 1，則表示縮放的比例為 100%，也就是並未改變。因此，當數值大於 1 時則表示放大；相反的，數值小於 1 時則表示縮小。

- 使用方式：元件名稱 . scaleX = 1.5;，此程式會將該元件的寬度放大 1.5 倍（150%）。

STEP 4 到目前為止，雖然程式中已撰寫縮小的指令，但在未執行該程式的狀態下其實看不出縮小後的效果。因此，我們可按鍵盤上的 Ctrl + Enter 來測試其縮小後的結果。

▲ 縮小元件後，在執行時的畫面

在測試的畫面中，我們可看到 4 個元件縮小後的尺寸已適當的呈現在我們所要擺放的區域中。

9-5-2 取得座標起始位置

在定義座標的位置部分，我們的撰寫方式為需要取得一開始的元件座標位置，並將其座標值給予一個變數，其寫法為「變數 = 影片片段 . x;」。最後，藉由這個變數，可當執行碰撞偵測時，若該元件的擺放位置錯誤或拖曳到舞台中的任一位置時，都可回到目前的元件起始位置。因此，對 4 個動物拆解元件的取得座標程式寫法如下：

```
var Orangutan_1X = Orangutan_1.x;
var Orangutan_1Y = Orangutan_1.y;
var Orangutan_2X = Orangutan_2.x;
var Orangutan_2Y = Orangutan_2.y;
var Orangutan_3X = Orangutan_3.x;
var Orangutan_3Y = Orangutan_3.y;
```

```
var Orangutan_4X = Orangutan_4.x;
var Orangutan_4Y = Orangutan_4.y;
```

```
12
13  /*定義4個影片片段的X與Y座標*/
14  var Orangutan_1X = Orangutan_1.x;
15  var Orangutan_1Y = Orangutan_1.y;
16  var Orangutan_2X = Orangutan_2.x;
17  var Orangutan_2Y = Orangutan_2.y;
18  var Orangutan_3X = Orangutan_3.x;
19  var Orangutan_3Y = Orangutan_3.y;
20  var Orangutan_4X = Orangutan_4.x;
21  var Orangutan_4Y = Orangutan_4.y;
```

▲ 取得 4 個拆解動物元件座標位置

9-6 互動方式與碰撞偵測

此範例在最後的操作上，會將拖曳區的 4 個拆解動物元件，利用拖曳的方式分別移動到內容對應區的適當位置。因此，要判斷兩者動物的元件是否相同，就必須使用 hitTestObject( ) 屬性進行碰撞後的判斷。本小節的說明流程如下：

▲ 操作畫面的說明

此小節所要說明的內容可開啟「06_定義拆解動物元件的尺寸與起始位置 .fla」檔案來接續學習。在此檔案中，筆者已事先完成內容對應區中各個元件的屬性名稱之命名動作。

- 範例：光碟 > Example > 03- 觸控拖曳 > 範例檔 > 06_定義拆解動物元件的尺寸與起始位置 .fla

9-6-1 套用觸控拖曳事件

STEP 1 選取最上方的動物拆解元件，並套用程式碼片段中的「觸控拖曳事件」。

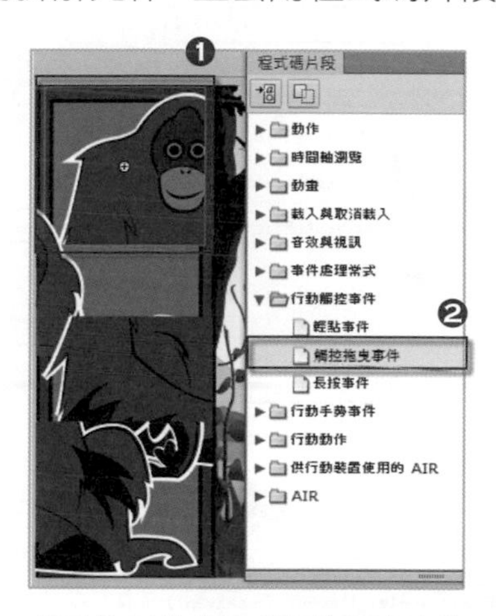

▲ 將第一個動物元件套用「觸控拖曳事件」程式碼

STEP 2 套用後，必須依照我們的需求來進行修改，這樣的動作除了方便往後的專案管理原則外，也由於我們的所有關卡其執行方式是相同的（只有影片名稱與擺放位置不同），所以這樣修改的動作可方便我們在後續的內容中，可利用複製與取代的方式來完成程式的開發，藉此縮短開發時間。其修改的內容如下表：

套用的程式碼內容	修改後
/* 觸控拖曳事件按住並拖曳物件可以移動物件。*/	/*Orangutan_1 觸控拖曳事件 */
fl_TouchBeginHandler_5	Orangutan_TouchBeginHandler_1

fl_TouchEndHandler_5	Orangutan_TouchEndHandler_1
fl_DragBounds_5	Orangutan_DragBounds_1

在修改後的欄位中，我們可發現每個名稱後面都有「_1」，而「_1」是表示我們目前在編輯第 1 個動物拆解的元件。同理，剩餘的 3 個元件會以「_2」、「_3」、「_4」來區別元件的順序。圖中的顏色其意義是表示相同的名稱。

```
/* 觸控拖曳事件
按住並拖曳物件可以移動物件。
*/

Multitouch.inputMode = MultitouchInputMode.TOUCH_POINT;

Orangutan_1.addEventListener(TouchEvent.TOUCH_BEGIN, fl_TouchBeginHandler_5);
Orangutan_1.addEventListener(TouchEvent.TOUCH_END, fl_TouchEndHandler_5);

var fl_DragBounds_5:Rectangle = new Rectangle(0, 0, stage.stageWidth, stage.stageHeight);

function fl_TouchBeginHandler_5(event:TouchEvent):void
{
    event.target.startTouchDrag(event.touchPointID, false, fl_DragBounds_5);
}

function fl_TouchEndHandler_5(event:TouchEvent):void
{
    event.target.stopTouchDrag(event.touchPointID);
}
```

修改

```
Multitouch.inputMode = MultitouchInputMode.TOUCH_POINT;

/*Orangutan_1 觸控拖曳事件*/
Orangutan_1.addEventListener(TouchEvent.TOUCH_BEGIN, Orangutan_TouchBeginHandler_1);
Orangutan_1.addEventListener(TouchEvent.TOUCH_END, Orangutan_TouchEndHandler_1);

var Orangutan_DragBounds_1:Rectangle = new Rectangle(0, 0, stage.stageWidth, stage.stageHeight);

function Orangutan_TouchBeginHandler_1(event:TouchEvent):void
{
    event.target.startTouchDrag(event.touchPointID, false, Orangutan_DragBounds_1);
}

function Orangutan_TouchEndHandler_1(event:TouchEvent):void
{
    event.target.stopTouchDrag(event.touchPointID);
```

▲ 修改套用後的觸控拖曳事件程式內容

STEP 3 Orangutan_1 元件的程式碼與相關的屬性說明如下：

```
Multitouch.inputMode = MultitouchInputMode.TOUCH_POINT;
/*Orangutan_1 觸控拖曳事件 */
Orangutan_1.addEventListener(TouchEvent.TOUCH_BEGIN, Orangutan_TouchBeginHandler_1);
Orangutan_1.addEventListener(TouchEvent.TOUCH_END, Orangutan_TouchEndHandler_1);
var Orangutan_DragBounds_1:Rectangle = new Rectangle(0, 0, stage.stageWidth,
stage.stageHeight);
function Orangutan_TouchBeginHandler_1(event:TouchEvent):void
```

```
{
    event.target.startTouchDrag(event.touchPointID, false,
Orangutan_DragBounds_1);}
function Orangutan_TouchEndHandler_1(event:TouchEvent):void
{
    event.target.stopTouchDrag(event.touchPointID);
}
```

- 屬性說明：
  - TOUCH_BEGIN：點擊事件。
  - TOUCH_END：拖曳結束事件。
  - Rectangle：定義當前顯示區域的範圍。
  - startTouchDrag：使用者可以在觸碰的設備上拖曳指定的物件。
  - touchPointID：數值是分配 事件對象的值。
  - lockCenter:Boolean = false：指定將可拖曳的內容鎖定到指針位置中心 (true)，還是鎖定到用戶第一次點擊的位置（false ）。
  - stopTouchDrag：結束在觸碰設備中的拖曳動作。

STEP 4 再來，我們會複製 Orangutan_1 的程式內容，並為剩餘的 3 個拆解動物元件進行相關修改。複製的範圍如下圖中所呈現的內容：

```
25 /*Orangutan_1 觸控拖曳事件*/
26 Orangutan_1.addEventListener(TouchEvent.TOUCH_BEGIN, Orangutan_TouchBeginHandler_1); //TOUCH_B
27 Orangutan_1.addEventListener(TouchEvent.TOUCH_END, Orangutan_TouchEndHandler_1); //TOUCH_END：
28
29 var Orangutan_DragBounds_1:Rectangle = new Rectangle(0, 0, stage.stageWidth, stage.stageHeight
30
31 function Orangutan_TouchBeginHandler_1(event:TouchEvent):void
32 {
33     event.target.startTouchDrag(event.touchPointID, false, Orangutan_DragBounds_1);
34     //startTouchDrag：使用者可以在觸碰的設備上拖曳指定的物件
35     //touchPointID：值是分配給事件對象的值
36     //lockCenter:Boolean = false：指定將可拖曳的內容鎖定到指針位置中心(true)，還是鎖定到用戶第
37 }
38
39 function Orangutan_TouchEndHandler_1(event:TouchEvent):void
40 {
41     event.target.stopTouchDrag(event.touchPointID);
42     //stopTouchDrag：結束在觸碰設備中的拖曳動作
43 }
```

▲ 複製 Orangutan_1 的程式內容

STEP 5 將複製好的程式碼，執行「Ctrl + V」貼上 3 次。最後共要有 4 個相同的觸控拖曳程式內容。

STEP 6 為每段觸控拖曳事件進行按鈕名稱與屬性名稱的修改，依序將複製出的「_1」修改為「_2」、「_3」、「_4」，其結果如下圖。

```
23  Multitouch.inputMode = MultitouchInputMode.TOUCH_POINT;
24
25  /*Orangutan_1 觸控拖曳事件*/
26  Orangutan_1.addEventListener(TouchEvent.TOUCH_BEGIN, Orangutan_TouchBeginHandler_1); //TOUCH_BEGI
27  Orangutan_1.addEventListener(TouchEvent.TOUCH_END, Orangutan_TouchEndHandler_1); //TOUCH_END：拖曳
28
29  var Orangutan_DragBounds_1:Rectangle = new Rectangle(0, 0, stage.stageWidth, stage.stageHeight);
30
31  function Orangutan_TouchBeginHandler_1(event:TouchEvent):void
32  {
33      event.target.startTouchDrag(event.touchPointID, false, Orangutan_DragBounds_1);
34      //startTouchDrag：使用者可以在觸碰的設備上拖曳指定的物件
35      //touchPointID：值是分配給事件對象的值
36      //lockCenter:Boolean = false：指定將可拖曳的內容鎖定到指針位置中心(true)，還是鎖定到用戶第一次
37  }
38
39  function Orangutan_TouchEndHandler_1(event:TouchEvent):void
40  {
41      event.target.stopTouchDrag(event.touchPointID);
42      //stopTouchDrag：結束在觸碰設備中的拖曳動作
43  }
44
45  /*Orangutan_2 觸控拖曳事件*/
46  Orangutan_2.addEventListener(TouchEvent.TOUCH_BEGIN, Orangutan_TouchBeginHandler_2);
47  Orangutan_2.addEventListener(TouchEvent.TOUCH_END, Orangutan_TouchEndHandler_2);
48
49  var Orangutan_DragBounds_2:Rectangle = new Rectangle(0, 0, stage.stageWidth, stage.stageHeight);
50
51  function Orangutan_TouchBeginHandler_2(event:TouchEvent):void
52  {
53      event.target.startTouchDrag(event.touchPointID, false, Orangutan_DragBounds_2);
54  }
55
56  function Orangutan_TouchEndHandler_2(event:TouchEvent):void
57  {
58      event.target.stopTouchDrag(event.touchPointID);
59  }
60
61  /*Orangutan_3 觸控拖曳事件*/
62  Orangutan_3.addEventListener(TouchEvent.TOUCH_BEGIN, Orangutan_TouchBeginHandler_3);
63  Orangutan_3.addEventListener(TouchEvent.TOUCH_END, Orangutan_TouchEndHandler_3);
64
65  var Orangutan_DragBounds_3:Rectangle = new Rectangle(0, 0, stage.stageWidth, stage.stageHeight);
66
67  function Orangutan_TouchBeginHandler_3(event:TouchEvent):void
68  {
69      event.target.startTouchDrag(event.touchPointID, false, Orangutan_DragBounds_3);
70  }
71
72  function Orangutan_TouchEndHandler_3(event:TouchEvent):void
73  {
74      event.target.stopTouchDrag(event.touchPointID);
75  }
76
77  /*Orangutan_4 觸控拖曳事件*/
78  Orangutan_4.addEventListener(TouchEvent.TOUCH_BEGIN, Orangutan_TouchBeginHandler_4);
79  Orangutan_4.addEventListener(TouchEvent.TOUCH_END, Orangutan_TouchEndHandler_4);
80
81  var Orangutan_DragBounds_4:Rectangle = new Rectangle(0, 0, stage.stageWidth, stage.stageHeight);
82
83  function Orangutan_TouchBeginHandler_4(event:TouchEvent):void
84  {
85      event.target.startTouchDrag(event.touchPointID, false, Orangutan_DragBounds_4);
86  }
87
88  function Orangutan_TouchEndHandler_4(event:TouchEvent):void
89  {
90      event.target.stopTouchDrag(event.touchPointID);
91  }
```

▲ 修改複製後的程式碼

STEP 7 完成各個元件的觸控事件修改後，在測試的結果中顯示，4 個拆解動物元件已具有拖曳的功能。

▲ 4 個拆解動物元件已具有拖曳功能

9-6-2 撰寫點擊時的內容

在每個觸控拖曳事件中，已預設了當我們執行「點擊」與「放開」兩動作時的指令範圍，在這預設的範圍中，我們可針對要執行的動作自行撰寫該判斷程式。要自行撰寫的程式碼位置如下圖所示：

```
/*Orangutan_1 觸控拖曳事件*/
Orangutan_1.addEventListener(TouchEvent.TOUCH_BEGIN, Orangutan_TouchBeginHandler_1);
Orangutan_1.addEventListener(TouchEvent.TOUCH_END, Orangutan_TouchEndHandler_1);

var Orangutan_DragBounds_1:Rectangle = new Rectangle(0, 0, stage.stageWidth, stage.stageHeight);

function Orangutan_TouchBeginHandler_1(event:TouchEvent):void
{
	event.target.startTouchDrag(event.touchPointID, false, Orangutan_DragBounds_1);
}

function Orangutan_TouchEndHandler_1(event:TouchEvent):void
{
	event.target.stopTouchDrag(event.touchPointID);
}
```


▲ 自行撰寫「點擊」與「放開」動作的範圍

首先，筆者會以「Orangutan_1 觸控拖曳事件」作為範例，撰寫當「點擊」到元件時的處理動作。而根據本範例的操作腳本顯示，當我們點擊到動物拆解元件時，該元件會有放大的效果，而放大的尺寸是原先的動物尺寸（100%）。

▲ 拆解動物元件放大後的尺寸

此小節所要説明的內容可開啟「07_ 套用觸控拖曳事件 .fla」檔案來接續學習。

- 範例：光碟 > Example > 04- 觸控拖曳 > 範例檔 > 07_ 套用觸控拖曳事件 .fla

STEP 1 在點擊的 function( ) 函數中，利用「scaleX」與「scaleY」屬性來放大拆解動物元件的尺寸，其放大的數值為 1（100%），其程式碼如下：

```
Orangutan_1.scaleX = 1;
Orangutan_1.scaleY = 1;
```

```
23 Multitouch.inputMode = MultitouchInputMode.TOUCH_POINT;
24
25 /*Orangutan_1 觸控拖曳事件*/
26 Orangutan_1.addEventListener(TouchEvent.TOUCH_BEGIN, Orangutan_TouchBeginHandler_1);
27 Orangutan_1.addEventListener(TouchEvent.TOUCH_END, Orangutan_TouchEndHandler_1);
28
29 var Orangutan_DragBounds_1:Rectangle = new Rectangle(0, 0, stage.stageWidth, stage.stageHeight);
30
31 function Orangutan_TouchBeginHandler_1(event:TouchEvent):void
32 {
33     event.target.startTouchDrag(event.touchPointID, false, Orangutan_DragBounds_1);
34
35     //當滑鼠點擊元件時，元件會恢復原始的尺寸
36     Orangutan_1.scaleX = 1;
37     Orangutan_1.scaleY = 1;
38
39 }
40
```

▲ 放大拆解動物元件的尺寸

TIPS

筆者在素材的設計上，對於拆解的動物與對應區動物的尺寸其在呈現範圍的部分是 1 比 1 的狀態，所以放大的比例才為 100%。

建立各位讀者，若您要依據本範例的模式來自行設計素材時，在素材的尺寸上須特別的注意，否則您會面臨到要反覆調整與測試兩者元件的尺寸大小是否符合。

STEP 2 在剩餘的 3 個拆解動物元件之觸控拖曳事件中的點擊 function( ) 函數中，撰寫放大的指令。此動作我們可先複製 Step1 的兩行程式碼，並各自貼到 3 個元件的點擊事件中，再進行元件名稱的修改即可。

```
23  Multitouch.inputMode = MultitouchInputMode.TOUCH_POINT;
24
25  /*Orangutan_1 觸控拖曳事件*/
26  Orangutan_1.addEventListener(TouchEvent.TOUCH_BEGIN, Orangutan_TouchBeginHandler_1);
27  Orangutan_1.addEventListener(TouchEvent.TOUCH_END, Orangutan_TouchEndHandler_1);
28
29  var Orangutan_DragBounds_1:Rectangle = new Rectangle(0, 0, stage.stageWidth, stage.stageHeight);
30
31  function Orangutan_TouchBeginHandler_1(event:TouchEvent):void
32  {
33      event.target.startTouchDrag(event.touchPointID, false, Orangutan_DragBounds_1);
34
35      //當滑鼠點擊元件時，元件會恢復原始的尺寸
36      Orangutan_1.scaleX = 1;
37      Orangutan_1.scaleY = 1;
38  }
39
40  function Orangutan_TouchEndHandler_1(event:TouchEvent):void
41  {
42      event.target.stopTouchDrag(event.touchPointID);
43  }
44
45  /*Orangutan_2 觸控拖曳事件*/
46  Orangutan_2.addEventListener(TouchEvent.TOUCH_BEGIN, Orangutan_TouchBeginHandler_2);
47  Orangutan_2.addEventListener(TouchEvent.TOUCH_END, Orangutan_TouchEndHandler_2);
48
49  var Orangutan_DragBounds_2:Rectangle = new Rectangle(0, 0, stage.stageWidth, stage.stageHeight);
50
51  function Orangutan_TouchBeginHandler_2(event:TouchEvent):void
52  {
53      event.target.startTouchDrag(event.touchPointID, false, Orangutan_DragBounds_2);
54      Orangutan_2.scaleX = 1;
55      Orangutan_2.scaleY = 1;
56  }
57
58  function Orangutan_TouchEndHandler_2(event:TouchEvent):void
59  {
60      event.target.stopTouchDrag(event.touchPointID);
61  }
62
63  /*Orangutan_3 觸控拖曳事件*/
64  Orangutan_3.addEventListener(TouchEvent.TOUCH_BEGIN, Orangutan_TouchBeginHandler_3);
65  Orangutan_3.addEventListener(TouchEvent.TOUCH_END, Orangutan_TouchEndHandler_3);
66
67  var Orangutan_DragBounds_3:Rectangle = new Rectangle(0, 0, stage.stageWidth, stage.stageHeight);
68
69  function Orangutan_TouchBeginHandler_3(event:TouchEvent):void
70  {
71      event.target.startTouchDrag(event.touchPointID, false, Orangutan_DragBounds_3);
72      Orangutan_3.scaleX = 1;
73      Orangutan_3.scaleY = 1;
74  }
75
76  function Orangutan_TouchEndHandler_3(event:TouchEvent):void
77  {
78      event.target.stopTouchDrag(event.touchPointID);
79  }
80
81  /*Orangutan_4 觸控拖曳事件*/
82  Orangutan_4.addEventListener(TouchEvent.TOUCH_BEGIN, Orangutan_TouchBeginHandler_4);
83  Orangutan_4.addEventListener(TouchEvent.TOUCH_END, Orangutan_TouchEndHandler_4);
84
85  var Orangutan_DragBounds_4:Rectangle = new Rectangle(0, 0, stage.stageWidth, stage.stageHeight);
86
87  function Orangutan_TouchBeginHandler_4(event:TouchEvent):void
88  {
89      event.target.startTouchDrag(event.touchPointID, false, Orangutan_DragBounds_4);
90      Orangutan_4.scaleX = 1;
91      Orangutan_4.scaleY = 1;
92  }
```

▲ 各個拆解動物元件放大效果之程式

9-6-3 撰寫放開時的內容（碰撞偵測）

撰寫好「點擊」時的內容後，再來就要針對放開元件時的動作進行撰寫，在此部分我們會利用「if( )…else…」判斷式來進行，當碰到對與錯的元件時分別會進行什麼樣的處理動作。

STEP 1 以「Orangutan_1 觸控拖曳事件」為例，撰寫「放開」元件時的處理動作。在「放開」的 function( ) 函數中，加入「if( )…else…」判斷式，其判斷式內容如下。

```
if ( )
        {
                程式碼…
        }
else
        {
                程式碼…
        }
```

```
25  /*Orangutan_1 觸控拖曳事件*/
26  Orangutan_1.addEventListener(TouchEvent.TOUCH_BEGIN, Orangutan_TouchBeginHandler_1);
27  Orangutan_1.addEventListener(TouchEvent.TOUCH_END, Orangutan_TouchEndHandler_1);
28
29  var Orangutan_DragBounds_1:Rectangle = new Rectangle(0, 0, stage.stageWidth, stage.s
30
31  function Orangutan_TouchBeginHandler_1(event:TouchEvent):void
32  {
33      event.target.startTouchDrag(event.touchPointID, false, Orangutan_DragBounds_1);
34
35      //當滑鼠點擊元件時，元件會恢復原始的尺寸
36      Orangutan_1.scaleX = 1;
37      Orangutan_1.scaleY = 1;
38  }
39
40  function Orangutan_TouchEndHandler_1(event:TouchEvent):void
41  {
42      event.target.stopTouchDrag(event.touchPointID);
43      if ()
44      {
45
46      }
47      else
48      {
49
50      }
51  }
```

▲ 加入 if( ) 判斷式

STEP 2 在 if( ) 的判斷條件中利用「hitTestObject」來判斷當元件擺放後的正確性（答對與否），而這樣的一個判斷動作是要由我們手動的進行設定，畢竟正確的答案還是由開發者所決定。

因此，正確答案的判斷條件是「當拆解動物元件（Orangutan_1）碰到該內容對應區的正確元件（Orangutan_1_mc）」，其程式碼如下：

```
if (Orangutan_1.hitTestObject(Orangutan_1_mc))
```

TIPS

在內容對應區中的「Orangutan_1_mc」元件為我們的正確答案。

```
40  function Orangutan_TouchEndHandler_1(event:TouchEvent):void
41  {
42      event.target.stopTouchDrag(event.touchPointID);
43      if (Orangutan_1.hitTestObject(Orangutan_1_mc))
44      {
45
46      }
47      else
48      {
49
50      }
51  }
```

拆解元件　　正確位置的元件

▲ 拆解動物元件與正確位置的元件進行碰撞偵測

▲ 拆解動物元件與內容對應區中正確答案的元件樣式

STEP 3 再來，我們所要撰寫的內容為，當是正確答案時的執行內容。正確答案的執行動作是；動物拆解元件之中心點位置與內容對應區中的元件之中心點位置進行重疊。也就是說，拆解動物元件會放在正確答案的位置之上，且會擺放到適當的區域中。

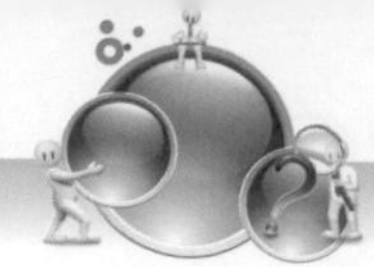

▲ 正確答案時，拆解動物元件會與內容對應區之元件進行重疊

由於兩者元件的尺寸是不相同的，所以我們必須利用程式去計算正確答案的中心點座標位置，並將其座標位置給予拆解的動物元件，使達到重疊效果。舉例來說：若要將某元件的 X 座標對齊舞台的中心點 X 座標時，計算座標的位置方式為「A 元件 .x = Stage.width / 2」，將計算好的舞台寬度除以 2，以得到中間值，並在將中間值給予 A 元件的 X 座標，使 A 元件會移至舞台一半的位置上。

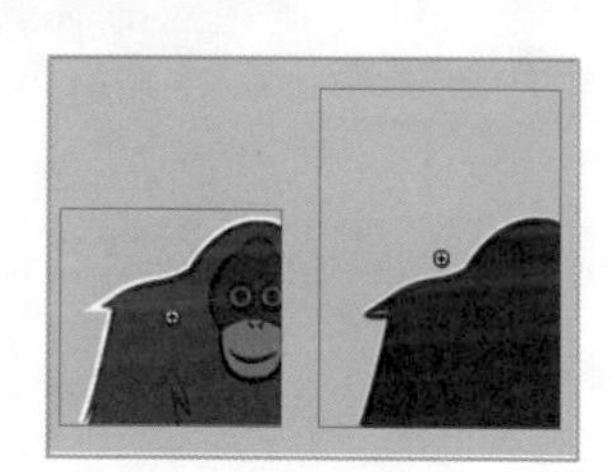

▲ 拆解動物元件與內容感應區中元件的大小

因為拆解動物元件與對應元件的寬度與高度不見得相同，所以若直接將對應元件的 X 與 Y 座標給拆解動物元件的 X 與 Y 座標後，會發生兩者無法重疊的效果，而且這樣的效果並非是理想的。

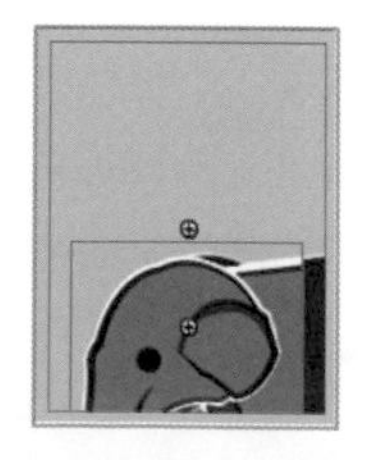

▲ 兩者元件之 X 座標相同結果

所以，遇到上述的情況時（X 座標相同但兩元件無法有效的顯示在理想的位置）。因此，在這樣的情況下其取得中心點座標的方法為：拆解動物元件 .x = 對應元件 .x +（對應元件的寬度（尺寸較大）- 拆解元件的寬度（尺寸較小））/ 2。

TIPS

（對應元件的寬度（尺寸較大）- 拆解元件的寬度（尺寸較小））/ 2 的意義是，取出大元件減去小元件後的寬度，並在除 2 而得一數值，此數值在與大元件的 X 座標進行相加或相減的動作，使其結果可進行靠右對齊或靠左對齊。

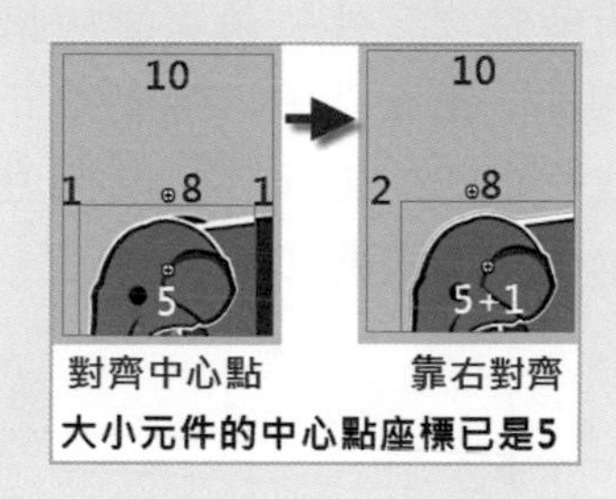

根據上述所介紹的方式，下列會對取得兩元件的 X 與 Y 座標進行說明。

STEP 4 首先，依據兩元件的圖案顯示結果，在 X 座標上我們必須採取靠右對齊的方式，才可使兩元件進行完全的重疊效果，其程式碼如下：

```
Orangutan_1.x = Orangutan_1_mc.x + ( Orangutan_1_mc.width -
Orangutan_1.width) / 2;
```

STEP 5 再來，Y 座標部份我們必須進行靠下對齊，其程式碼如下：

```
Orangutan_1.y = Orangutan_1_mc.y + ( Orangutan_1_mc.height -
Orangutan_1.height) / 2;
```

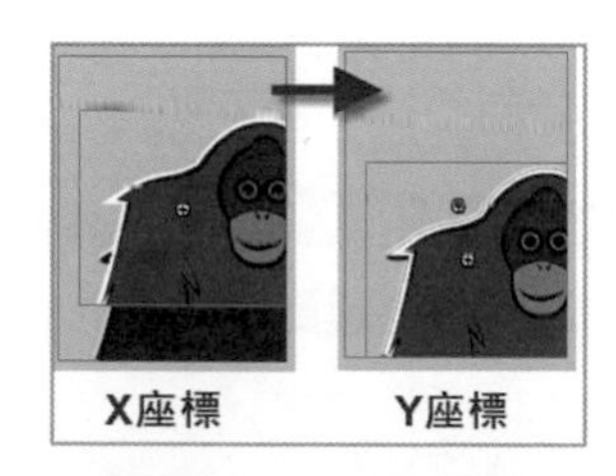

▲ X 座標與 Y 座標的對齊效果

```
40  function Orangutan_TouchEndHandler_1(event:TouchEvent):void
41  {
42      event.target.stopTouchDrag(event.touchPointID);
43      if (Orangutan_1.hitTestObject(Orangutan_1_mc))
44      {
45          //拆解元件.x = 對應元件.x + (對應元件的寬度(尺寸較大) - 拆解元件的寬度(尺寸較小)) / 2
46          Orangutan_1.x = Orangutan_1_mc.x + ( Orangutan_1_mc.width - Orangutan_1.width) / 2;
47
48          //拆解元件.y = 對應元件.y + (對應元件的高度(尺寸較大) - 拆解元件的高度(尺寸較小)) / 2
49          Orangutan_1.y = Orangutan_1_mc.y + ( Orangutan_1_mc.height - Orangutan_1.height) / 2;
50
51      }
52      else
53      {
54
55      }
56  }
```

▲ X 座標與 Y 座標的對齊程式

STEP 6 完成了 **Step4~Step5** 的步驟後，已完成確定答案時的元件位置判斷。再來，我們必須為當拆解動物元件的位置擺放錯誤時，進行相關的處理。根據此範例的操作腳本，錯誤時，拆解動物元件會回到起始的位置並縮小。因此，一開始我們立即定義元件的座標位置，其主要作用就是在這裡。錯誤時，執行動作的程式碼如下：

```
Orangutan_1.x = Orangutan_1X;
Orangutan_1.y = Orangutan_1Y;
Orangutan_1.scaleX = 0.6;
Orangutan_1.scaleY = 0.6;
```

```
39  function Orangutan_TouchEndHandler_1(event:TouchEvent):void
40  {
41      event.target.stopTouchDrag(event.touchPointID);
42      if (Orangutan_1.hitTestObject(Orangutan_1_mc))
43      {
44          Orangutan_1.x = Orangutan_1_mc.x + ( Orangutan_1_mc.width - Orangutan_1.width) / 2;
45          Orangutan_1.y = Orangutan_1_mc.y + ( Orangutan_1_mc.height - Orangutan_1.height) / 2;
46      }
47      else
48      {
49          //自動回復到一開始的X與Y座標
50          Orangutan_1.x = Orangutan_1X;
51          Orangutan_1.y = Orangutan_1Y;
52
53          //元件縮小60 %
54          Orangutan_1.scaleX = 0.6;
55          Orangutan_1.scaleY = 0.6;
56      }
57  }
```

▲ 錯誤時，元件會回到起始位置與縮小

STEP 7 到此，我們已經完成了一個拆解動物元件在執行「點擊」與「放開」時的動作，且在「放開」的動作中，也對答案的正確性進行了相關的判斷。答對的同時，我們還必須去計算答對的題數，在當 4 個拆解動物元件都已擺放到正確的位置後會前往過關的影格。因此，下列會對於計算答對題數的動作進行說明。

9-7 計算答對題數與執行倒數動作

在計算答對題數部分，筆者會採用計算字串的方式進行，也就是說，答對第一題時字串會更改為 A、第二題為 B、第三題為 C、第四題為 D。且過程中會不斷的判斷此四個答案所組合而成的字串是否符合過關字串的需求。當字串完全符合時，會進行倒數的動作，倒數完就會進入過關的畫面。

9-7-1 計算答對題數

STEP 1 一開始，我們必須為 4 個答案進行字串屬性的變數宣告動作，因還未作答，所以預設的答案會以 X 做為顯示。在一開始 stop( ); 的下方撰寫程式，其程式碼如下：

```
var OrangutanString_1:String = "X"; // 第一題
var OrangutanString_2:String = "X"; // 第二題
var OrangutanString_3:String = "X"; // 第三題
var OrangutanString_4:String = "X"; // 第四題
```

```
1  stop();
2  
3  /*判斷每個拆解元件是否擺放到正確的位置上*/
4  var OrangutanString_1:String = "X";
5  var OrangutanString_2:String = "X";
6  var OrangutanString_3:String = "X";
7  var OrangutanString_4:String = "X";
8  
9  /*縮小4個影片片段*/
10 Orangutan_1.scaleX = 0.6;
11 Orangutan_1.scaleY = 0.6;
12 Orangutan_2.scaleX = 0.6;
```

▲ 宣告 4 個答案的字串變數

STEP 2 再來，前往 Orangutan_1 的 if( )…else…判斷式中，加入當執行正確答案與非正確答案時的字串結果（擺放位置的正確性），其相關的程式碼如下：

- 答題正確：

```
OrangutanString_1 = "A";
```

● 答題錯誤：

```
OrangutanString_1 = "X";
```

```
46  {
47      event.target.stopTouchDrag(event.touchPointID);
48      if (Orangutan_1.hitTestObject(Orangutan_1_mc))
49      {
50          Orangutan_1.x = Orangutan_1_mc.x + ( Orangutan_1_mc.width - Orangutan_1.width) / 2;
51          Orangutan_1.y = Orangutan_1_mc.y + ( Orangutan_1_mc.height - Orangutan_1.height) / 2;
52
53          //正確：拆解元件_1的變數更改為A
54          OrangutanString_1 = "A";
55      }
56      else
57      {
58          Orangutan_1.x = Orangutan_1X;
59          Orangutan_1.y = Orangutan_1Y;
60
61          Orangutan_1.scaleX = 0.6;
62          Orangutan_1.scaleY = 0.6;
63
64          //錯誤：拆解元件_1的變數更改為X
65          OrangutanString_1 = "X";
66      }
67  }
68
```

▲ 加入擺放位置正確與錯誤的字串內容

STEP 3 上述的動作好比我們在進行考試時，考卷上已填寫好答案了，再來我們必須去判斷各題中答案的正確性，而這個判斷的動作必須一直不斷的執行，因為我們不知道操作者何時會填寫完答案。所以，我們必須採用進入影格事件來不斷地為 4 個答案進行判斷。

STEP 4 點選「程式碼片段 > 事件處理常式 > 進入影格事件」，將套用到動作面板中的事件名稱進行修改，在 fl_EnterFrameHandler 後面加入或修改成「_Orangutan」。

```
addEventListener(Event.ENTER_FRAME, fl_EnterFrameHandler_Orangutan);
function fl_EnterFrameHandler_Orangutan(event:Event):void
{
    程式碼…
}
```

```
124
125 /* 進入影格事件：判斷字串的正確與否*/
126
127 addEventListener(Event.ENTER_FRAME, fl_EnterFrameHandler_Orangutan);
128 function fl_EnterFrameHandler_Orangutan(event:Event):void
129 {
130
131 }
132
```

▲ 進入影格事件的事件名稱修改

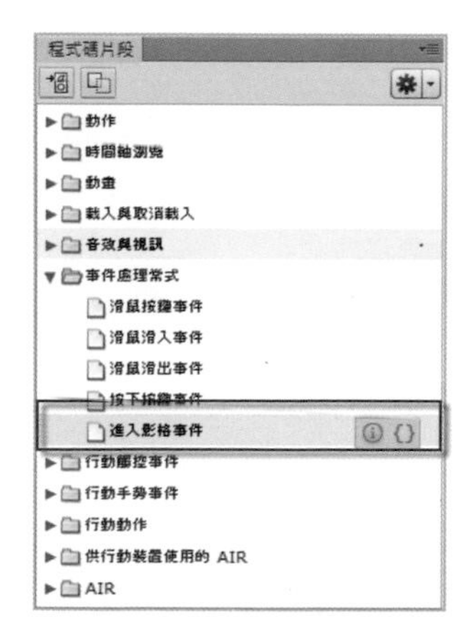

▲ 程式碼片段中的進入影格事件位置

STEP 5 修改完後，利用 if( ) 判斷式來判斷當 4 個變數所加起來的字串是否為「ABCD」，其程式碼如下。

```
if (OrangutanString_1+OrangutanString_2+OrangutanString_3+OrangutanString_4 == "ABCD")
    {
            程式碼…
    }
```

STEP 6 完成正確答案的字串判斷

> **TIPS**
> 判斷正確後的部分程式碼因與下一小節的倒數器內容相關，所以會延到下一小節進行相對應的說明。

9-7-2 倒數器

此倒數器的作用是，當 4 題都答對時，也就是字串的相加結果為 ABCD 時，會執行倒數的動作，倒數 2 秒後會前往過關的影格（pass）。

若未加入倒數動作的內容時，會發生當最後一個拆解動物元件擺放到正確位置的那一刻，就會立即前往過關畫面，而這樣的結果就無法讓操作者明確地得知是否已操作完全。因此，必須利用倒數的方式來緩衝前往過關畫面的時間。

在倒數器程式碼的部分，直接點擊「程式碼片段 > 動作 > 倒數計時器」即可。而修改的部分如下：

STEP 1 將倒數時間修改為 2 秒。

STEP 2 修改所有名稱後的數字，其修改的名稱為「_Orangutan」。

STEP 3 剪下「fl_CountDownTimerInstance_Orangutan.start( );」該段程式。

```
/*倒數計時*/
var fl_SecondsToCountDown_Orangutan:Number = 2;
var fl_CountDownTimerInstance_Orangutan:Timer = new Timer(1000,fl_SecondsToCountDown_Orangutan);
fl_CountDownTimerInstance_Orangutan.addEventListener(TimerEvent.TIMER, fl_CountDownTimerHandler_Orangutan);
fl_CountDownTimerInstance_Orangutan.start();

function fl_CountDownTimerHandler_Orangutan(event:TimerEvent):void
{
    trace(fl_SecondsToCountDown_Orangutan + " 秒");
    fl_SecondsToCountDown_Orangutan--;
    if (fl_SecondsToCountDown_Orangutan == 0)
    {
        //前往過關的影格
        gotoAndStop("pass");
    }
}
```

修改

剪下

▲ 修改程式內容

STEP 4 將剪下的「fl_CountDownTimerInstance_Orangutan.start( );」程式碼，貼到計數答對題數的程式碼中。此部分的程式碼是指「啟動」倒數計時的事件。

```
188  /*不斷偵測 OrangutanNum 是否已經為 4*/
189  addEventListener(Event.ENTER_FRAME, fl_EnterFrameHandler_Orangutan);
190  function fl_EnterFrameHandler_Orangutan(event:Event):void
191  {
192      //當拆解元件的四個字串相加後，若為ABCD，則啟動倒數計時
193      if (OrangutanString_1+OrangutanString_2+OrangutanString_3+OrangutanString_4 == "ABCD")
194      {
195
196          fl_CountDownTimerInstance_Orangutan.start();
197      }
198  }
199
200
201  /*倒數計時*/
202  var fl_SecondsToCountDown_Orangutan:Number = 2;
203  var fl_CountDownTimerInstance_Orangutan:Timer = new Timer(1000,fl_SecondsToCountDown_Orangutan);
204  fl_CountDownTimerInstance_Orangutan.addEventListener(TimerEvent.TIMER, fl_CountDownTimerHandler_Orang
205
206
207  function fl_CountDownTimerHandler_Orangutan(event:TimerEvent):void
208  {
209      trace(fl_SecondsToCountDown_Orangutan + " 秒");
210      fl_SecondsToCountDown_Orangutan--;
211
212  }
```

▲ 將倒數計時的啟動程式碼貼到答對題數的程式中

STEP 5 複製倒數計時器中的監聽事件，使當字串的判斷為正確時，會去執行相同監聽事件的內容與「啟動」倒數計時的這兩個指令，以讓到數計時器開始進行倒數的動作。

```
188  /*不斷偵測 OrangutanNum 是否已經為 4*/
189  addEventListener(Event.ENTER_FRAME, fl_EnterFrameHandler_Orangutan);
190  function fl_EnterFrameHandler_Orangutan(event:Event):void
191  {
192      //當拆解元件的四個字串相加後，若為ABCD，則啟動倒數計時
193      if (OrangutanString_1+OrangutanString_2+OrangutanString_3+OrangutanString_4 == "ABCD")
194      {
195          addEventListener(TimerEvent.TIMER, fl_CountDownTimerHandler_Orangutan);
196          fl_CountDownTimerInstance_Orangutan.start();
197      }
198  }
199
200
201  /*倒數計時*/
202  var fl_SecondsToCountDown_Orangutan:Number = 2;
203  var fl_CountDownTimerInstance_Orangutan:Timer = new Timer(1000,fl_SecondsToCountDown_Orangutan);
204  fl_CountDownTimerInstance_Orangutan.addEventListener(TimerEvent.TIMER, fl_CountDownTimerHandler_Orangu
205
206
207  function fl_CountDownTimerHandler_Orangutan(event:TimerEvent):void
208  {
209      trace(fl_SecondsToCountDown_Orangutan + " 秒");
210      fl_SecondsToCountDown_Orangutan--;
211
212  }
```

貼上

複製

▲ 在答對題數的程式中加入監聽倒數計時的指令

STEP 6 最後，在倒數計時器事件中，利用 if( ) 判斷式來判斷當倒數完 2 秒的時候所要執行的動作，而執行的動作則是前往過關的影格，其程式碼如下：

```
if (fl_SecondsToCountDown_Orangutan == 0)
    {
        gotoAndStop("pass");
    }
```

```
201  /*倒數計時*/
202  var fl_SecondsToCountDown_Orangutan:Number = 2;
203  var fl_CountDownTimerInstance_Orangutan:Timer = new Timer(1000,fl_SecondsToCountDown_Orangutan);
204  fl_CountDownTimerInstance_Orangutan.addEventListener(TimerEvent.TIMER, fl_CountDownTimerHandler_Orangu
205
206
207  function fl_CountDownTimerHandler_Orangutan(event:TimerEvent):void
208  {
209      trace(fl_SecondsToCountDown_Orangutan + " 秒");
210      fl_SecondsToCountDown_Orangutan--;
211      if (fl_SecondsToCountDown_Orangutan == 0)
212      {
213          //前往過關的影格
214          gotoAndStop("pass");
215      }
216
217  }
```

▲ 修改倒數計時的執行動作

9-8 調整剩餘 3 個事件的內容

經由上述的流程，我們已完成基本一個拆解動物元件在拼圖遊戲中的互動與操作內容。再來，各位讀者就可將撰寫好的「Orangutan_1」觸控拖曳事件做為參考（複製）的基準，並套用（貼上）到人猿關卡的「Orangutan_2」、「Orangutan_3」與「Orangutan_4」事件中，套用後記得要修改其參數名稱與對齊的方式。套用與修改後的各事件程式碼如下：

- Orangutan_2 觸控拖曳事件

```
Orangutan_2.addEventListener(TouchEvent.TOUCH_BEGIN,
Orangutan_TouchBeginHandler_2);
Orangutan_2.addEventListener(TouchEvent.TOUCH_END,
Orangutan_TouchEndHandler_2);
var Orangutan_DragBounds_2:Rectangle = new
Rectangle(0,0,stage.stageWidth,stage.stageHeight);
function Orangutan_TouchBeginHandler_2(event:TouchEvent):void
{
      event.target.startTouchDrag(event.touchPointID, false,
Orangutan_DragBounds_2);
      Orangutan_2.scaleX = 1;
      Orangutan_2.scaleY = 1;
}
function Orangutan_TouchEndHandler_2(event:TouchEvent):void
{
      event.target.stopTouchDrag(event.touchPointID);
      if (Orangutan_2.hitTestObject(Orangutan_2_mc))
      {
            Orangutan_2.x = Orangutan_2_mc.x + (
Orangutan_2_mc.width - Orangutan_2.width) / 2;
            Orangutan_2.y = Orangutan_2_mc.y + (
Orangutan_2_mc.height - Orangutan_2.height) / 2;
            OrangutanString_2 = "B";
      }
      else
      {
```

```
            Orangutan_2.x = Orangutan_2X;
            Orangutan_2.y = Orangutan_2Y;
            Orangutan_2.scaleX = 0.6;
            Orangutan_2.scaleY = 0.6;
            OrangutanString_2 = "X";
      }
}
```

- Orangutan_3 觸控拖曳事件

```
Orangutan_3.addEventListener(TouchEvent.TOUCH_BEGIN,
Orangutan_TouchBeginHandler_3);
Orangutan_3.addEventListener(TouchEvent.TOUCH_END,
Orangutan_TouchEndHandler_3);
var Orangutan_DragBounds_3:Rectangle = new
Rectangle(0,0,stage.stageWidth,stage.stageHeight);
function Orangutan_TouchBeginHandler_3(event:TouchEvent):void
{
      event.target.startTouchDrag(event.touchPointID, false,
Orangutan_DragBounds_3);
      Orangutan_3.scaleX = 1;
      Orangutan_3.scaleY = 1;
}
function Orangutan_TouchEndHandler_3(event:TouchEvent):void
{
      event.target.stopTouchDrag(event.touchPointID);
      if (Orangutan_3.hitTestObject(Orangutan_3_mc))
      {
            Orangutan_3.x = Orangutan_3_mc.x - (
Orangutan_3_mc.width - Orangutan_3.width) / 2;
            Orangutan_3.y = Orangutan_3_mc.y - (
Orangutan_3_mc.height - Orangutan_3.height) / 2;
            OrangutanString_3 = "C";
      }
      else
      {
            Orangutan_3.x = Orangutan_3X;
```

```
            Orangutan_3.y = Orangutan_3Y;
            Orangutan_3.scaleX = 0.6;
            Orangutan_3.scaleY = 0.6;
            OrangutanString_3 = "X";
      }
}
```

- Orangutan_4 觸控拖曳事件

```
Orangutan_4.addEventListener(TouchEvent.TOUCH_BEGIN,
Orangutan_TouchBeginHandler_4);
Orangutan_4.addEventListener(TouchEvent.TOUCH_END,
Orangutan_TouchEndHandler_4);
var Orangutan_DragBounds_4:Rectangle = new
Rectangle(0,0,stage.stageWidth,stage.stageHeight);
function Orangutan_TouchBeginHandler_4(event:TouchEvent):void
{
      event.target.startTouchDrag(event.touchPointID, false,
Orangutan_DragBounds_4);
      Orangutan_4.scaleX = 1;
      Orangutan_4.scaleY = 1;
}
function Orangutan_TouchEndHandler_4(event:TouchEvent):void
{
      event.target.stopTouchDrag(event.touchPointID);
      if (Orangutan_4.hitTestObject(Orangutan_4_mc))
      {
            Orangutan_4.x = Orangutan_4_mc.x - (
Orangutan_4_mc.width - Orangutan_4.width) / 2;
            Orangutan_4.y = Orangutan_4_mc.y - (
Orangutan_4_mc.height - Orangutan_4.height) / 2;
            OrangutanString_4 = "D";
      }
      else
      {
            Orangutan_4.x = Orangutan_4X;
            Orangutan_4.y = Orangutan_4Y;
```

```
            Orangutan_4.scaleX = 0.6;
            Orangutan_4.scaleY = 0.6;
            OrangutanString_4 = "X";
        }
}
```

當中要特別注意的是，每個拆解動物元件對應到正確位置的對應方式是不相同的，舉例說，有的必須執行靠左與靠上對齊；有的是要執行靠右與靠下對齊，所以這部份的對齊方式必須特別注意，筆者將 4 個拆解動物元件的對齊方式列表如下：

元件	對其方式	程式碼
Orangutan_1	靠右與靠下	X 座標： Orangutan_1.x = Orangutan_1_mc.x + (Orangutan_1_mc.width - Orangutan_1.width) / 2; Y 座標： Orangutan_1.y = Orangutan_1_mc.y + (Orangutan_1_mc.height - Orangutan_1.height) / 2;
Orangutan_2	靠左與靠下	X 座標： Orangutan_2.x = Orangutan_2_mc.x + (Orangutan_2_mc.width - Orangutan_2.width) / 2; Y 座標： Orangutan_2.y = Orangutan_2_mc.y + (Orangutan_2_mc.height - Orangutan_2.height) / 2;

元件	對其方式	程式碼
Orangutan_3	靠右與靠上	X 座標： Orangutan_3.x = Orangutan_3_mc.x - (Orangutan_3_mc.width - Orangutan_3.width) / 2; Y 座標： Orangutan_3.y = Orangutan_3_mc.y - (Orangutan_3_mc.height - Orangutan_3.height) / 2;
Orangutan_4	靠左與靠上	X 座標： Orangutan_4.x = Orangutan_4_mc.x - (Orangutan_4_mc.width - Orangutan_4.width) / 2; Y 座標： Orangutan_4.y = Orangutan_4_mc.y - (Orangutan_4_mc.height - Orangutan_4.height) / 2;

9-9 調整其他關卡的程式碼方式

經過 9.5~9.8 小節的內容，已完成第一關人猿的程式設計。而剩餘的七個關卡其實跟第一關的執行方式是完全相同的，只差別在，拆解動物元件名稱與內容感應的對應位置不同而已。因此，我們可複製第一關人猿的所有程式碼，而貼到剩餘的七個關卡中，修改時要注意的部分有下列兩點：

1. 可利用複製與取代的方式來修改「Orangutan」的所有詞彙。

2. 修改拆解動物元件與內容感應區的對齊方式。

9-9-1 修改每個關卡的「Orangutan」詞彙

STEP 1 複製人猿關卡的所有程式碼，並貼到其他關卡的程式碼中。

STEP 2 首先，反白亞洲象程式碼中的「Orangutan」詞彙，再開啟「尋找和取代面板」(Ctrl + F)，並在取代為 (w) 欄位中輸入「AsianElephant」一詞後，點選「全部取代」。正常情況下會找到並取代 162 個項目。

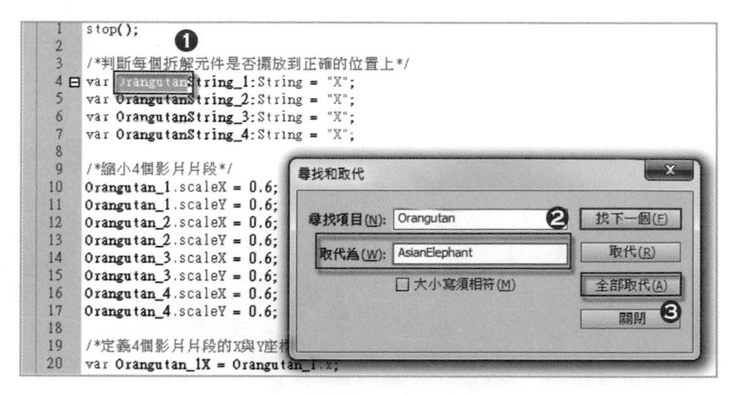

▲ 取代亞洲象程式碼中的「Orangutan」詞彙

▲ 取代「Orangutan」詞彙的數目

STEP 3 重複 Step1~Step2 的動作，依序將人猿關卡的程式碼貼到其他單元中，並依照關卡的動物名稱而進行「Orangutan」詞彙的取代即可。各關卡中取代的詞彙如下表：

關卡	取代詞彙
亞洲象	AsianElephant
孟加拉虎	BengalTiger
花豹	Leopard
長臂猿	Gibbon
馬來長吻鱷	Tomistoma
馬來熊	Sunbear
馬來貘	MalayanTapir

9-9-2 各關卡的元件對齊方式

最後，也是最重要的修改內容是，因為每個關卡的拆解元件的排列順序與內容感應區的對應方式不一樣，所以我們必須進一步的調整拆解動物元件對應到的中心點座標，如人猿的元件位置就是上下各兩個、長臂猿只單為直向、馬來長吻鱷則只有橫向。

▲ 三種拼圖效果

因此，筆者將各關卡在對齊中心的程式碼以表格的方式列出，各位讀者可參考此表格的程式進行修改，其對齊的基本概念還是如同 9-6-3 小節中的「中心點座標對應」相同。

關卡	座標	程式碼
亞洲象	X 座標	AsianElephant_4.x = AsianElephant_4_mc.x - (AsianElephant_4_mc.width - AsianElephant_4.width) / 2;
	Y 座標	AsianElephant_4.y = AsianElephant_4_mc.y - (AsianElephant_4_mc.height - AsianElephant_4.height) / 2;
孟加拉虎	X 座標	BengalTiger_4.x = BengalTiger_1_mc.x + (BengalTiger_1_mc.width - BengalTiger_4.width) / 2;
	Y 座標	BengalTiger_4.y = BengalTiger_1_mc.y + (BengalTiger_1_mc.height - BengalTiger_4.height) / 2;
花豹	X 座標	Leopard_4.x = Leopard_2_mc.x + (Leopard_2_mc.width - Leopard_4.width) / 2;
	Y 座標	Leopard_4.y = Leopard_2_mc.y + (Leopard_2_mc.height - Leopard_4.height) / 2;

關卡	座標	程式碼
長臂猿	X 座標	Gibbon_4.x = Gibbon_3_mc.x + (Gibbon_3_mc.width - Gibbon_4.width)/2;
	Y 座標	Gibbon_4.y = Gibbon_3_mc.y - (Gibbon_3_mc.height - Gibbon_4.height) / 2;
馬來長吻鱷	X 座標	Tomistoma_4.x = Tomistoma_1_mc.x + (Tomistoma_1_mc.width - Tomistoma_4.width) / 2;
	Y 座標	Tomistoma_4.y = Tomistoma_1_mc.y;
馬來熊	X 座標	Sunbear_4.x = Sunbear_3_mc.x - (Sunbear_3_mc.width - Sunbear_4.width) / 2;
	Y 座標	Sunbear_4.y = Sunbear_3_mc.y - (Sunbear_3_mc.height - Sunbear_4.height) / 2;
馬來貘	X 座標	MalayanTapir_4.x = MalayanTapir_3_mc.x - (MalayanTapir_3_mc.width - MalayanTapir_4.width) / 2;
	Y 座標	MalayanTapir_4.y = MalayanTapir_3_mc.y - (MalayanTapir_3_mc.height - MalayanTapir_4.height) / 2;

由於我們是複製人猿關卡的程式碼進行修改，所以人猿關卡的中心點座標資料不列入表格中

範例完成。

實作題

1. 新增一個 AIR for iOS 文件（舞台尺寸：1024 X 768），並在舞台繪製 A 與 B 兩個元件，且利用程式碼片段中的「觸控拖曳事件」來使兩元件都具有拖曳功能。

2. 接續上述的成果，新增「碰撞偵測」功能。當 A 元件碰觸到 B 元件時，在文字框中會顯示「Yes，我碰撞到了」。

3. 利用本單元提供的範例與教學，嘗試進行製作其他可強調「觸碰拖曳」效果的數位內容作品。

CHAPTER 10

圖解情境學習

不管是遊戲或是學習的 App，多數都會有關卡儲存的機制，藉由這種儲存的機制來控制或增添 App 內容的新鮮感或學習進度控制。因此，本範例則以認識動物為例，並以動物園作為學習的背景，當認識完動物後，還可前往學習卡進行複習的動作，藉由這樣的方式來建造出一種圖解情境學習的意境。

而在學習卡的部分，一開始是鎖住的（不可操作），必須認識完每個關卡中的動物後才會開啟學習卡，因而進行複習的動作。

教學目標

- 觸控指令中輕點事件的使用
- 儲存功能的開發

10-1 事前觀念

本範例會以圖解情境學習作為學習的概念，而在操作上會以「輕點事件」作為操作該 App 的主要方式。在內容部分會利用輕點功能來進行畫面的切換，以達到可瀏覽不同類型作品之效果。

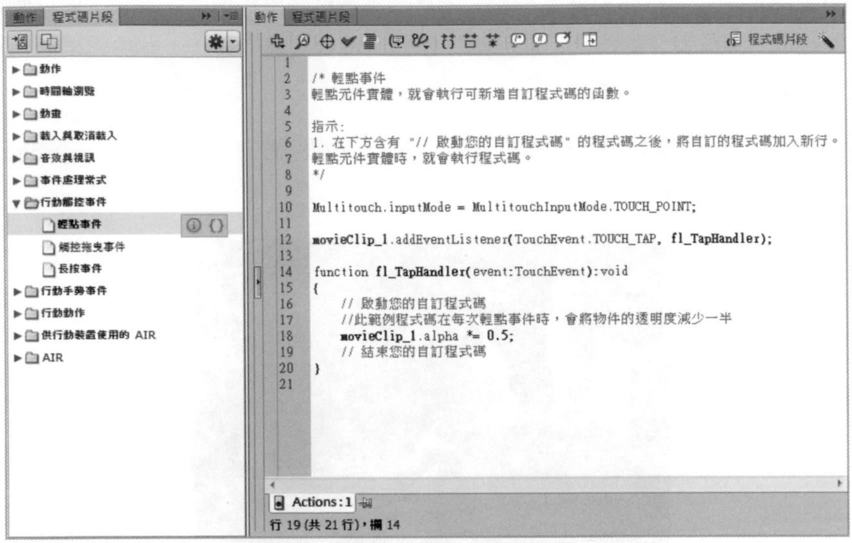

動作　程式碼片段

- 動作
- 時間軸瀏覽
- 動畫
- 載入與取消載入
- 音效與視訊
- 事件處理常式
- 行動觸控事件
  - 輕點事件
  - 觸控拖曳事件
  - 長按事件
- 行動手勢事件
- 行動動作
- 供行動裝置使用的 AIR
- AIR

```
1
2  /* 輕點事件
3  輕點元件實體，就會執行可新增自訂程式碼的函數。
4
5  指示:
6  1. 在下方含有 "// 啟動您的自訂程式碼" 的程式碼之後，將自訂的程式碼加入新行。
7  輕點元件實體時，就會執行程式碼。
8  */
9
10 Multitouch.inputMode = MultitouchInputMode.TOUCH_POINT;
11
12 movieClip_1.addEventListener(TouchEvent.TOUCH_TAP, fl_TapHandler);
13
14 function fl_TapHandler(event:TouchEvent):void
15 {
16     // 啟動您的自訂程式碼
17     //此範例程式碼在每次輕點事件時，會將物件的透明度減少一半
18     movieClip_1.alpha *= 0.5;
19     // 結束您的自訂程式碼
20 }
21
```

Actions : 1

行 19 (共 21 行)，欄 14

▲ 套用「輕點事件」程式

另外，在本範例中，對於素材轉換成元件、製作元件的畫或是聲音的設定等方式，都可參考前面章節中所介紹的做法，原則上作法都一樣，只差所在製作的素材不同而已。因此筆者在此會以程式開發介紹為主，而元件的製作或舞台排版等部分就不在加以介紹。

10-2 影格與元件命名

10-2-1 設定影格名稱

STEP 1 開啟「3_ 影格命名 .fla」進行練習。在「課後學習 _ 非洲」圖層上方新增一圖層，其名稱為「Actions」。

範例：光碟 > Example > 04- 圖解情境學習 > 範例檔 > 3_ 影格命名 .fla

STEP 2 將影格 1~9 的 9 個影格全部轉換成「空白關鍵影格」。

STEP 3 將 9 個影格進行命名的動作，其名稱如下：

- 影格 1（封面）：Home
- 影格 2（選單）：Menu
- 影格 3（內容 - 亞洲熱帶雨林區）：AsiaMenu
- 影格 4（內容 - 兒童動物區）：ChildMenu
- 影格 5（內容 - 非洲動物區）：AfricaMenu
- 影格 6（學習卡選單）：LearningCard
- 影格 7（學習卡 - 亞洲熱帶雨林區）：LearningCard_Asia
- 影格 8（學習卡 - 馬兒童動物區）：LearningCard_Child
- 影格 9（學習卡 - 非洲動物區）：LearningCard_Africa

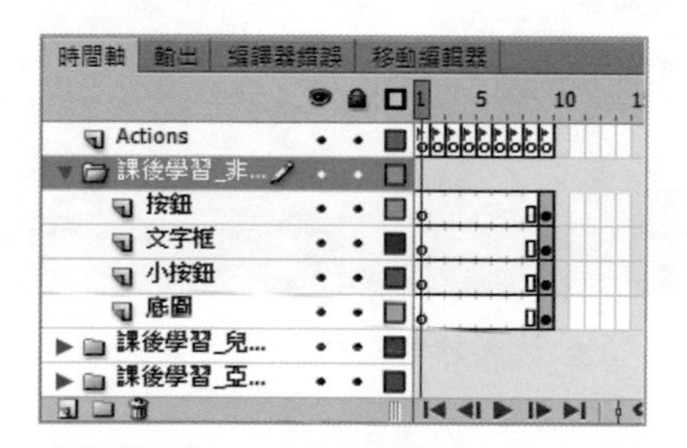

▲ 影格命名

10-2-2 設定元件名稱

各影格中的素材皆已轉換成元件，或已製作成具有動畫效果的影片片段。下列將為各個影格中的元件進行命名的動作。

舞台畫面移到「Menu」(影格 2)。開始將每個畫面中的各個元件進行命名。

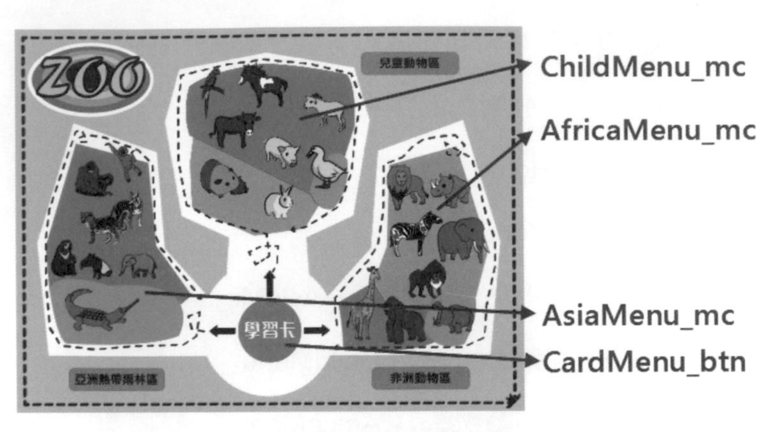

▲ 選單頁面的元件名稱

▲ 亞洲熱帶雨林區的元件名稱

▲ 兒童動物區的元件名稱

▲ 非洲動物區的元件名稱

▲ 學習卡選單的元件名稱

▲ 學習卡 - 亞洲熱帶雨林區的元件名稱

▲ 學習卡 - 兒童動物區的元件名稱

▲ 學習卡 - 非洲動物區的元件名稱

10-2-3 學習卡內容中元件的影格名稱

亞洲熱帶雨林區之 AsiaAnimal_mc 元件中的影格名稱

- 影格 1：Ape
- 影格 2：AsianElephant

- 影格 3：BengalTiger
- 影格 4：Leopard
- 影格 5：Gibbon
- 影格 6：FalseGharial
- 影格 7：Sunbear
- 影格 8：MalayanTapir

▲ AsiaAnimal_mc 元件中的影格名稱

兒童動物區之 ChildAnimal_mc 元件中的影格名稱

- 影格 1：Goat
- 影格 2：GuineaPig
- 影格 3：Rabbits
- 影格 4：Duck
- 影格 5：Horse
- 影格 6：Cattle

- 影格 7：Pig
- 影格 8：Parrot

▲ ChildAnimal_mc 元件中的影格名稱

非洲動物區之 AfricaAnimal_mc 元件中的影格名稱

- 影格 1：Hippo
- 影格 2：Baboon
- 影格 3：Gorilla
- 影格 4：Giraffe
- 影格 5：AfricanElephant
- 影格 6：Zebra
- 影格 7：Rhinoceros
- 影格 8：Lion

▲ AfricaAnimal_mc 元件中的影格名稱

10-3 | 封面倒數

在封面的部份，我們會利用程式碼片段中的「倒數計時器」來使封面停留 3 秒後才會進入到選單的頁面。

STEP 1 將舞台畫面移到影格 1。

STEP 2 選取「程式碼片段 > 動作 > 倒數計時器」。此時，我們可看見在影格 1 的 Actions 圖層中已加入倒數計時器的程式碼。

STEP 3 此時，在影格 1 的 Actions 圖層中開啟動作面板（F9），並輸入「stop( );」指令，以讓一開始畫面會停在影格 1 來進行倒數的動作。

STEP 4 此程式碼片段的預設時間為「10」秒，而我們的需求是，倒數 3 秒後就會進入選單的頁面，所以將「var fl_SecondsToCountDown:Number = 10;」中的「10」修改為「3」。

STEP 5 再來，等倒數 3 秒後，會前往選單（影格 2）的頁面，所以我們須將 function 函數中的執行動作進行修改，修改程式部分主要是當倒數的秒數為 0 的時候，會前往選單的影格。其修改的程式如下：

```
fl_SecondsToCountDown--;
if (fl_SecondsToCountDown == 0)
{
        gotoAndStop("Menu");
}
```

```
stop();
/* 倒數計時器*/

var fl_SecondsToCountDown:Number = 3;

var fl_CountDownTimerInstance:Timer = new Timer(1000,fl_SecondsToCountDown);
fl_CountDownTimerInstance.addEventListener(TimerEvent.TIMER, fl_CountDownTimerHandler);
fl_CountDownTimerInstance.start();

function fl_CountDownTimerHandler(event:TimerEvent):void
{
    fl_SecondsToCountDown--;
    if (fl_SecondsToCountDown == 0)
    {
        gotoAndStop("Menu");
    }
}
```

▲ 修改倒數計時的完整程式碼

STEP 6 完成封面的倒數程式撰寫。

10-4 選單頁面開發

STEP 1 在選單頁面中，選取「學習卡」圖示的狀態下，執行「程式碼片段 > 行動觸控事件 > 輕點事件」，以讓人猿圖示套用「輕點事件」的程式碼。

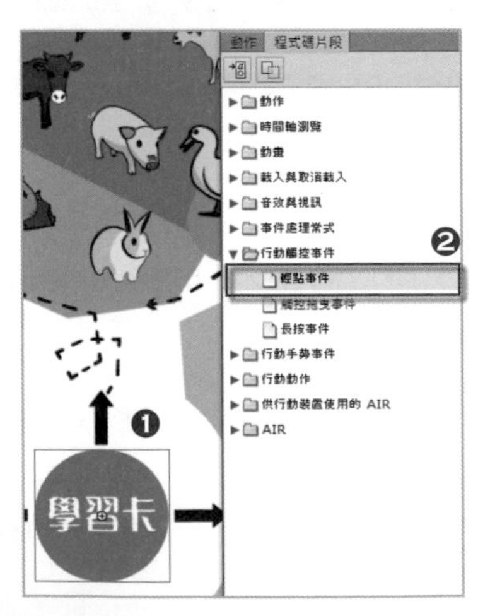

▲ 將「輕點事件」程式碼套用於學習卡圖示

STEP 2 修改剛所套用輕點事件程式碼中的事件名稱，將事件的名稱修改為「goLearningCard」。

STEP 3 將學習卡事件的執行動作修改為「gotoAndStop("LearningCard");」，以讓點選此按鈕時可前往學習卡的選單。

STEP 4 重複 Step1~Step3 的動作，依序為剩餘的 3 個動物園區圖示，加入輕點事件並修改其事件名稱。另外也可先複製已撰寫完成的學習卡程式碼，並貼上 3 次，再來修改程式當中的元件名稱、事件名稱、前往的影格。其完整的程式碼如下：

```
stop();
Multitouch.inputMode = MultitouchInputMode.TOUCH_POINT;
/* 亞洲熱帶 */
AsiaMenu_mc.addEventListener(TouchEvent.TOUCH_TAP, goAsiaMenu);
function goAsiaMenu(event:TouchEvent):void
{
      gotoAndStop("AsiaMenu");
}
/* 兒童動物 */
ChildMenu_mc.addEventListener(TouchEvent.TOUCH_TAP, goChildMenu);
function goChildMenu(event:TouchEvent):void
{
      gotoAndStop("ChildMenu");
}
/* 非洲熱帶 */
AfricaMenu_mc.addEventListener(TouchEvent.TOUCH_TAP, goAfricaMenu);
function goAfricaMenu(event:TouchEvent):void
{
      gotoAndStop("AfricaMenu");
}
/* 學習卡 */
CardMenu_btn.addEventListener(TouchEvent.TOUCH_TAP, goLearningCard);

function goLearningCard(event:TouchEvent):void
{
      gotoAndStop("LearningCard");
}
```

STEP 5 完成選單頁面中 3 個動物選區與 1 個學習卡的程式撰寫。

10-5 學習內容 - 提示開發

提示開發元件主要是顯示於在當開始執行學習內容時，用來提醒各位學習者要如何操作內容，而當學習完畢後則會提示過關的內容。提示元件對於學習內容的作用如下表：

影格數	影格名稱	作用
影格 1	GoAnimal	顯示操作遊戲的說明
影格 2	SpacAnimal	完全空白（在進行學習時等同於隱藏了該元件）
影格 3	OverAnimal	倒數 2 秒，用於當學習內容學習完後的一個緩衝時間
影格 4		顯示過關的說明

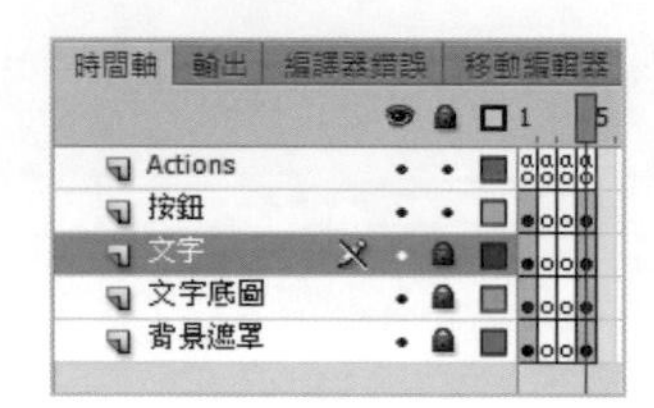

▲ 提示開發元件的圖層

提示元件的作用流程為，會先顯示操作遊戲的說明規則，按下「開始」按鈕後，會前往影格 2（空白內容），等到當學習內容學習完後，在過關條件中會讓提示元件前往影格 3（倒數計時），等待影格 3 倒數完畢後會自動前往影格 4（過關說明）。

因此，對於提示元件的素材製作部分筆者在此就不再多加以介紹。主要說明的部分為各影格的程式內容：

- 影格 1：

STEP 1 進入「提示效果」影片片段的編輯模式。在影格 1 中，選取「開始」按鈕的狀態下，執行「程式碼片段 > 行動觸控事件 > 輕點事件」，讓開始按鈕元件可套用「輕點事件」的程式碼。

STEP 2 加入「stop();」指令、修改事件名稱與執行動作。其完整程式碼如下：

```
stop();
/* 點擊開始按鈕 */
Multitouch.inputMode = MultitouchInputMode.TOUCH_POINT;
GoAnimal_btn.addEventListener(TouchEvent.TOUCH_TAP, GoAnimal_Frame);
function GoAnimal_Frame(event:TouchEvent):void
{
	gotoAndStop("SpacAnimal"); // 前往 SpacAnimal 影格 ( 影格 2)
}
```

- 影格 2：

在影格 2 中是沒有任何的元件，但為了在進行學習時不會影響到學習本身的效果，因此提示元件必須要暫時隱藏（空白），所以在影格 2 中必須進行停止的動作。其輸入的程式如下：

```
stop();
```

- 影格 3：

影格 3 的作用為當認識完內容中的八種動物後，不會立即顯示過關頁面，所以利用程式碼片段中的「倒數計時器」事件來進行緩衝的效果，套用後要修改的地方為「倒數時間」與「倒數完畢後執行動作」。其輸入的程式如下：

```
stop();
/* 倒數計時器 */
var fl_SecondsToCountDown_6:Number = 2;
var fl_CountDownTimerInstance:Timer = new Timer(1000,fl_SecondsToCountDown);
fl_CountDownTimerInstance.addEventListener(TimerEvent.TIMER,
fl_CountDownTimerHandler);
fl_CountDownTimerInstance.start();
function fl_CountDownTimerHandler(event:TimerEvent):void
{
	fl_SecondsToCountDown--;
	if (fl_SecondsToCountDown == 0)
	{
```

```
            nextFrame();
        }
}
```

● 影格 4：

當影格 3 倒數完畢後，會前往影格 4，以顯示過關的畫面，並讓學習者可回到園區來選擇下一步的學習動作。其輸入的程式如下：

STEP 1 選取「回園區」按鈕的狀態下，執行「程式碼片段 > 行動觸控事件 > 輕點事件」，讓開始按鈕元件可套用「輕點事件」的程式碼。

STEP 2 加入「stop();」指令、修改事件名稱與執行動作。其完整程式碼如下：

```
stop();
/* 點擊回園區按鈕 */
Multitouch.inputMode = MultitouchInputMode.TOUCH_POINT;
OverAnimal_btn.addEventListener(TouchEvent.TOUCH_TAP, OverAnimal_Frame);
function OverAnimal_Frame(event:TouchEvent):void
{
    MovieClip(root).gotoAndStop("Menu"); // 回到主舞台的 Menu 選單
}
```

10-6 學習內容

在每關的學習內容部分，每關皆有八種不同動物，必須一一的進行學習後（觸控），才使得完成學習的動作。因此，觸控了每隻動物後，要如何判斷是否已達到過關標準，以及儲存過關狀態都是本節所會提到的內容。

10-6-1 學習內容 - 亞洲熱帶雨林區

STEP 1 宣告八個動物的變數，其變數所儲存的數值是用來判斷是否已觸控（執行）過動物。

```
Stop();
/* 人猿參數 */
var Orangutan:Number = 0;
/* 亞洲象 */
var AsianElephant:Number = 0;
/* 孟加拉虎 */
var BengalTiger:Number = 0;
/* 花豹參數 */
var Leopard:Number = 0;
/* 長臂猿參數 */
var Gibbon:Number = 0;
/* 馬來長吻鱷參數 */
var Tomistoma:Number = 0;
/* 馬來熊參數 */
var Sunbear:Number = 0;
/* 馬來貘參數 */
var MalayanTapir:Number = 0;
```

STEP 2 另外，在宣告一個變數，此變數是用來判斷畫面中的八種動物是否都已學習過。

```
var AsiaNumber:Number = 0;
```

STEP 3 選取人猿元件，並套用「輕點事件」，且修改事件的名稱，並執行人猿元件的動作，其程式碼如下：

```
Multitouch.inputMode = MultitouchInputMode.TOUCH_POINT;
Ape_mc.addEventListener(TouchEvent.TOUCH_TAP, AsiaApe);
function AsiaApe(event:TouchEvent):void
{
    Ape_mc.gotoAndPlay(2);
}
```

STEP 4 在人猿的 function 函數中，除了播放人猿元件的動畫內容外，還必須用 if ( ) 判斷式來判斷第一次執行與執行兩次以上時的變數變化，其程式碼如下：

```
if (Orangutan == 0) // 預設的人猿變數為 1
    {
        Orangutan++; // 人猿變數 +1
        AsiaNumber++; // 動物總數量 +1
    }
    else
    {
        Orangutan = 1; // 人猿變數 +1
    }
```

假設，未加入 **else** 判斷式的情況下而不斷重複執行人猿元件時，只要執行 8 次人猿的元件後，就會達成過關的條件，因為「動物總數量」會不斷的累加。

因此當第一次執行人猿元件時，除了動物總數量會進行加 1 的動作外，人猿的變數也會進行加 1，表示已執行過。此時，在第二次執行人猿元件時，就會跑到 **else** 的判斷式中，並命令人猿變數為 1，如此一來，不管執行人猿元件多少次，其動物總數量的變數就不會有累加的效果，同時還可反覆不斷去執行人猿的動作。

STEP 5 重複 **Step2~Step3** 的動作，完成剩餘的七個動物，其八個動物的完整程式碼如下：

```
/* 人猿 */
Ape_mc.addEventListener(TouchEvent.TOUCH_TAP, AsiaApe);
function AsiaApe(event:TouchEvent):void
{
    Ape_mc.gotoAndPlay(2);
    if (Orangutan == 0)
    {
        Orangutan++;
        AsiaNumber++;
    }
    else
    {
        Orangutan = 1;
    }
}
```

```
/* 花豹 */
Leopard_mc.addEventListener(TouchEvent.TOUCH_TAP, AsiaLeopard);
function AsiaLeopard(event:TouchEvent):void
{
	Leopard_mc.gotoAndPlay(2);
	if (Leopard == 0)
	{
		Leopard++;
		AsiaNumber++;
	}
	else
	{
		Leopard = 1;
	}
}
/* 亞洲象 */
AsianElephant_mc.addEventListener(TouchEvent.TOUCH_TAP, AsiaAsianElephant);
function AsiaAsianElephant(event:TouchEvent):void
{
	AsianElephant_mc.gotoAndPlay(2);
	if (AsianElephant == 0)
	{
		AsianElephant++;
		AsiaNumber++;
	}
	else
	{
		AsianElephant = 1;
	}
}
/* 孟加拉虎 */
BengalTiger_mc.addEventListener(TouchEvent.TOUCH_TAP, AsiaBengalTiger);
function AsiaBengalTiger(event:TouchEvent):void
{
	BengalTiger_mc.gotoAndPlay(2);
	if (BengalTiger == 0)
```

```
        {
                BengalTiger++;
                AsiaNumber++;
        }
        else
        {
                BengalTiger = 1;
        }
}
/* 長臂猿 */
Gibbon_mc.addEventListener(TouchEvent.TOUCH_TAP, AsiaGibbon);
function AsiaGibbon(event:TouchEvent):void
{
        Gibbon_mc.gotoAndPlay(2);
        if (Gibbon == 0)
        {
                Gibbon++;
                AsiaNumber++;
        }
        else
        {
                Gibbon = 1;
        }
}
/* 馬來長吻鱷 */
FalseGharial_mc.addEventListener(TouchEvent.TOUCH_TAP, AsiaFalseGharial);
function AsiaFalseGharial(event:TouchEvent):void
{
        FalseGharial_mc.gotoAndPlay(2);
        if (Tomistoma == 0)
        {
                Tomistoma++;
                AsiaNumber++;
        }
        else
        {
```

```
            Tomistoma = 1;
        }
}
/* 馬來熊 */
Sunbear_mc.addEventListener(TouchEvent.TOUCH_TAP, AsiaSunbear);
function AsiaSunbear(event:TouchEvent):void
{
        Sunbear_mc.gotoAndPlay(2);
        if (Sunbear == 0)
        {
            Sunbear++;
            AsiaNumber++;
        }
        else
        {
            Sunbear = 1;
        }
}
/* 馬來貘 */
MalayanTapir_mc.addEventListener(TouchEvent.TOUCH_TAP, AsiaMalayanTapir);
function AsiaMalayanTapir(event:TouchEvent):void
{
        MalayanTapir_mc.gotoAndPlay(2);
        if (MalayanTapir == 0)
        {
            MalayanTapir++;
            AsiaNumber++;
        }
        else
        {
            MalayanTapir = 1;
        }
```

STEP 6 再來，程式必須要不斷的進行過關條件的判斷，也就是說，進入影格後，要一直偵測是否已完成八種動物的學習。而這樣不斷進行判斷的動作可採用程式碼片段中的「進入影格事件」來完成，套用後將事件名稱修改為「**AsiaNumber_Frame**」。其程式碼如下：

```
addEventListener(Event.ENTER_FRAME, AsiaNumber_Frame);
function AsiaNumber_Frame(event:Event):void
{
    if (AsiaNumber == 8)
    {
        AsiaPrompt_mc.gotoAndStop("OverAnimal");
        AsiaNumber = 0;
    }

}
```

當已達到過關條件（八種動物已執行過）時，會播放過關的提示視窗以及將動物總數量的變數修改為 0。

提示視窗元件中具有兩種內容，一為一開始的操作提示；二為過關後的提示內容。

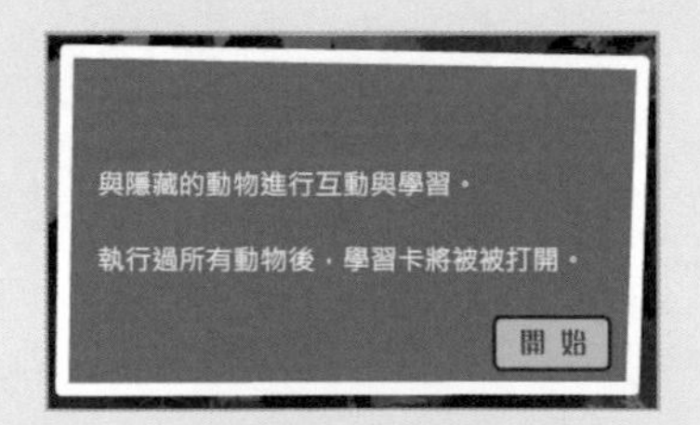

▲ 提示視窗元件的開始畫面

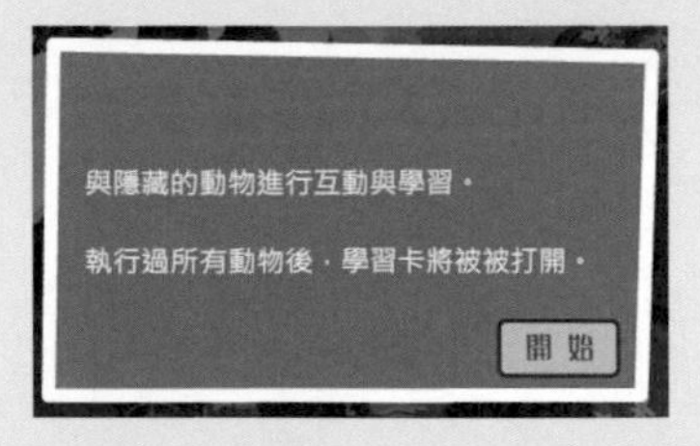

▲ 提示視窗元件的過關畫面

STEP 7 選取「回園區」按鈕元件，並套用「輕點事件」，且修改事件的名稱，並執行回園區按鈕的動作，其程式碼如下：

```
AsiaBackMenu_btn.addEventListener(TouchEvent.TOUCH_TAP, AsiaBackMenu);
function AsiaBackMenu(event:TouchEvent):void
{
     gotoAndStop("Menu");
}
```

STEP 8 完成學習內容 - 亞洲熱帶雨林區的開發。

此學習內容在完成過關條件後，會將過關後的條件進行儲存的動作，此時學習卡選單中的「亞洲熱帶雨林區」卡片會由鎖定狀態改為「解鎖」狀態，之後才可進行該內容的進一步學習。儲存機制的部分會於下一節中進行介紹。

10-6-2 學習內容 - 兒童動物區

在兒童動物區的製作方式與 10-6-1 小節方式相同，其完整程式碼如下：

```
stop();
/* 山羊參數 */
var Goat:Number = 0;
/* 天竺鼠 */
var GuineaPig:Number = 0;
/* 兔 */
var Rabbits:Number = 0;
/* 鴨 */
var Duck:Number = 0;
/* 迷你馬 */
var Horse:Number = 0;
/* 黃牛 */
var Cattle:Number = 0;
/* 豬 */
var Pig:Number = 0;
/* 鸚鵡 */
var Parrot:Number = 0;
/* 數量加總 */
var ChildNumber:Number = 0;
/* 進入影格事件，會不斷的執行與判斷下列函數 */
addEventListener(Event.ENTER_FRAME, ChildNumber_Frame);
```

```
function ChildNumber_Frame(event:Event):void
{
	if (ChildNumber == 8)
	{
		AsiaPrompt_mc.gotoAndStop("OverAnimal");
		ChildNumber = 0;
	}
}
Multitouch.inputMode = MultitouchInputMode.TOUCH_POINT;
/* 回園區 */
ChildBackMenu_btn.addEventListener(TouchEvent.TOUCH_TAP, fl_TapHandler_3);
function fl_TapHandler_3(event:TouchEvent):void
{
	gotoAndStop("Menu");
}
/* 山羊 */
Goat_mc.addEventListener(TouchEvent.TOUCH_TAP, ChildGoat);
function ChildGoat(event:TouchEvent):void
{
	Goat_mc.gotoAndPlay(2);
	if (Goat == 0)
	{
		Goat++;
		ChildNumber++;
	}
	else
	{
		Goat = 1;
	}
}
/* 天竺鼠 */
GuineaPig_mc.addEventListener(TouchEvent.TOUCH_TAP, ChildGuineaPig);
function ChildGuineaPig(event:TouchEvent):void
{
	GuineaPig_mc.gotoAndPlay(2);
	if (GuineaPig == 0)
```

```
	{
		GuineaPig++;
		ChildNumber++;
	}
	else
	{
		GuineaPig = 1;
	}
}
/*兔*/
Rabbits_mc.addEventListener(TouchEvent.TOUCH_TAP, ChildRabbits);
function ChildRabbits(event:TouchEvent):void
{
	Rabbits_mc.gotoAndPlay(2);
	if (Rabbits == 0)
	{
		Rabbits++;
		ChildNumber++;
	}
	else
	{
		Rabbits = 1;
	}
}
/*鴨*/
Duck_mc.addEventListener(TouchEvent.TOUCH_TAP, ChildDuck);
function ChildDuck(event:TouchEvent):void
{
	Duck_mc.gotoAndPlay(2);
	if (Duck == 0)
	{
		Duck++;
		ChildNumber++;
	}
	else
	{
```

```
            Duck = 1;
      }
}
/* 迷你馬 */
Horse_mc.addEventListener(TouchEvent.TOUCH_TAP, ChildHorse);
function ChildHorse(event:TouchEvent):void
{
      Horse_mc.gotoAndPlay(2);
      if (Horse == 0)
      {
            Horse++;
            ChildNumber++;
      }
      else
      {
            Horse = 1;
      }
}
/* 黃牛 */
Cattle_mc.addEventListener(TouchEvent.TOUCH_TAP, ChildCattle);
function ChildCattle(event:TouchEvent):void
{
      Cattle_mc.gotoAndPlay(2);
      if (Cattle == 0)
      {
            Cattle++;
            ChildNumber++;
      }
      else
      {
            Cattle = 1;
      }
}
/* 豬 */
Pig_mc.addEventListener(TouchEvent.TOUCH_TAP, ChildPig);
function ChildPig(event:TouchEvent):void
```

```
{
      Pig_mc.gotoAndPlay(2);
      if (Pig == 0)
      {
              Pig++;
              ChildNumber++;
      }
      else
      {
              Pig = 1;
      }
}
/* 鸚鵡 */
Parrot_mc.addEventListener(TouchEvent.TOUCH_TAP, ChildParrot);
function ChildParrot(event:TouchEvent):void
{
      Parrot_mc.gotoAndPlay(2);
      if (Parrot == 0)
      {
              Parrot++;
              ChildNumber++;
      }
      else
      {
              Parrot = 1;
      }
}
```

10-6-3 學習內容 - 非洲動物區

在非洲動物區的製作方式與 10-6-1 小節方式相同，其完整程式碼如下：

```
stop();
/* 河馬參數 */
var Hippo:Number = 0;
/* 狒狒 */
```

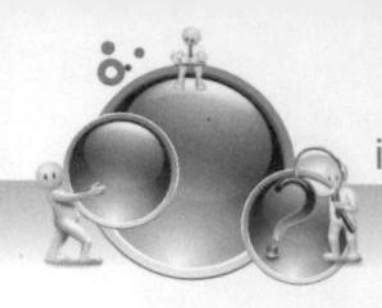


```
var Baboon:Number = 0;
/* 金剛猩猩 */
var Gorilla:Number = 0;
/* 長頸鹿 */
var Giraffe:Number = 0;
/* 非洲象 */
var AfricanElephant:Number = 0;
/* 斑馬 */
var Zebra:Number = 0;
/* 犀牛 */
var Rhinoceros:Number = 0;
/* 獅子 */
var Lion:Number = 0;
/* 數量加總 */
var AfricaNumber:Number = 0;
/* 進入影格事件，會不斷的執行與判斷下列函數 */
addEventListener(Event.ENTER_FRAME,AfricaNumber_Frame);
function AfricaNumber_Frame(event:Event):void
{
      if (AfricaNumber == 8)
      {
              AsiaPrompt_mc.gotoAndStop("OverAnimal");
              AfricaNumber = 0;
      }
}
Multitouch.inputMode = MultitouchInputMode.TOUCH_POINT;
/* 回園區 */
AfricaBackMenu_btn.addEventListener(TouchEvent.TOUCH_TAP, AfricaBackMenu);
function AfricaBackMenu(event:TouchEvent):void
{
      gotoAndStop("Menu");
}
/* 河馬 */
Hippo_mc.addEventListener(TouchEvent.TOUCH_TAP, AfricaHippo);
function AfricaHippo(event:TouchEvent):void
{
```

```
      Hippo_mc.gotoAndPlay(2);
      if (Hippo == 0)
      {
              Hippo++;
              AfricaNumber++;
      }
      else
      {
              Hippo = 1;
      }
}
/* 狒狒 */
Baboon_mc.addEventListener(TouchEvent.TOUCH_TAP, AfricaBaboon);
function AfricaBaboon(event:TouchEvent):void
{
      Baboon_mc.gotoAndPlay(2);
      if (Baboon == 0)
      {
              Baboon++;
              AfricaNumber++;
      }
      else
      {
              Baboon = 1;
      }
}
/* 金剛猩猩 */
Gorilla_mc.addEventListener(TouchEvent.TOUCH_TAP, AfricaGorilla);
function AfricaGorilla(event:TouchEvent):void
{
      Gorilla_mc.gotoAndPlay(2);
      if (Gorilla == 0)
      {
              Gorilla++;
              AfricaNumber++;
      }
```

```
        else
        {
                Hippo = 1;
        }
}
/* 長頸鹿 */
Giraffe_mc.addEventListener(TouchEvent.TOUCH_TAP, AfricaGiraffe);
function AfricaGiraffe(event:TouchEvent):void
{
        Giraffe_mc.gotoAndPlay(2);
        if (Giraffe == 0)
        {
                Giraffe++;
                AfricaNumber++;
        }
        else
        {
                Giraffe = 1;
        }
}
/* 非洲象 */
AfricanElephant_mc.addEventListener(TouchEvent.TOUCH_TAP,
AfricaAfricanElephant);
function AfricaAfricanElephant(event:TouchEvent):void
{
        AfricanElephant_mc.gotoAndPlay(2);
        if (AfricanElephant == 0)
        {
                AfricanElephant++;
                AfricaNumber++;
        }
        else
        {
                AfricanElephant = 1;
        }
}
```

```
/* 斑馬 */
Zebra_mc.addEventListener(TouchEvent.TOUCH_TAP, AfricaZebra);
function AfricaZebra(event:TouchEvent):void
{
	Zebra_mc.gotoAndPlay(2);
	if (Zebra == 0)
	{
		Zebra++;
		AfricaNumber++;
	}
	else
	{
		Zebra = 1;
	}
}
/* 犀牛 */
Rhinoceros_mc.addEventListener(TouchEvent.TOUCH_TAP, AfricaRhinoceros);
function AfricaRhinoceros(event:TouchEvent):void
{
	Rhinoceros_mc.gotoAndPlay(2);
	if (Rhinoceros == 0)
	{
		Rhinoceros++;
		AfricaNumber++;
	}
	else
	{
		Rhinoceros = 1;
	}
}
/* 獅子 */
Lion_mc.addEventListener(TouchEvent.TOUCH_TAP, AfricaLion);
function AfricaLion(event:TouchEvent):void
{
	Lion_mc.gotoAndPlay(2);
	if (Lion == 0)
```

```
        {
                Lion++;
                AfricaNumber++;
        }
        else
        {
                Lion = 1;
        }
}
```

10-7 ShareObject 說明與過關條件開發

10-7-1 ShareObject 說明

在 Flash 中的 ShareObject 的作用類似於 Web 瀏覽器的 Cookies，多數都被用於紀錄特定的資料或數據。因此，SharedObject（共享對象）可以看作是小型的數據庫，在 Flash 中，我們可用來儲存任何所被支援的數據類型，例如數字、字串或數據等。同時，ShareObject 的存放位置也可分為「本機端」與「伺服端」，在本範例中的 ShareObject 主要是用於，將操作的進度儲存在設備中（本機端），這樣的一種 Flash 本機端儲存做法也常被運用在遊戲開發或會員登入資料的儲存上，不過 ShareObject 預設的空間大小僅有 100KB。

儲存於本機端中的 ShareObject 類別，其所使用的相關屬性、方法說明如下，只要掌握以下的這些知識就可以用共享對象來存取數據了。

- getLocal(name) 方法：name 表示為參數共享對象，返回共享對象的參照。
- flush 方法：將數據寫入共享對象。
- data 屬性：儲存共享對象數據的通道。
- 使用方式：SharedObject.getLocal(objectName [, localPath])

其中 objectName 是該共享對象的名稱，localPath 即共享對象的所在路徑。

寫入數據

在 Flash 中，我們以將數據儲存到 SO（對象名稱）上作為範例，說明如何進行儲存的動作。

要實現添加數據到 SO 上，只需給 SO 對象的 data 屬性添加所想要的屬性值即可。共享對象 SO 有個內建的屬性 data，data 屬性類行為 object，此時我們可以添加任何訊息，其使用方式如下：

```
//儲存 username 值給 SO 共享對象
so.data.username= "聖堂數位";
```

TIPS

無法直接對 SO 共享對象賦予訊息，也不能直接對 SO 共享對象的 data 屬性賦予訊息，這樣的結果與作法都是錯誤的。錯誤的程式碼如下所示：

```
so.username="聖堂數位";
so.data="聖堂數位";
```

讀取數據

要實踐在本機端讀取 SO 數據的方式很簡單。因為這些持久性的數據都保持在共享對象的 data 屬性裡，只需要訪問 data 對象的相關屬性就可以了。讀取 SO 中儲存的數據方式如下：

```
//宣告 SO 為 SharedObject
var so:SharedObject=SharedObject.getLocal("test");
//將數據寫入給 SO
so.data.username="聖堂數位";
so.data.sex="男";
//寫入數據
so.flush( );
//讀取 SO 中的 username
var user=so.data.username;
trace(user); //輸出：聖堂數位
trace(so.data.sex); //輸出：男
```

刪除儲存的數據

要實現刪除共享對象中的某個屬性值或是刪除整個共享對象，需要使用兩種不同的方式：

- delete：刪除共享對象的 data 屬性值。
- clear( )：清除整個共享對象。

下列為使用 delete 來刪除 SO 共享對象中的 sex 屬性之程式碼：

```
// 宣告 SO 為 SharedObject
var so:SharedObject=SharedObject.getLocal("test")
// 將數據寫入給 SO
so.data.username=" 聖堂數位 "";
so.data.sex=" 男 ";
// 寫入數據
so.flush( );
// 刪除 SO 中的 sex 屬性
delete so.data.sex;
trace(so.data.sex) // 輸出：undefined，表示刪除成功
trace(so.data.username) // 輸出：聖堂數位
```

10-7-2 過關條件開發

經過上述的 SharedObject 介紹後，再來就為本範例中要用於儲存的對象物件，進行宣告的動作。

宣告變數名稱

在 Actions 圖層上方新增一個名稱為「儲存」的圖層，此圖層主要將本範例中所會用到的儲存內容，進行事先的變數宣告。於影格 1 開啟動作面板（F9），其輸入的程式碼如下：

```
/* 亞洲關卡儲存 */
var Asia_shob:SharedObject = SharedObject.getLocal("Asiashob");
/* 兒童關卡儲存 */
var Child_shob:SharedObject = SharedObject.getLocal("Childshob");
```

```
/* 非洲關卡儲存 */
var Africa_shob:SharedObject = SharedObject.getLocal("Africashob");
```

此部分主要是先進行相關變數的宣告動作，至於要執行的儲存動作部分，筆者保留到在開發學習內容時在進行說明。

寫入數據

在本範例中，要寫入數據的部分，主要是在執行過關條件的同時，會記錄一個 **data** 數值，並利用 **flush( )** 方法來進行儲存。而所儲存的數值部分主要是用來判斷在學習卡選單中，判斷園區的圖示是否該呈現解鎖的狀態。因此下列會進行兩部分的介紹，一為在每個園區的過關條件中寫入一組數據，二為在學習卡選單中，利用所寫入的數據來判斷當下的學習卡是否該解鎖。

STEP 1 將舞台畫面移至影格 3（亞洲熱帶雨林區）。並開啟動作面板（F9）。

STEP 2 在判斷過關條件的進入影格事件（Asia_shob）程式中，給予 Asia_shob 一個數值，並寫入（儲存）。其程式碼為下列程式中的紅色部分：

```
addEventListener(Event.ENTER_FRAME, AsiaNumber_Frame);
function AsiaNumber_Frame(event:Event):void
{
      if (AsiaNumber == 8)
      {
            AsiaPrompt_mc.gotoAndStop("OverAnimal");
            AsiaNumber = 0;
            Asia_shob.data.okCar = 2; // 給 data 一數值
            Asia_shob.flush(); // 寫入數據
      }
}
```

STEP 3 同理，在影格 4（兒童動物區）中，對於寫入的程式碼如下：

```
addEventListener(Event.ENTER_FRAME, ChildNumber_Frame);
function ChildNumber_Frame(event:Event):void
{
      if (ChildNumber == 8)
```

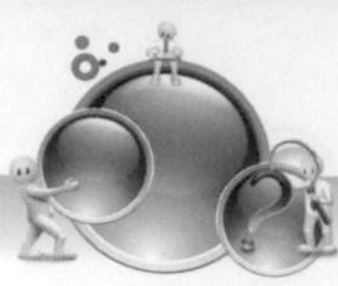


```
        {
                AsiaPrompt_mc.gotoAndStop("OverAnimal");
                ChildNumber = 0;
                Child_shob.data.okCar = 2;
                Child_shob.flush();
        }
}
```

STEP 4 在影格 5（非洲動物區）中，對於寫入的程式碼如下：

```
addEventListener(Event.ENTER_FRAME,AfricaNumber_Frame);
function AfricaNumber_Frame(event:Event):void
{
        if (AfricaNumber == 8)
        {
                AsiaPrompt_mc.gotoAndStop("OverAnimal");
                AfricaNumber = 0;
                Africa_shob.data.okCar = 2;
                Africa_shob.flush();
        }
}
```

10-8 學習卡選單

此部分的內容主要是介紹，如何對已儲存的數據進行判斷，以判斷是否要解除園區的鎖定，而讓玩家可進一步學習。

STEP 1 將舞台畫面移至影格 6（學習卡選單）。並開啟動作面板（快速鍵：F9）。

STEP 2 在進入學習卡選單的影格後，程式會先進行判斷，以確認三個學習是否已完成學習（已執行過關條件），若未過關的話則寫入的數據為「undefined」（未定義）。在這樣的狀態下，我們需要給予 data 一個數值，來使園區的元件可以播放位於鎖定狀態的影格。相反的，若已過關

時，則 data 的數值會寫入為「2」，此時不會執行 if( ) 的判斷式，而是直接讓該元件播放解鎖的影格。其三個園區元件的相關程式碼如下：

▲ 學習卡選單 - 兒童動物區元件中的鎖定與解鎖效果

```
stop();
/* 亞洲熱帶區，設定 AsiaCarHome_mc 預設要前往的影格數 */
if (Asia_shob.data.okCar == undefined)
{
      Asia_shob.data.okCar = "1";
}
/*AsiaCarHome_mc 執行已被儲存的數據，並前往 */
AsiaCarHome_mc.gotoAndStop(Asia_shob.data.okCar);
/* 兒童區，設定 ChildCarHome_mc 預設要前往的影格數 */
if (Child_shob.data.okCar == undefined)
{
      Child_shob.data.okCar = "1";
}
/*ChildCarHome_mc 執行已被儲存的數據，並前往 */
ChildCarHome_mc.gotoAndStop(Child_shob.data.okCar);
/* 非洲區，設定 AfricaCarHome_mc 預設要前往的影格數 */
if (Africa_shob.data.okCar == undefined)
{
      Africa_shob.data.okCar = "1";
}
/*AfricaCarHome_mc 執行已被儲存的數據，並前往 */
AfricaCarHome_mc.gotoAndStop(Africa_shob.data.okCar);
```

STEP 3 選取「回園區」按鈕元件，並套用「輕點事件」，且修改事件的名稱，並執行回園區按鈕的動作，其程式碼如下：

```
/* 回園區 */
Multitouch.inputMode = MultitouchInputMode.TOUCH_POINT;
CarBackMenu_btn.addEventListener(TouchEvent.TOUCH_TAP, CarBackMenu);

function CarBackMenu(event:TouchEvent):void
{
      gotoAndStop("Menu");
}
```

STEP 4 到目前為止，我們已經完成了在本範例中的儲存機制開發。

10-9 學習卡 - 內容

在學習卡內容的部分，主要是當學習內容部分已學習完後，還可進行複習的效果。

▲ 學習卡 - 亞洲熱帶雨林區畫面

10-9-1 學習卡 - 亞洲熱帶雨林區

在學習卡內容部分，主要有兩個控制元件，一為所有動物圖示與名稱切換元件；二為控制動物圖示切換與播放動物聲音效果的原件。

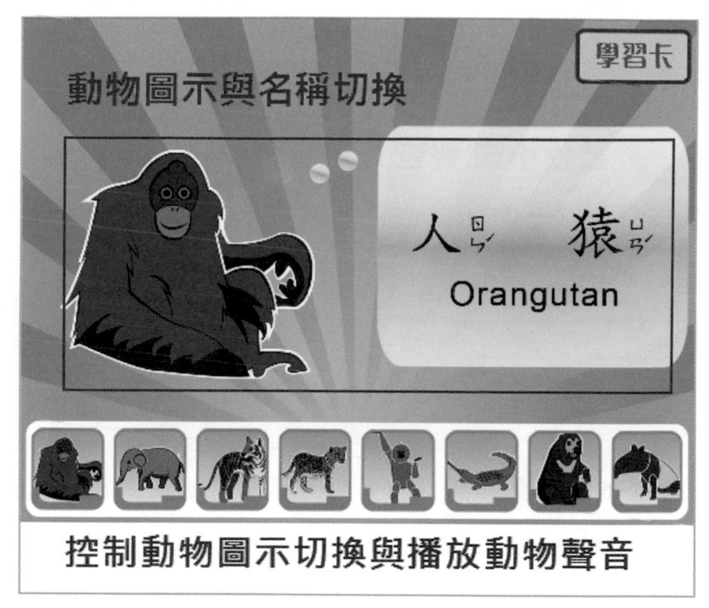

▲ 學習卡 - 亞洲熱帶雨林區畫面中的元件操作說明

STEP 1 選取「人猿」小圖示的狀態下，並套用程式碼片段中的「輕點事件」，且將事件名稱修改為「AsiaCarApe」。

STEP 2 當點擊下方的動物小圖示按鈕後，需對「動物按鈕」與「動物圖示」兩個影片片段進行控制。其相關的程式碼如下：

```
/* 人猿小圖 */
AsiaCarApe_mc.addEventListener(TouchEvent.TOUCH_TAP, AsiaCarApe);
function AsiaCarApe(event:TouchEvent):void
{
      AsiaAnimal_mc.gotoAndStop("Ape"); // 控制動物圖示與名稱的切換
      AsiaCarApe_mc.gotoAndPlay(2); // 播放人猿聲音
}
```

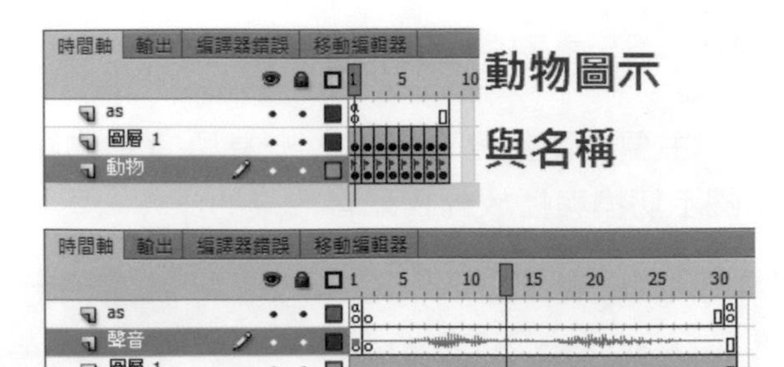

▲ 學習卡 - 亞洲熱帶雨林區畫面中的動物小圖與動物顯示之元件圖層

TIPS

「動物圖示」與「動物按鈕」兩元件的內容已經事先設定完成。

STEP 3 重複 Step1~Step2 的步驟，其剩餘七種動物小圖示的控制程式碼如下：

```
stop();
Multitouch.inputMode = MultitouchInputMode.TOUCH_POINT;
/* 亞洲象小圖 */
AsiaCarAsianElephant_mc.addEventListener(TouchEvent.TOUCH_TAP,
AsiaCarAsianElephant);
function AsiaCarAsianElephant(event:TouchEvent):void
{
      AsiaAnimal_mc.gotoAndStop("AsianElephant");
      AsiaCarAsianElephant_mc.gotoAndPlay(1); // 亞洲象
}
/* 孟加拉虎小圖 */
AsiaCarBengalTiger_mc.addEventListener(TouchEvent.TOUCH_TAP,
AsiaCarBengalTiger);
function AsiaCarBengalTiger(event:TouchEvent):void
{
      AsiaAnimal_mc.gotoAndStop("BengalTiger");
      AsiaCarBengalTiger_mc.gotoAndPlay(2); // 孟加拉虎
}
```

```
/* 花豹小圖 */
AsiaCarLeopard_mc.addEventListener(TouchEvent.TOUCH_TAP, AsiaCarLeopard);
function AsiaCarLeopard(event:TouchEvent):void
{
      AsiaAnimal_mc.gotoAndStop("Leopard");
      AsiaCarLeopard_mc.gotoAndPlay(2); // 花豹
}
/* 長臂猿小圖 */
AsiaCarGibbon_mc.addEventListener(TouchEvent.TOUCH_TAP, AsiaCarGibbon);
function AsiaCarGibbon(event:TouchEvent):void
{
      AsiaAnimal_mc.gotoAndStop("Gibbon");
      AsiaCarGibbon_mc.gotoAndPlay(2); // 長臂猿
}
/* 馬來長吻鱷小圖 */
AsiaCarFalseGharial_mc.addEventListener(TouchEvent.TOUCH_TAP,
AsiaCarFalseGharial);
function AsiaCarFalseGharial(event:TouchEvent):void
{
      AsiaAnimal_mc.gotoAndStop("FalseGharial");
      AsiaCarFalseGharial_mc.gotoAndPlay(2); // 馬來長吻鱷
}
/* 馬來熊小圖 */
AsiaCarSunbear_mc.addEventListener(TouchEvent.TOUCH_TAP, AsiaCarSunbear);
function AsiaCarSunbear(event:TouchEvent):void
{
      AsiaAnimal_mc.gotoAndStop("Sunbear");
      AsiaCarSunbear_mc.gotoAndPlay(2); // 馬來熊
}
/* 馬來貘小圖 */
AsiaCarMalayanTapir_mc.addEventListener(TouchEvent.TOUCH_TAP,
AsiaCarMalayanTapir);
function AsiaCarMalayanTapir(event:TouchEvent):void
{
      AsiaAnimal_mc.gotoAndStop("MalayanTapir");
      AsiaCarMalayanTapir_mc.gotoAndPlay(2); // 馬來貘
}
```

STEP 4 選取「回園區」按鈕元件，並套用「輕點事件」，且修改事件的名稱，並執行回園區按鈕的動作，其程式碼如下：

```
/* 回學習卡 */
AsiaBackCar_btn.addEventListener(TouchEvent.TOUCH_TAP, AsiaBackCar);
function AsiaBackCar(event:TouchEvent):void
{
	gotoAndStop("LearningCard");
}
```

10-9-2 學習卡 - 兒童動物區

在兒童動物區的製作方式與 10-9-1 小節方式相同，其完整程式碼如下：

```
stop();
Multitouch.inputMode = MultitouchInputMode.TOUCH_POINT;
/* 回學習卡 */
ChildBackCar_btn.addEventListener(TouchEvent.TOUCH_TAP, ChildBackCar);
function ChildBackCar(event:TouchEvent):void
{
	gotoAndStop("LearningCard");
}
/* 山羊小圖 */
ChildCarGoat_mc.addEventListener(TouchEvent.TOUCH_TAP, ChildCarGoat);
function ChildCarGoat(event:TouchEvent):void
{
	ChildAnimal_mc.gotoAndStop("Goat");
	ChildCarGoat_mc.gotoAndPlay(2); // 山羊
}
/* 天竺鼠小圖 */
ChildCarGuineaPig_mc.addEventListener(TouchEvent.TOUCH_TAP,
ChildCarGuineaPig);
function ChildCarGuineaPig(event:TouchEvent):void
{
	ChildAnimal_mc.gotoAndStop("GuineaPig");
	ChildCarGuineaPig_mc.gotoAndPlay(2); // 天竺鼠
```

```
}
/*兔小圖*/
ChildCarRabbits_mc.addEventListener(TouchEvent.TOUCH_TAP,
ChildCarRabbits);
function ChildCarRabbits(event:TouchEvent):void
{
      ChildAnimal_mc.gotoAndStop("Rabbits");
      ChildCarRabbits_mc.gotoAndPlay(2); //兔
}
/*鴨小圖*/
ChildCarDuck_mc.addEventListener(TouchEvent.TOUCH_TAP, ChildCarDuck);
function ChildCarDuck(event:TouchEvent):void
{
      ChildAnimal_mc.gotoAndStop("Duck");
      ChildCarDuck_mc.gotoAndPlay(2); //鴨
}
/*迷你馬小圖*/
ChildCarHorse_mc.addEventListener(TouchEvent.TOUCH_TAP, ChildCarHorse);
function ChildCarHorse(event:TouchEvent):void
{
      ChildAnimal_mc.gotoAndStop("Horse");
      ChildCarHorse_mc.gotoAndPlay(2); //迷你馬
}
/*黃牛小圖*/
ChildCarCattle_mc.addEventListener(TouchEvent.TOUCH_TAP, ChildCarCattle);
function ChildCarCattle(event:TouchEvent):void
{
      ChildAnimal_mc.gotoAndStop("Cattle");
      ChildCarCattle_mc.gotoAndPlay(2); //黃牛
}
/*豬小圖*/
ChildCarPig_mc.addEventListener(TouchEvent.TOUCH_TAP, ChildCarPig);
function ChildCarPig(event:TouchEvent):void
{
      ChildAnimal_mc.gotoAndStop("Pig");
      ChildCarPig_mc.gotoAndPlay(2); //豬
```

```
}
/* 鸚鵡小圖 */
ChildCarParrot_mc.addEventListener(TouchEvent.TOUCH_TAP, ChildCarParrot);
function ChildCarParrot(event:TouchEvent):void
{
      ChildAnimal_mc.gotoAndStop("Parrot");
      ChildCarParrot_mc.gotoAndPlay(2); //鸚鵡
}
```

10-9-3 學習卡 - 非洲動物區

在非洲動物區的製作方式與 10-9-1 小節方式相同，其完整程式碼如下：

```
stop();
Multitouch.inputMode = MultitouchInputMode.TOUCH_POINT;
/* 回學習卡 */
AfricaBackCar_btn.addEventListener(TouchEvent.TOUCH_TAP, AfricaBackCar);
function AfricaBackCar(event:TouchEvent):void
{
      gotoAndStop("LearningCard");
}
/* 河馬小圖 */
AfricaCarHippo_mc.addEventListener(TouchEvent.TOUCH_TAP, AfricaCarHippo);
function AfricaCarHippo(event:TouchEvent):void
{
      AfricaAnimal_mc.gotoAndStop("Hippo");
      AfricaCarHippo_mc.gotoAndPlay(2); //河馬
}
/* 狒狒小圖 */
AfricaCarBaboon_mc.addEventListener(TouchEvent.TOUCH_TAP,
AfricaCarBaboon);
function AfricaCarBaboon(event:TouchEvent):void
{
      AfricaAnimal_mc.gotoAndStop("Baboon");
      AfricaCarBaboon_mc.gotoAndPlay(2); //狒狒
}
```

```
/* 金剛猩猩小圖 */
AfricaCarGorilla_mc.addEventListener(TouchEvent.TOUCH_TAP,
AfricaCarGorilla);
function AfricaCarGorilla(event:TouchEvent):void
{
      AfricaAnimal_mc.gotoAndStop("Gorilla");
      AfricaCarGorilla_mc.gotoAndPlay(2); // 金剛猩猩
}
/* 長頸鹿小圖 */
AfricaCarGiraffe_mc.addEventListener(TouchEvent.TOUCH_TAP,
AfricaCarGiraffe);
function AfricaCarGiraffe(event:TouchEvent):void
{
      AfricaAnimal_mc.gotoAndStop("Giraffe");
      AfricaCarGiraffe_mc.gotoAndPlay(2); // 長頸鹿
}
/* 非洲象小圖 */
AfricaCarAfricanElephant_mc.addEventListener(TouchEvent.TOUCH_TAP,
AfricaCarAfricanElephant);
function AfricaCarAfricanElephant(event:TouchEvent):void
{
      AfricaAnimal_mc.gotoAndStop("AfricanElephant");
      AfricaCarAfricanElephant_mc.gotoAndPlay(2); // 非洲象
}
/* 斑馬小圖 */
AfricaCarZebra_mc.addEventListener(TouchEvent.TOUCH_TAP, AfricaCarZebra);
function AfricaCarZebra(event:TouchEvent):void
{
      AfricaAnimal_mc.gotoAndStop("Zebra");
      AfricaCarZebra_mc.gotoAndPlay(2); // 斑馬
}
/* 犀牛小圖 */
AfricaCarRhinoceros_mc.addEventListener(TouchEvent.TOUCH_TAP,
AfricaCarRhinoceros);
function AfricaCarRhinoceros(event:TouchEvent):void
{
```

```
        AfricaAnimal_mc.gotoAndStop("Rhinoceros");
        AfricaCarRhinoceros_mc.gotoAndPlay(2); // 犀牛
}
/* 獅子小圖 */
AfricaCarLion_mc.addEventListener(TouchEvent.TOUCH_TAP, AfricaCarLion);
function AfricaCarLion(event:TouchEvent):void
{
        AfricaAnimal_mc.gotoAndStop("Lion");
        AfricaCarLion_mc.gotoAndPlay(2); // 獅子
}
```

範例完成。

實作題

1. 請參考本範例的設計方式，來自行設計一個學習或閱讀內容，當學習或執行後，會儲存該內容的資料，並開啟下一關卡的內容。

2. 利用本單元提供的範例與教學，嘗試進行製作其他可類似「圖解情境學習」效果的兒童數位教材。

PART 3

進階應用

目前在智慧型裝置中的遊戲或相關互動內容除了利用「觸控」或「手勢」來進行互動外，還可利用智慧型裝置本身的感應裝置（G-Sensor）來達到進階的互動。因此，本階段主要是利用範例的方式來介紹，如何運用智慧型裝置中的各種感應裝置（G-Sensor），各位讀者學到使用的方式後可再自行的加以組合運用。

CHAPTER 11

裝置旋轉後的內容調整

不論是智慧型手機或是平板電腦，皆有共同的一個特色就是當裝置旋轉後，物件皆會自動調整方向，並調整為符合橫向或直向的頁面內容。本範例會教導各讀者如何進行相關的設定以達到此效果。

教學目標

- 版面旋轉設定
- 旋轉後，元件位置的調整

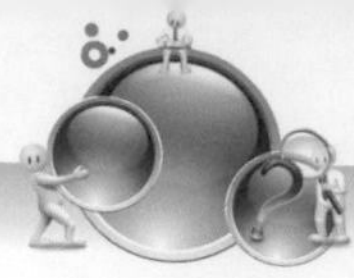

11-1 事前觀念

在程式碼片段面板中，找到「在裝置旋轉時將物件調整方向」。我們可在舞台上新增一個影片片段，並套用該片段程式，套用後可藉由 Simulator（模擬器）來測試當裝置旋轉後，元件的變化情形。

```
var fl_initialRotation = movieClip_1.rotation; // 儲存初始旋轉值

stage.addEventListener(StageOrientationEvent.ORIENTATION_CHANGE, fl_Orient

function fl_OrientationChange(event:StageOrientationEvent):void
{
    switch (stage.deviceOrientation)
    {
        case StageOrientation.DEFAULT:
        {
            // 以預設（正面朝上）方向重新調整顯示物件。
            movieClip_1.rotation = fl_initialRotation; // 還原初始旋轉值
            break;
        }
        case StageOrientation.ROTATED_RIGHT:
        {
            // 根據右手方向將顯示物件調整方向。
            movieClip_1.rotation += 90;
            break;
        }
```

▲ 套用「在裝置旋轉時將物件調整方向」程式

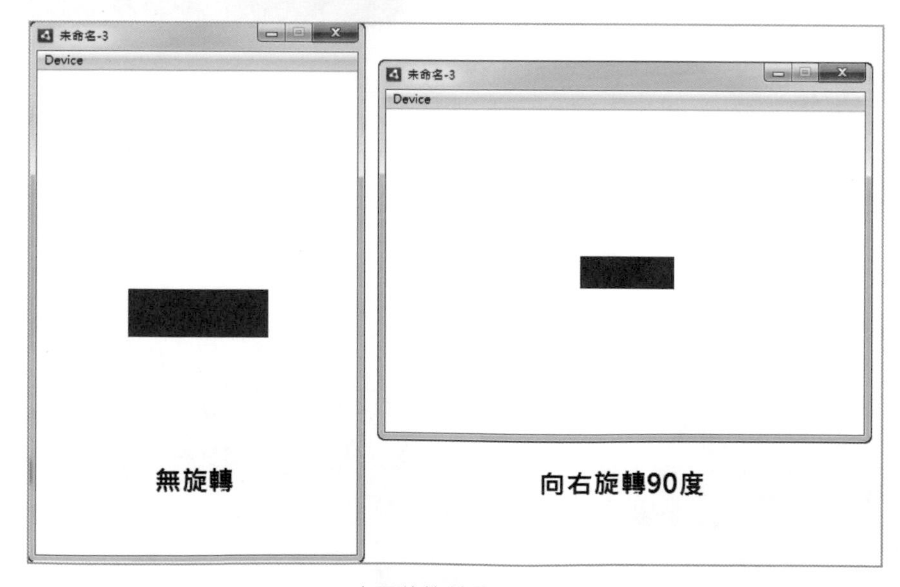

▲ 套用後旋轉版面的效果

在 Flash 中發佈程式後的狀態下，可利用 Simulator（模擬器）來控制面板的旋轉，其操作的方式如下：

STEP 1 先點擊 ACCELEROMETER 面板中的「settings」按鈕。

STEP 2 勾選「Auto orientation」。勾選後等於啟動自動方向的控制權力，藉此才能進行面板的操控。

STEP 3 調整 ACCELEROMETER 面板的「Z 軸」就可控制面板的方向。當 Z 軸大於正負 90 度後，該面板會自動切換為橫向。

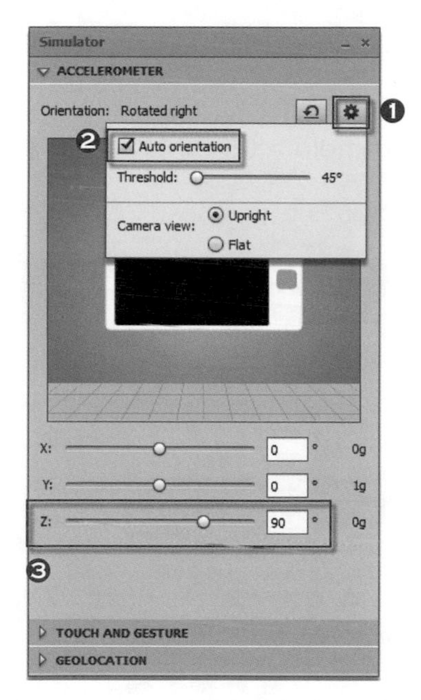

▲ 利用 Simulator（模擬器）來旋轉面板

然而，在套用預設的程式後會發現，當面板旋轉時，當中的內容並不會跟著改變。因此，為了讓面板旋轉時，內容中的每個元件都可以依照需求的擺放至我們所想要的位置，所以我們必須採用的做法是為每個元件進行命名的動作，且為每個元件的座標進行設定，使得當面板旋轉時，每個元件都可以依照我們的需求擺放至適當的位置上。

11-2 元件製作與命名

從元件庫中可觀看出，logo 的圖片只有一張，所以表示在橫向與直向切換時，該 logo 都是使用相同的素材。相反的，其他的各個圖片皆有橫向與直向兩種效果的圖片，以在利用程式去判斷當裝置目前處於何種狀態時該使用何種圖片。

11-2-1 製作 logo 影片片段

STEP 1 開啟「01_ 素材匯入 .fla」檔案。此範例已將所有素材匯入並有效的分類。

- 範例：光碟 > Example > 05- 旋轉調整 > 範例檔 > 01_ 素材匯入 .fla

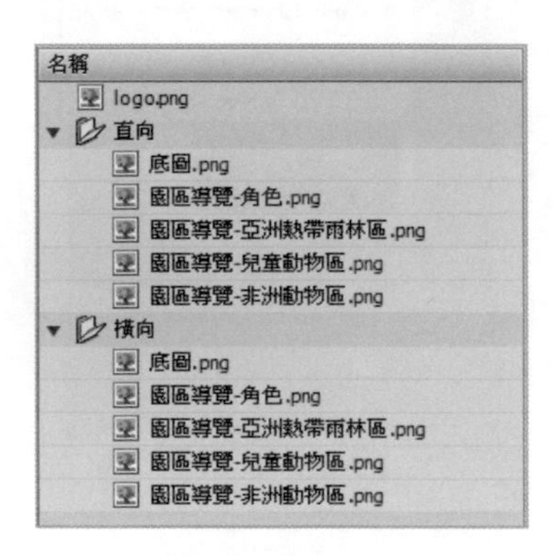

▲ 元件庫中的素材相對位置

STEP 2 點擊「插入 > 新增元件」(快速鍵：Ctrl + F8)。設定的內容如下：

- 名稱：logo
- 類型：影片片段

▲ 製作 logo 的影片片段

STEP 3 在 logo 影片片段編輯的狀態下，將元件庫中的 logo.png 拖曳至舞台中。

STEP 4 logo.png 在選取的狀態下，點選「視窗 > 對齊」(快速鍵：Ctrl + K) 來開啟對齊面板，並進行對齊動作。需對齊的流程如下：

- 與舞台對齊：勾選
- 對齊左邊邊緣
- 對齊上邊邊緣

▲ logo 圖片在影片片段中的對齊方式

STEP 5 最後，logo 元件的中心點會位於元件的左上角。

TIPS

後續我們會利用程式的方式來控制各個元件的座標位置，所以為了元件在對齊時的準確性，必須將元件的中心點設在左上角，使內容可完整的呈現。

▲ 程式中控制兩元件的座標位置相同，但因元件的中心點不同而有不同結果

11-2-2 製作橫向與直向內容的影片片段

STEP 1 點擊「插入 > 新增元件」(快速鍵：Ctrl + F8)。設定的內容如下：

- 名稱：園區導覽 - 角色
- 類型：影片片段

STEP 2 將橫向與直向的角色分別擺入到影格 1 與影格 2 的位置。

▲ 在園區導覽 - 角色影片片段中，橫向與直向內容需擺放的影格位置

STEP 3 將橫向與直向角色的圖片進行對齊動作。對齊的內容如下：

- 與舞台對齊：勾選
- 對齊左邊緣
- 對齊上邊緣

STEP 4 新增一個圖層，並將圖層名稱修改為「as」。

STEP 5 在影格 1 的地方開啟「動作」面板（快速鍵：F9）。並在動作面板中輸入「stop( );」指令。

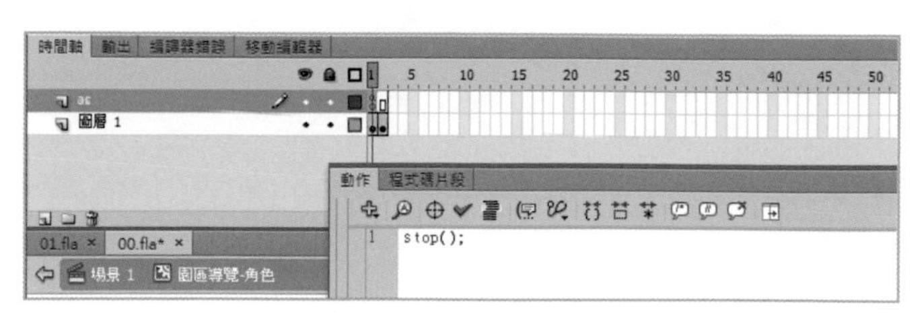

▲ 在園區導覽 - 角色影片片段中輸入停止的指令

STEP 6 重複 Step1~Step5 的步驟，依序的製作「底圖」、「園區導覽 - 亞洲熱帶雨林區」、「園區導覽 - 兒童動物區」、「園區導覽 - 非洲動物區」等 4 個影片片段元件。

11-3 定義影片片段的座標位置

因為橫向與直向的版面尺寸不同（橫向：1024 x 768，直向：768 x 1024），因此為了讓各個元件不論在橫向或直向的頁面都能符合我們所要呈現的畫面，所以必須將各個元件利用程式的方式，將各個元件進行橫向與直向其 X 與 Y 軸的座標定位。設定的方式如下：

- 範例：光碟 > Example > 05- 旋轉調整 > 範例檔 > 02_ 影片片段製作 .fla

STEP 1 利用圖層的方式將「logo」、「園區導覽 - 角色」、「底圖」、「園區導覽 - 亞洲熱帶雨林區」、「園區導覽 - 兒童動物區」、「園區導覽 - 非洲動物區」分別放入舞台中。圖層與影片片段的對應內容如下：

- 底圖圖層：底圖
- logo 圖層：logo
- 園區導覽圖層：園區導覽 - 亞洲熱帶雨林區、園區導覽 - 兒童動物區、園區導覽 - 非洲動物區
- 角色圖層：園區導覽 - 角色

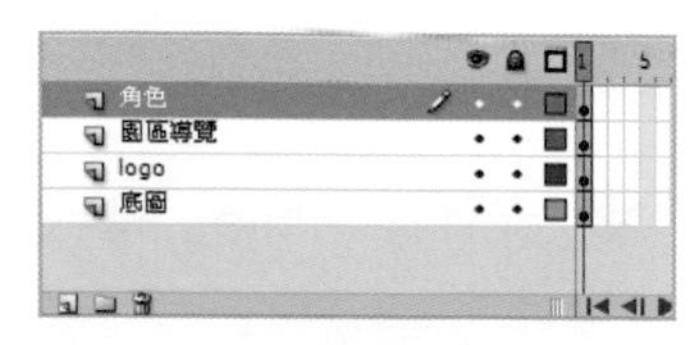

▲ 舞台中的圖層

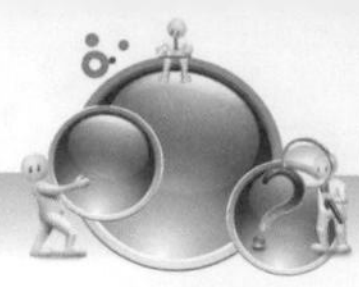

TIPS

由於所有的元件都會利用程式的方式進行定位，所以擺放在舞台中的元件可隨意擺放。

STEP 2 為舞台中的每個影片片段設定專屬名稱。設定的名稱如下：

- 底圖影片片段：map_mc
- logo 影片片段：logo_mc
- 園區導覽 - 亞洲熱帶雨林區影片片段：Asia_mc
- 園區導覽 - 兒童動物區影片片段：Child_mc
- 園區導覽 - 非洲動物區影片片段：Africa_mc
- 園區導覽 - 角色影片片段：Role_mc

11-4 元件控制開發

11-4-1 直向內容

此部分的設定內容可開啟「03_ 元件命名 .fla」進行練習。

- 範例：光碟 > Example > 05- 旋轉調整 > 範例檔 > 03_ 元件命名 .fla

STEP 1 在角色圖層上方新增名為「as」的圖層。並開啟「動作」面板（快速鍵：F9）。其撰寫的程式碼如下：

STEP 2 新增一個名稱為「portraitView」的 function 函數，用來來撰寫直向時的敘述內容。

```
function portraitView( ):void
{
程式碼…
}
```

STEP 3 設定直向 logo 的座標位置。

```
logo_mc.x = 486; //X 座標
logo_mc.y = 10; //Y 座標
```

STEP 4 當裝置旋轉為直向時，會執行底圖影片片段中的影格 2 內容（影格 2 為直向的內容）。並設定底圖元件的座標位置。

```
map_mc.gotoAndStop(2);
map_mc.x = 0;
map_mc.y = 0;
```

STEP 5 當裝置旋轉為直向時，會執行角色影片片段中的影格 2 內容（影格 2 為直向的內容），並設定角色元件的座標位置。

```
Role_mc.gotoAndStop(2);
Role_mc.x = 20;
Role_mc.y = 680;
```

STEP 6 當裝置旋轉為直向時，會執行亞洲園區影片片段中的影格 2 內容（影格 2 為直向的內容），並設定亞洲園區元件的座標位置。

```
Asia_mc.gotoAndStop(2);
Asia_mc.x = 8;
Asia_mc.y = 500;
```

STEP 7 當裝置旋轉為直向時，會執行兒童園區影片片段中的影格 2 內容（影格 2 為直向的內容），並設定兒童園區元件的座標位置。

```
Child_mc.gotoAndStop(2);
Child_mc.x = 310;
Child_mc.y = 550;
```

STEP 8 當裝置旋轉為直向時，會執行非洲園區影片片段中的影格 2 內容（影格 2 為直向的內容），並設定非洲園區元件的座標位置。

```
Africa_mc.gotoAndStop(2);
Africa_mc.x = 550;
Africa_mc.y = 500;
```

```
10  /*直向*/ // 以預設 (正面朝上) 方向重新調整顯示物件
11  function portraitView():void
12  {
13      /*logo*/
14      logo_mc.x = 486; //X 位置
15      logo_mc.y = 10; //Y 位置
16
17      /*底圖*/
18      map_mc.gotoAndStop(2); //前往元件影格(直向內容)
19      map_mc.x = 0; //X 位置
20      map_mc.y = 0; //Y 位置
21
22      /*角色*/
23      Role_mc.gotoAndStop(2); //前往元件影格(直向內容)
24      Role_mc.x = 20; //X 位置
25      Role_mc.y = 680; //Y 位置
26
27      /*亞洲導覽*/
28      Asia_mc.gotoAndStop(2); //前往元件影格(直向內容)
29      Asia_mc.x = 8; //X 位置
30      Asia_mc.y = 500; //Y 位置
31
32      /*兒童導覽*/
33      Child_mc.gotoAndStop(2); //前往元件影格(直向內容)
34      Child_mc.x = 310; //X 位置
35      Child_mc.y = 550; //Y 位置
36
37      /*非洲導覽*/
38      Africa_mc.gotoAndStop(2); //前往元件影格(直向內容)
39      Africa_mc.x = 550; //X 位置
40      Africa_mc.y = 500; //Y 位置
41
42  }
```

▲ 直向內容的完整程式

11-4-2 橫向內容

STEP 1 重複 11.4.1 的步驟，撰寫「橫向」時的各個元件座標位置。其程式的執行觀念與直向的程式相同，當裝置的頁面為橫向時，則各個影片片段須前往影格 1，且在為各個影片片段元件進行座標位置的定位。

STEP 2 新增一個名稱為「landscapeView」的 function 函數，用來來撰寫直向時的敘述內容。

```
function landscapeView( ):void
{
程式碼…
}
```

STEP 3 logo 元件橫向時的程式。

```
logo_mc.x = 740;
logo_mc.y = 10;
```

STEP 4 底圖元件橫向時的程式。

```
map_mc.gotoAndStop(1);
map_mc.x = 0;
map_mc.y = 0;
```

STEP 5 角色元件橫向時的程式。

```
Role_mc.gotoAndStop(1);
Role_mc.x = 20;
Role_mc.y = 380;
```

STEP 6 亞洲園區元件橫向時的程式。

```
Asia_mc.gotoAndStop(1);
Asia_mc.x = 8;
Asia_mc.y = 195;
```

STEP 7 兒童園區元件橫向時的程式。

```
Child_mc.gotoAndStop(1);
Child_mc.x = 400;
Child_mc.y = 230;
```

STEP 8 非洲園區元件橫向時的程式。

```
Africa_mc.gotoAndStop(1);
Africa_mc.x = 690;
Africa_mc.y = 195;
```

```
45  /*橫向*/ // 根據左右手方向將顯示物件調整方向
46  function landscapeView():void
47  {
48      /*logo*/
49      logo_mc.x = 740;
50      logo_mc.y = 10;
51
52      /*底圖*/
53      map_mc.gotoAndStop(1);
54      map_mc.x = 0;
55      map_mc.y = 0;
56
57      /*角色*/
58      Role_mc.gotoAndStop(1);
59      Role_mc.x = 20;
60      Role_mc.y = 380;
61
62      /*亞洲導覽*/
63      Asia_mc.gotoAndStop(1);
64      Asia_mc.x = 8;
65      Asia_mc.y = 195;
66
67      /*兒童導覽*/
68      Child_mc.gotoAndStop(1);
69      Child_mc.x = 400;
70      Child_mc.y = 230;
71
72      /*非洲導覽*/
73      Africa_mc.gotoAndStop(1);
74      Africa_mc.x = 690;
75      Africa_mc.y = 195;
76  }
```

▲ 橫向內容的完整程式

11-5 裝置旋轉時的元件控制

STEP 1 選取舞台中的 logo 影片片段，並套用程式碼片段中的「在裝置旋轉時將物件調整方向」程式。

STEP 2 將套用後的程式碼進行修改與刪除等動作，修改後的程式內容如下：

```
stage.addEventListener(StageOrientationEvent.ORIENTATION_CHANGE, onChange);
function onChange(e:StageOrientationEvent):void
{
	switch (e.afterOrientation)
	{
		case StageOrientation.DEFAULT :
			break;
		case StageOrientation.ROTATED_RIGHT :
			break;
		case StageOrientation.ROTATED_LEFT :
			break;
		case StageOrientation.UPSIDE_DOWN :
			break;
	}
}
```

屬性說明

- StageOrientationEvent：定義螢幕方向變更後，Stage 要傳送的事件。
- ORIENTATION_CHANGE：旋轉螢幕事件。
- afterOrientation：改變後的舞台方向。
- StageOrientation：此類別會定義該屬性的值。
- DEFAULT：舞台目前的方向。
- ROTATED_RIGHT：根據右手方向將顯示物件調整方向。
- ROTATED_LEFT：根據左手方向將顯示物件調整方向。
- UPSIDE_DOWN：根據正面朝下方向將顯示物件調整方向。

STEP 3 透過上述的程式碼，已完成旋轉的基本條件。此時，我們可將剛對直向與橫向內容座標所定義的函數名稱輸入其中。其對應的內容如下所示：

```
stage.addEventListener(StageOrientationEvent.ORIENTATION_CHANGE, onChange);
function onChange(e:StageOrientationEvent):void  {
       switch (e.afterOrientation)
       {
               case StageOrientation.DEFAULT :
                       portraitView( );  // 直向內容
                       break;
               case StageOrientation.ROTATED_RIGHT :
                       landscapeView( );  // 橫向內容
                       break;
               case StageOrientation.ROTATED_LEFT :
                       landscapeView( );  // 橫向內容
                       break;
               case StageOrientation.UPSIDE_DOWN :
                       portraitView( );  // 直向內容
                       break;
       }
}
```

```
78  stage.addEventListener(StageOrientationEvent.ORIENTATION_CHANGE, onChange); //ORIENTATION_CHANGE 旋轉螢幕事件
79
80  function onChange(e:StageOrientationEvent):void  //StageOrientationEvent：定義螢幕方向變更後，Stage 要傳送的事件
81  {
82      switch (e.afterOrientation) //afterOrientation 改變後的舞台方向
83      {
84          case StageOrientation.DEFAULT : //舞台目前的方向。StageOrientation 類別會定義此屬性的值
85              portraitView(); // 以預設（正面朝上）方向重新調整顯示物件
86              break;
87          case StageOrientation.ROTATED_RIGHT :
88              landscapeView(); // 根據右手方向將顯示物件調整方向
89              break;
90          case StageOrientation.ROTATED_LEFT :
91              landscapeView(); // 根據左手方向將顯示物件調整方向
92              break;
93          case StageOrientation.UPSIDE_DOWN :
94              portraitView(); // 根據正面朝下方向將顯示物件調整方向
95              break;
96      }
97  }
```

▲ 判斷當裝置旋轉後的程式

STEP 4 現階段，我們可點選「控制 > 測試影片 > 在 AIR Debug Launcher（行動裝置）中」（快速鍵：Ctrl + Enter）進行成果的測試。而測試的結果發現，由於我們是以橫向內容進行設計，而若起始的方向是直向時，畫面中的元件卻是錯亂，也就是說該結果是不符合我們需求的擺設。

▲ 錯誤的結果

若要改善此問題，必須在 AIR for iOS 設定的面板中，將「外觀比例」調整為「橫向」即可避免錯誤的發生。但想解決此問題的發生，其最好的解決方式為利用程式的方式去自動進行判斷。

11-6 判斷目前裝置的方向

STEP 1 在未執行裝置旋轉的動作前，會先執行一段程式以判斷目前裝置的方向並呈現其內容。藉由這樣的一個判斷以達到一開始的內容就是符合我們所需求的結果。其撰寫的程式碼如下：

```
switch (stage.orientation)
{
     case StageOrientation.DEFAULT :
            portraitView( );
            break;
     case StageOrientation.ROTATED_RIGHT :
            landscapeView( );
            break;
     case StageOrientation.ROTATED_LEFT :
            landscapeView( );
            break;
     case StageOrientation.UPSIDE_DOWN :
            portraitView( );
            break;
}
```

```
98
99  switch (stage.orientation) //Stage.setOrientation()：設定舞台的方向。此方法有一個參數，該參數是定義新舞台方向的字
100 {
101     //StageOrientation：定義舞台方向值。例如，StageOrientation.ROTATED_RIGHT 表示舞台會以裝置的預設方向為基準向右
102     case StageOrientation.DEFAULT :
103         portraitView(); // 以預設 (正面朝上) 方向重新調整顯示物件
104         break;
105     case StageOrientation.ROTATED_RIGHT :
106         landscapeView(); // 根據右手方向將顯示物件調整方向
107         break;
108     case StageOrientation.ROTATED_LEFT :
109         landscapeView(); // 根據左手方向將顯示物件調整方向
110         break;
111     case StageOrientation.UPSIDE_DOWN :
112         portraitView(); // 根據正面朝下方向將顯示物件調整方向
113         break;
114 }
```

▲ 偵測當裝置未旋轉時的程式碼（一開始所載入的狀態）

STEP 2 最後，再加入兩行程式，以為該成果進行縮放與對齊方式的設定。若未進行此項目的設定，則在直向內容時，其對應的座標位置會有偏離。

```
stage.scaleMode = StageScaleMode.NO_SCALE; // 縮放模式
stage.align = StageAlign.TOP_LEFT; // 對齊的位置
```

```
1  stage.scaleMode = StageScaleMode.NO_SCALE;
2  //Stage.ScaleMode 類中指定要使用哪種縮放模式的值
3  //StageScaleMode.NO_SCALE -- 整個 Flash 應用程序的大小固定，因此，即使播放器窗口的大小更改，它也會保持不變。
4
5  stage.align = StageAlign.TOP_LEFT;
6  //Stage.align 類中指定舞台在 Flash Player 或瀏覽器中的對齊方式的值
7  //StageAlign.TOP_LEFT 對齊頂端與靠左對齊
8
```

▲ 設定元件的縮放與對齊

屬性說明

- Stage.ScaleMode：類別中指定要使用哪種縮放模式的值。
- StageScaleMode.NO_SCALE：整個 Flash 應用程序的大小固定，因此，即使播放器窗口的大小更改，它也會保持不變。
- Stage.align：類別中指定舞台在 Flash Player 或瀏覽器中的對齊方式的值。
- StageAlign.TOP_LEFT：對齊頂端與靠左對齊。

STEP 3 範例完成。

TIPS

發佈時，在 AIR for iOS 設定面板的一般選項下，記得勾選「自動方向」，這樣該成果才具有橫向與直向的旋轉功能。

▲ 發佈面板設定

實作題

1. 利用個人的資料作為排版的內容，為直向與橫向的位置進行設定，以當行動裝置旋轉後，個人的資料會依照裝置的方向而進行排版上的調整。
2. 利用本單元提供的範例與教學，嘗試進行製作其他可類似「裝置旋轉內容調整」效果的排版作品，比如數位月曆作品。

CHAPTER 12

地理位置應用

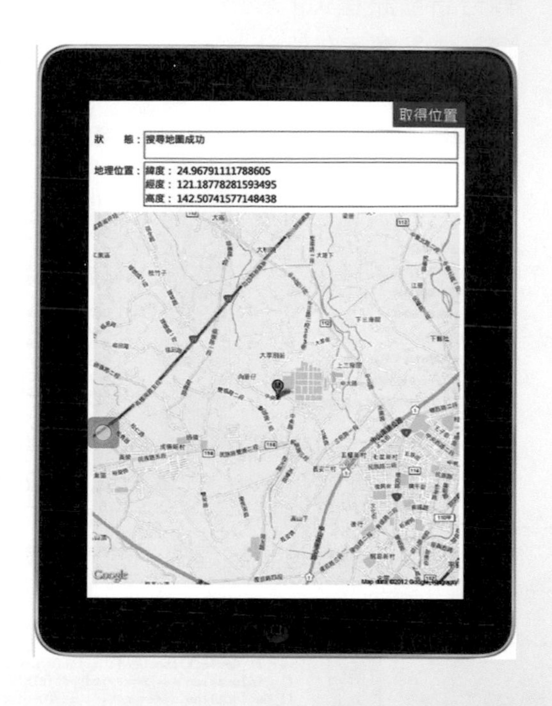

現階段的智慧型手機或是平板電腦多數都已具有 GPS（衛星定位）的功能，往往在外出旅遊或是迷路時，都會藉由此裝置中的 GPS 功能來指引道路與前進的方向。因此，本範例會結合 Google 地圖，已進行定位之功能。

由於 Apple 宣稱不再支援 Google Map。因此若您的 iOS 系統為 iOS 6 版本以上，則此程式會無法運作。但若您的系統為 iOS 5 版本以及 Android 系統仍可順利呈現 Google Map。

學習目標

- GPS 衛星定位功能
- 結合 Google 靜態地圖

12-1 事前觀念

在程式碼片段面板中，可找到「顯示地理位置」。我們可直接點選該程式以讓舞台新增該程式，套用後可藉由 Simulator（模擬器）來輸入經緯度的位置，讓其成果顯示在舞台上。

```
17  }
18  else
19  {
20      var fl_Geolocation_2:Geolocation = new Geolocation();
21      fl_Geolocation_2.setRequestedUpdateInterval(1000);
22      fl_Geolocation_2.addEventListener(GeolocationEvent.UPDATE, fl_UpdateGeolocation_2);
23  }
24
25  function fl_UpdateGeolocation_2(event:GeolocationEvent):void
26  {
27      fl_GeolocationDisplay_2.text = "緯度: ";
28      fl_GeolocationDisplay_2.appendText(event.latitude.toString() + "\n");
29      fl_GeolocationDisplay_2.appendText("經度: ");
30      fl_GeolocationDisplay_2.appendText(event.longitude.toString() + "\n");
31      fl_GeolocationDisplay_2.appendText("高度: ");
32      fl_GeolocationDisplay_2.appendText(event.altitude.toString() + "\n");
33  }
34
```

▲ 套用「顯示地理位置」程式

預設的顯示地理位置該程式中的「高度」是錯誤的，所以我們必須手動調整該部分的內容。

```
20      var fl_Geolocation:Geolocation = new Geolocation();
21      fl_Geolocation.setRequestedUpdateInterval(1000);
22      fl_Geolocation.addEventListener(GeolocationEvent.UPDATE, fl_UpdateGeolocation);
23  }
24
25  function fl_UpdateGeolocation(event:GeolocationEvent):void
26  {
27      fl_GeolocationDisplay.text = "緯度: ";
28      fl_GeolocationDisplay.appendText(event.latitude.toString() + "\n");
29      fl_GeolocationDisplay.appendText("經度: ");
30      fl_GeolocationDisplay.appendText(event.longitude.toString() + "\n");
31      fl_GeolocationDisplay.appendText(「高度: 」);
32      fl_GeolocationDisplay.appendText(event.altitude.toString() + "\n");
33  }
34
```

修改

```
20      var fl_Geolocation:Geolocation = new Geolocation();
21      fl_Geolocation.setRequestedUpdateInterval(1000);
22      fl_Geolocation.addEventListener(GeolocationEvent.UPDATE, fl_UpdateGeolocation);
23  }
24
25  function fl_UpdateGeolocation(event:GeolocationEvent):void
26  {
27      fl_GeolocationDisplay.text = "緯度: ";
28      fl_GeolocationDisplay.appendText(event.latitude.toString() + "\n");
29      fl_GeolocationDisplay.appendText("經度: ");
30      fl_GeolocationDisplay.appendText(event.longitude.toString() + "\n");
31      fl_GeolocationDisplay.appendText("高度: ");
32      fl_GeolocationDisplay.appendText(event.altitude.toString() + "\n");
33  }
34
```

▲ 修改顯示地理位置的錯誤內容

在 Flash 中發佈程式後的狀態下，可利用 Simulator（模擬器）中的「GEOLOCATION」面板來進行地理位置的測試，其操作的方式如下：

STEP 1 在 GEOLOCATION 面板中輸入座標的經緯度位置，並點選「Send」。送出經緯度位置後，在 swf 頁面中會顯示剛所輸入的經緯度。

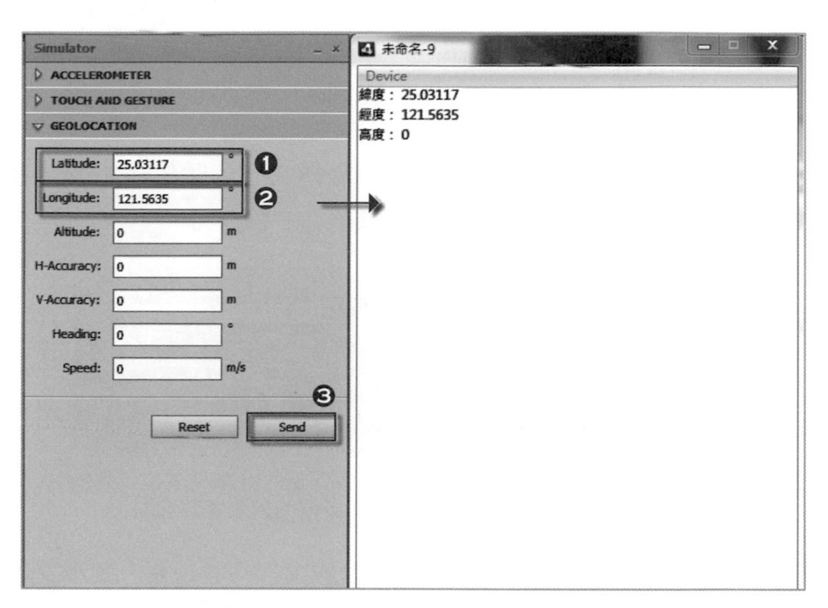

▲ 利用 Simulator（模擬器）來輸入緯經度座標

若最後成果是在具有 GPS 功能的智慧型裝置上運行時，該程式會自動判斷與顯示目前的所在位置，並將其地理位置列出在左上角位置。

12-2 ｜元件繪製、製作與命名

STEP 1 新增一個 AIR for iOS 文件，舞台尺寸設為 768 X 1024。

STEP 2 點選工具列中的「文字工具」，並在屬性面板中，進行「內嵌字體」的設定，其設定的步驟如下：

- 系列：新細明體
- 內嵌字體：勾選「全部」

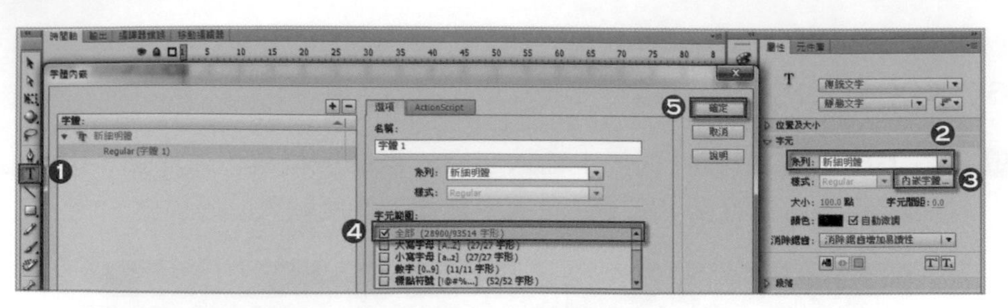

▲ 建立「內嵌字體」

STEP 3 利用「文字工具」在舞台上新增 2 個靜態文字，並依序輸入「狀態」與「地理位置」。且在文字系列選向上設為「字體 1*」。

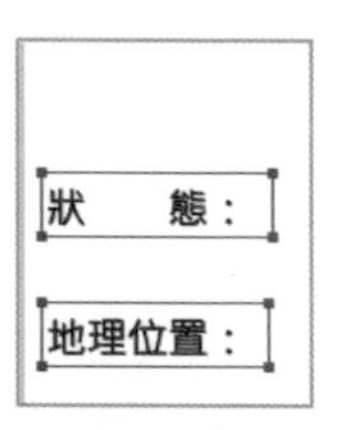

▲ 建立「狀態」與「地理位置」兩靜態文字

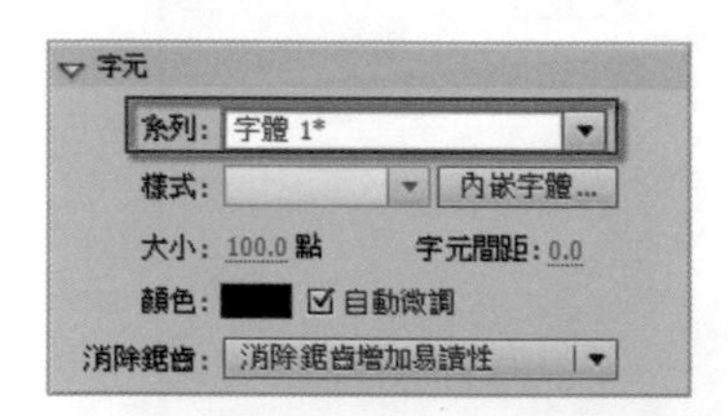

▲ 將文字的字元系列調整為剛所新建的內嵌字體名稱

STEP 4 利用「文字工具」在舞台上新增 2 個動態文字，並勾選「顯示文字邊框」效果。

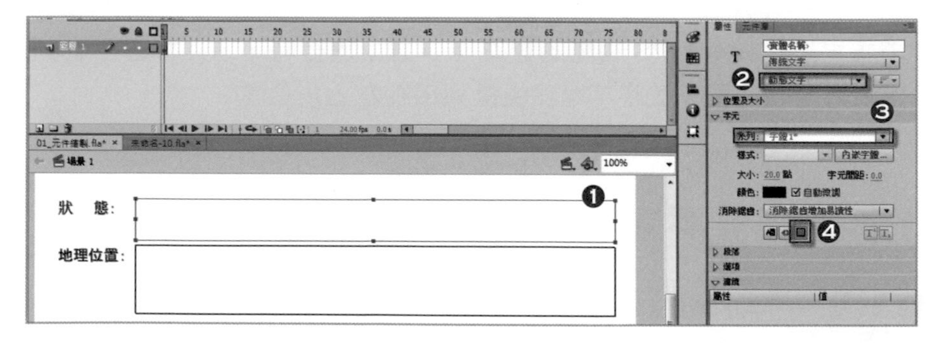

▲ 動態文字框的設定

STEP 5 利用「文字工具」在舞台上新增 1 個靜態文字，其文字內容為「取得位置」。

- 文字大小：30 點
- 系列：字體 1*

STEP 6 選取「取得位置」該文字的狀態下，點選「滑鼠右鍵 > 轉換成元件」，轉換的元件類行為「影片片段」，其影片片段名稱為「button」。

STEP 7 進入「取得位置」影片片段的編輯模式下，在文字圖層下新增一圖層，利用「矩形工具」繪製一個適當的矩形大小並填入色彩。

取得位置

▲ 建立影片片段

STEP 8 在主舞台中，利用矩形工具繪製一矩形，其矩形大小如下：

- 寬：350
- 高：240

STEP 9 在矩形形狀上點選「滑鼠右鍵 > 轉換成元件」，轉換的元件類行為「影片片段」，其影片片段名稱為「mapHolder」，其用途為顯示 Google 的地圖。

STEP 10 將各個文字與元件擺放至舞臺上適當的位置，其相關位置如下圖所示。

▲ 各個元件的擺放位置

STEP 11 將各個元件進行命名。

- button 影片片段：getGeo
- mapHolder 影片片段：mapHolder
- 動態文字框上（狀態旁）：geoStatus
- 動態文字框下（地理位置旁）：geoResults

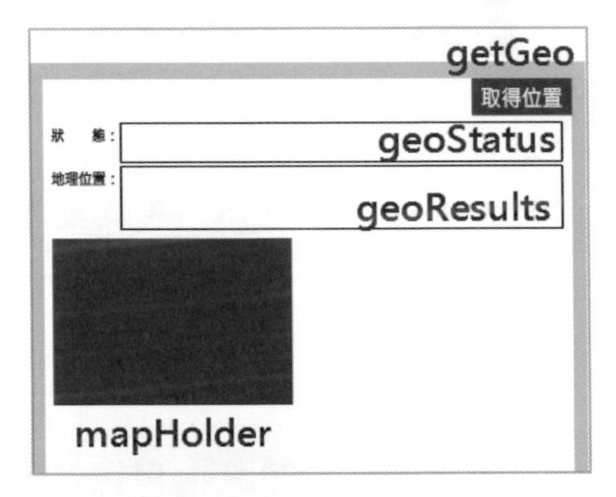

▲ 各個元件的專屬名稱

12-3 變數宣告

經由上述小節的介紹，已為舞台中的元件建立專屬的名稱，所以在撰寫程式的一開始，我們需要針對這個地理位置範例中會使用到的內容建立相關的變數，使後面的程式內容可以進行套用的動作。若以料理來形容的話，這樣的變數宣告動作就是為這道料理準備好相關的食材，才得以順利地烹煮。可開啟「02_元件命名 .fla」以進行接續動作。

- 範例：光碟 > Example > 06- 地理位置 > 範例檔 > 02_ 元件命名 .fla

STEP 1 新增一個名稱為「as」的圖層，並開啟「動作」面板（快速鍵：F9）。

STEP 2 宣告 geo 與 loader 兩變數，geo 是用來建立 Geolocation（地理定位），loader 則是儲存連線後的結果。

```
var geo:Geolocation;
var loader:Loader;
```

```
1
2  var geo:Geolocation; //建立 Geolocation
3  var loader:Loader; //儲存連線的地圖網址
4
```

▲ 變數宣告

12-4 偵測裝置是否具有 GPS 定位功能

STEP 1 使用 Geolocation.isSupported 來判斷該裝置是否具有 GPS 的定位功能，如果 Geolocation.isSupported 在執行階段是 true，則支援地理位置。

```
if (Geolocation.isSupported)
{
      geo = new Geolocation( );
}
```

STEP 2 相反的，若裝置不支援時，則舞台中名稱為 geoResults 的文字框會顯示「您的設備不支援定位的功能，請確定是否有開啟該裝備的定位功能」一詞。

```
else
{
      geoResults.text = "您的設備不支援定位的功能，請確定是否有開啟該裝備的定位功能";
      loadMap( );
}
```

- loadMap( )：用來執行名稱為 loadMap 的函數，重新的進行判斷，若確定未有該功能時則會顯示預設的地理位置。

```
4
5   /*使用 Geolocation.isSupported 屬性測試執行階段環境是否可以使用這個功能*/
6   if (Geolocation.isSupported)
7   {
8       geo = new Geolocation(); // geo為新的Geolocation事件
9       // geo.addEventListener(StatusEvent.STATUS, geolocationStatus);
10      // 建立包含狀態事件相關資訊的 Event 物件。 Event 物件會被當作參數傳遞至事件偵聽程式
11      // 定義 status 事件物件的 type 屬性值
12  }
13  else
14  {
15      geoResults.text = "您的設備不支援定位的功能，請確定是否有開啟該裝備的定位功能"; //在舞台中名稱為geoRes
16      loadMap(); //執行名稱為loadMap的函數，種新的進行判斷，若確定未有該功能時則會顯示預設的地理位置
17  }
18
```

▲ 偵測裝置是否具有 GPS 定位功能

12-5 按鈕事件

STEP 1 為舞台中的「取得位置」影片片段建立一個按鈕事件，當按下該按鈕時會進行連線的動作。

```
getGeo.addEventListener(MouseEvent.CLICK, handleButton);
function handleButton(event:MouseEvent):void
{
    程式碼…
}
```

- getGeo：舞台中「取得位置」影片片段名稱。
- handleButton：事件的名稱。

STEP 2 在 handleButton 的函數中，建立為點擊按鈕時的文字顯示內容。

```
geoStatus.text = "點擊";
```

STEP 3 利用 if( ) 判斷式，來判斷在連線時的顯示文字、偵測的間隔時間，以及執行名稱為「updateHandler」的函數內容。

```
geoStatus.text = "連線中...";
geo.setRequestedUpdateInterval(1000); //速更新的時間間隔設定為 1 秒
geo.addEventListener(GeolocationEvent.UPDATE, updateHandler);
```

- 屬性說明：
  - setRequestedUpdateInterval( )：調整地理位置事件的預定時間間隔。
  - GeolocationEvent：建立包含有關設備位置訊息的 Geolocation Event 對象。
  - UPDATE：定義 GeolocationEvent 事件對象的 type 屬性值。

```
19
20  /*按下 getGeo 按鈕*/
21  getGeo.addEventListener(MouseEvent.CLICK, handleButton);
22  function handleButton(event:MouseEvent):void
23  {
24      geoStatus.text = "點擊";
25      if (geo)
26      {
27          geoStatus.text = "連線中...";
28          geo.setRequestedUpdateInterval(1000); //速更新的時間間隔設定為 1 秒
29          geo.addEventListener(GeolocationEvent.UPDATE, updateHandler);
30          // GeolocationEvent 建立包含有關設備位置訊息的 GeolocationEvent 對象。將 Event 對象最為參數傳遞給事
31          // UPDATE 定義 GeolocationEvent 事件對象的 type 屬性的值
32      }
33  }
34
```

▲ 按鈕事件

12-6 ｜更新地理位置資訊

STEP 1 建立名稱為「updateHandler」的 function( ) 函數內容，其主要用途是取得目前地理位置的相關資訊。

```
function updateHandler(event:GeolocationEvent):void
{
    程式碼…
}
```

STEP 2 利用 geoResults 文字框來顯示取得到的地理位置資訊。

```
    geoResults.text = "緯度：" + event.latitude.toString( )+ "\n"
                + "經度：" + event.longitude.toString( )+ "\n"
                + "高度：" + event.altitude.toString( )+ "\n"
                + "速度：" + event.speed.toString( )+ "\n"
                + "移動方向：" + event.heading.toString( )+ "\n"
                + "水平精確度：" + event.horizontalAccuracy.toString( )+ "\n"
                + "垂直精確度：" + event.verticalAccuracy.toString( );
```

"\n" 為換行指令。

STEP 3 建立 loadMap 來儲存已取得的「緯度」與「經度」座標。

```
loadMap(event.latitude.toString( ), event.longitude.toString( ));
```

- 屬性説明：
  - toString( )：由於字串是具有可續性，因此字串是顯示訊息的重要的方法。正是由於這樣的原因，在 Actionscript3.0 中，每個對象皆會繼承 toString() 方法以此來把自身轉換成字串來顯示。

STEP 4 移除 geo 事件與 updateHandler 函數內容。

```
geo.removeEventListener(GeolocationEvent.UPDATE, updateHandler);
```

```
35
36  /*建立 geoResults 文字欄位來顯示地理位置*/
37  function updateHandler(event:GeolocationEvent):void
38  {
39      geoResults.text = "緯度： " + event.latitude.toString() + "\n"
40                  + "經度： " + event.longitude.toString() + "\n"
41                  + "高度： " + event.altitude.toString()  + "\n"
42                  + "速度： " + event.speed.toString()  + "\n"
43                  + "移動方向： " + event.heading.toString()  + "\n"
44                  + "水平精確度： " + event.horizontalAccuracy.toString()  + "\n"
45                  + "垂直精確度： " + event.verticalAccuracy.toString() ;
46      loadMap(event.latitude.toString(), event.longitude.toString());
47      // toString() 返回一個字符串，其中包含 GeolocationEvent 對象的所有屬性
48      geo.removeEventListener(GeolocationEvent.UPDATE, updateHandler);
49      // 移除 updateHandler
50  }
51
```

▲ 更新地理位置資訊

12-7 載入地圖

STEP 1 建立名稱為「loadMap」的 function( ) 函數內容，並判斷「緯度」與「經度」座標是否為空內容。

```
function loadMap (lat:String=null, long:String=null):void
{
    程式碼…
}
```

STEP 2 在執行 loadMap 函數內容時，此時舞台上的 geoStatus 文字框會顯示「搜尋地圖」文字。

```
geoStatus.text = "搜尋地圖...";
```

STEP 3 同時，宣告兩個 String 字串類型，分別為「locString」與「markers」兩名稱，其 locString 用為紀錄地圖網址的字串；markers 為地圖上的標註點。

```
var locString:String;
var markers:String;
```

STEP 4 在 loadMap 函數內容中，增加一個 if( ) 判斷式來判斷當有緯度座標時如何與Google地圖進行連結，相反的如果沒資料時則會執行何種動作。

```
if (lat != null)
      {
              程式碼…
      }
      else
      {
              程式碼…
      }
```

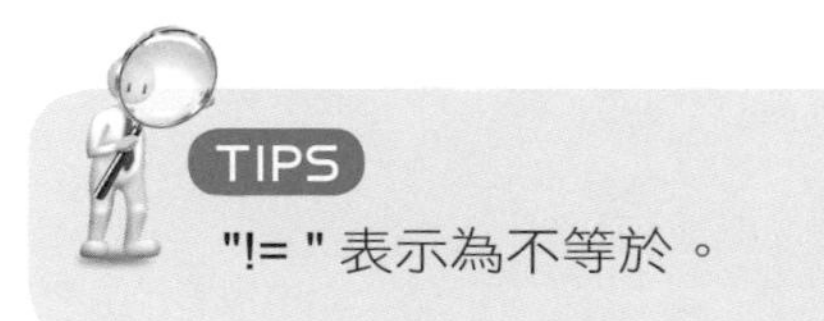

"!= " 表示為不等於。

STEP 5 當偵測到經緯度座標時，標註點的顏色為藍色，且在標註點上給予一個名稱，其名稱為 M，最後該標註點會顯示在所偵測到的經緯度座標上。

```
markers = "&markers=color:blue|label:M|" + lat + ", " + long;
```

- &markers=color:blue 地圖上標註點的顏色為「藍色」。
- |label:M| 標註點上所顯示的名稱為「M」。
- lat + ", " + long 標註點顯示在所偵測到的經緯度座標上。

STEP 6 連結 Google 地圖的用法為：網址參數 + 緯度 + 經度 + 縮放等級 + 圖片大小 + 地圖類型 + 標註點（markers）+ sensor 啟動。

```
locString = "http://maps.google.com/maps/api/staticmap?center=" + lat + ", " + long
+ "&zoom=14&size=700x770&maptype=roadmap&" + markers + "&sensor=true";
```

TIPS

Static Maps API 的使用方法與相關參數的設定可參考下列網址。

網址：https://developers.google.com/maps/documentation/staticmaps/?hl=zh-TW#StyledMaps

STEP 7 上述的 Step5~Step6 為判斷有偵測到經緯度座標時的執行內容。相反的，當未偵測到經緯度位置時，則會呈現我們所自行預設的「台北 101」座標位置。並將判斷台北 101 位置填寫到 else 的判斷式中，且預設標註點的顏色為紅色，而在標註點上的名稱為 A。

```
markers = "&markers=color:red|label:A|25.037705,121.582861";
locString = "http://maps.google.com/maps/api/staticmap?center=25.037705,
 121.582861&zoom=14&size=700x770&maptype=hybrid&sensor&" + markers +
"&sensor=true";
```

TIPS

台北 101 的座標位置，緯度：25.037705、經度：121.582861。

STEP 8 最後在載入地圖 loadMap 函數中，新增利用 loader 變數來載入所偵測到的 Google 地圖網址字串（locString）。

```
loader = new Loader( );
     loader.load (new URLRequest (locString));
```

STEP 9 在連結 Google 地圖的過程中有可能會因為網路的連線品質或其他因素來決定連線的成功與否，所以我們必須在對於連線的成功與否進行相關的判斷。其做法為對 loader 進行監聽的動作並在依據載入的成功與否執行相關的程式內容。成功時的函數名稱為「handleMapResponse」；錯誤時的函數名稱為「handleMapError」。

```
/* 成功連線 */
loader.contentLoaderInfo.addEventListener (Event.COMPLETE, handleMapResponse);
/* 連線錯誤 */
loader.contentLoaderInfo.addEventListener (IOErrorEvent.IO_ERROR,
handleMapError);
```

- 屬性說明：
  - contentLoaderInfo：所載入的 容是（swf、jpg…）等訊息。
  - Event.COMPLETE：載入元件完成時。
  - IOErrorEvent.IO_ERROR：載入元件發生錯誤時。

```
52
53  /*載入地圖*/
54  function loadMap(lat:String=null, long:String=null):void
55  {
56      geoStatus.text = "搜尋地圖...";
57      var locString:String; //地圖網址的字串
58      var markers:String; //地圖上標註點
59
60      if (lat != null)
61      {
62          markers = "&markers=color:blue|label:M|" + lat + ", " + long;
63
64          locString = "http://maps.google.com/maps/api/staticmap?center=" +
65          lat + ", " + long + "&zoom=14&size=700x770&maptype=roadmap&" +
66          markers + "&sensor=true";
67          // 依照裝置的位置縣市google地圖
68      }
69      else
70      {
71          markers = "&markers=color:red|label:A|25.037705,121.582861";
72
73          locString = "http://maps.google.com/maps/api/staticmap?center=
74          25.037705, 121.582861&zoom=14&size=700x770&maptype=hybrid&sensor&" +
75          markers + "&sensor=true";
76          // 無法載入時會以 "台北101位置" 來顯示
77      }
78
79      loader = new Loader();
80      loader.contentLoaderInfo.addEventListener(Event.COMPLETE, handleMapResponse);
81      // contentLoaderInfo 所載入的內容是(swf,jpg…)等訊息
82      // Event.COMPLETE 載入元件完成時
83
84      loader.contentLoaderInfo.addEventListener(IOErrorEvent.IO_ERROR, handleMapError);
85      // IOErrorEvent.IO_ERROR    載入元件發生錯誤時
86
87      loader.load(new URLRequest(locString));
88      // 載入網址
89  }
90
```

▲ 載入地圖程式

12-8 成功載入地圖

STEP 1 建立名稱為「handleMapResponse」的 function( ) 函數內容。

```
function handleMapResponse (event:Event):void
{
    程式碼…
}
```

STEP 2 移除成功載入與載入失敗的監聽內容。

```
loader.contentLoaderInfo.removeEventListener (Event.COMPLETE,
 handleMapResponse);
// 移除成功載入的 handleMapResponse 監聽內容
loader.contentLoaderInfo.removeEventListener (IOErrorEvent.IO_ERROR,
handleMapError);
// 移除載入失敗的 handleMapError 監聽內容
```

STEP 3 在 geoStatus 文字框中顯示搜尋地圖成功的文字訊息。

```
geoStatus.text = "搜尋地圖成功";
```

STEP 4 將成功載入後的 loader 內容傳遞給舞台中名稱為 mapHolder 的影片片段，以顯示 Google 地圖。

```
mapHolder.addChild (loader);
```

```
85
86  /*成功載入地圖*/
87  function handleMapResponse(event:Event):void
88  {
89      loader.contentLoaderInfo.removeEventListener(Event.COMPLETE, handleMapResponse);
90      loader.contentLoaderInfo.removeEventListener(IOErrorEvent.IO_ERROR, handleMapError);
91      geoStatus.text = "搜尋地圖成功";
92      mapHolder.addChild(loader);
93  }
94
```

▲ 成功載入地圖

12-9 載入地圖失敗

STEP 1 建立名稱為「handleMapError」的 function( ) 函數內容。

```
function handleMapError (event:IOError):void
{
        程式碼…
}
```

STEP 2 移除成功載入與載入失敗的監聽內容。

```
loader.contentLoaderInfo.removeEventListener (Event.COMPLETE,
handleMapResponse);
loader.contentLoaderInfo.removeEventListener (IOErrorEvent.IO_ERROR,
handleMapError);
```

STEP 3 在 geoStatus 文字框中顯示無法載入的文字訊息

```
geoStatus.text = "無法載入 Google 的靜態地圖 API";
```

```
96  /*無法載入地圖*/
97  function handleMapError(event:IOError):void
98  {
99      loader.contentLoaderInfo.removeEventListener(Event.COMPLETE, handleMapResponse);
100     loader.contentLoaderInfo.removeEventListener(IOErrorEvent.IO_ERROR, handleMapError);
101     geoStatus.text = "無法載入Google的靜態地圖API";
102 }
```

▲ 載入地圖失敗

STEP 4 範例完成。

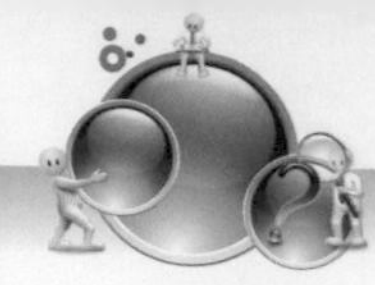

實作題

1. 利用程式碼片段中的「顯示地理位置」來得知您目前的經緯度座標。
2. 利用本單元提供的範例與教學，嘗試進行製作與「地理位置應用」有關的數位內容作品。

   比如：以古地圖為主，但能讓使用者觀看古地圖資訊時，能同步顯示對應現代之地理位置資訊，此類數位內容加值應用有關之「互動導覽系統功能」。

CHAPTER 13

加速器應用

在多數的 App 遊戲中，我們必須移動設備的方向來控制遊戲中的角色位置，才可進行遊戲，例如在賽車遊戲中，我們可藉由旋轉設備的方向來控制畫面中的賽車方向，而這樣的模式我們稱為加速器。因此，本範例會利用忍者接武器作為加速器的介紹，以透過旋轉設備來控制遊戲中忍者的左右。

學習目標

- 加速器的運用方法
- 碰撞偵測

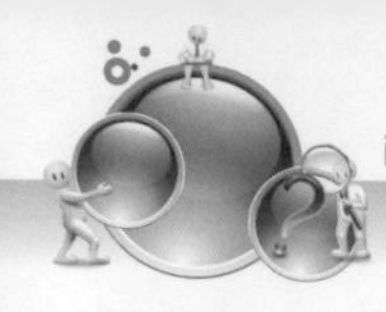

13-1 事前觀念

在程式碼片段面板中，找到「以加速計移動」。我們可在舞台中新增一個元件並套用該程式，套用後當裝置移動時，舞台中的元件就會依照旋轉的角度與方向來進行位移。

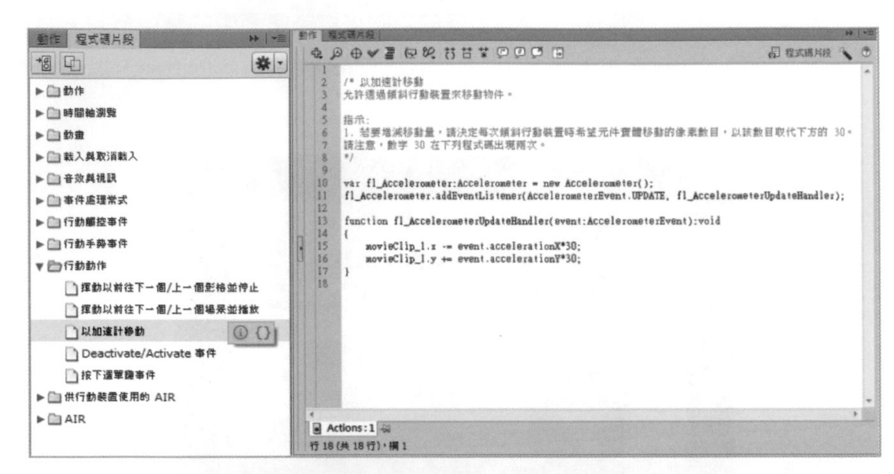

▲ 套用「以加速計移動」程式

13-2 設定影格與元件名稱

首先，開啟「0_ 素材 .fla」檔案，此檔案已經將所有的素材匯入至元件庫，且在舞台上已將擺放好相對的內容。再來，各位讀者可開啟該檔案讓我們來逐步地進行相關的設計動作。

- 範例：光碟 > Example > 07- 加速器 > 範例檔 > 0_ 素材 .fla

開啟範例後，先為時間軸上的 3 個影格進行元件命名的動作，詳細的元件名稱與對應位置如下表所示：

元件名稱

元件位置／階層	元件	屬性名稱
影格 1	開　始	start_mc

元件位置／階層	元件	屬性名稱
影格 2		scoreBar_mc
影格 2 > scoreBar_mc 元件中 場景 1 ScoreBar		score_txt
影格 2		Ninja_mc
影格 2 > NinjaHit_mc 元件中 場景 1 忍者_正常		NinjaHit_mc
影格 3	再玩一次	again_mc
元件庫 > 武器 > AS 連結（在該欄位點擊滑鼠左鍵兩下即可輸入）	屬性 元件庫 1_元件命名.fla 29 個項目 名稱 AS 連結 0 繪製圖型 hitarea ScoreBar 再玩一次 忍者_正常 忍者_過關 武器 Arms 背景 開始	Arms

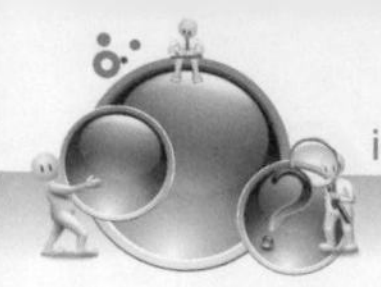

TIPS

元件庫中的「AS 連結」項目其主要目的是，匯出元件庫中的元件給 ActionScript 使用，也就是說可用 ActionScript 語法來將該元件呼叫到舞台中。

- 將元件給 ActionScript 使用的方式有下列兩點：

1. 在元件庫中，直接對要命名的元件之 AS 欄位，點擊滑鼠左鍵兩下，就可進入編輯模式。

2. 在元件庫中對要命名的元件，點擊滑鼠左鍵來開啟編輯面板，就可進階的對該影片片段進行設定。

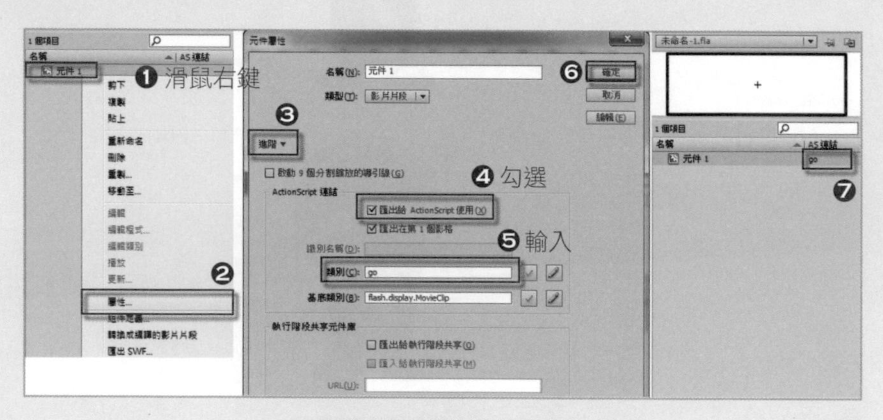

▲ 編輯元件的進階內容

影格名稱

在關卡名稱圖層中，對影格 2 與影格 3 進行影格命名，其設定的影格名稱如下：

- 影格 2：start
- 影格 3：pass

13-3 開始與過關畫面程式撰寫

針對影格 1（開始畫面）與影格 3（過關畫面）中的按鈕進行設定。此小節的內容可開啟「1_ 元件命名 .fla」來進行練習。

- 範例：光碟 > Example > 07- 加速器 > 範例檔 > 1_ 元件命名 .fla

開始按鈕事件

STEP 1 在影格 1 的起始畫面中，選取「開始」的元件，並從程式碼片段中套用「輕點事件」的程式碼片段內容。

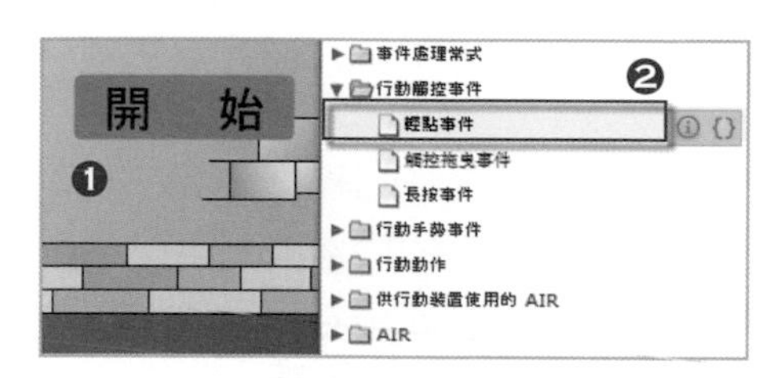

▲ 套用輕點事件

STEP 2 在動作面板中，會看見已套用好的程式內容。此時，我們依照此遊戲的需求來進行簡易的修正。修正的內容有兩點，為一開始會停在影格 1 與按下按鈕後會前往遊戲內容（影格 2），其需輸入與修改的程式內容如下：

1. 輸入「stop( );」

2. 在 function( ) 函數中，填入「nextFrame( );」指令。

▲ 依照需求而修改套用後的程式內容

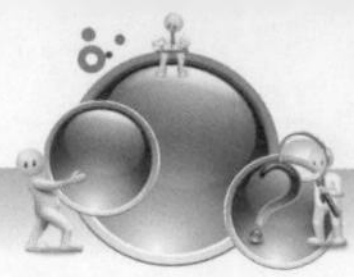

再玩一次按鈕事件

依照起始畫面的設定方式，為影格 3 的過關畫面進行相關的程式碼修改。

STEP 1 在影格 3 的過關畫面中，選取「再玩一次」的元件，並從程式碼片段中套用「輕點事件」的程式碼片段內容。

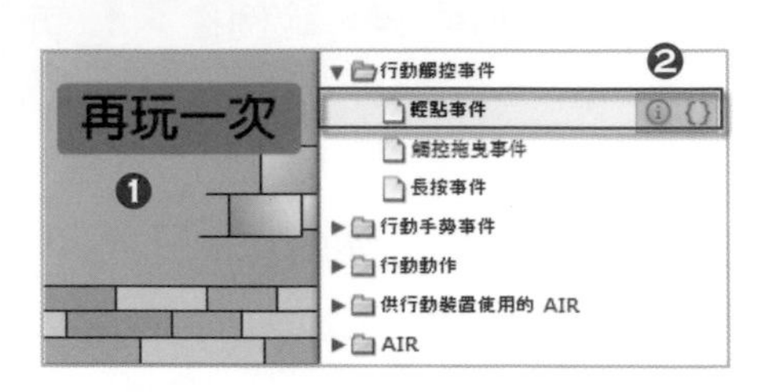

▲ 套用輕點事件

STEP 2 在動作面板中，會看見已套用好的程式內容。此時，我們依照此遊戲的需求來進行簡易的修正。修正的內容有兩點，為一開始會停在影格 3；以及當再玩一次的按下按鈕後會前往遊戲內容（影格 2）與分數歸 0 兩個動作，其需輸入與修改的程式內容如下：

1. 輸入「stop( );」

2. 在 function( ) 函數中，輸入「gotoAndStop ("start");」與「scoreBar_mc.score_txt.text = 0;」程式。

```
1   stop();
2
3   /* 按一下前往下一個影格並停止
4   在特定元件實體上按一下，會將播放磁頭移到下一個影格，並停止影片。
5   */
6   Multitouch.inputMode = MultitouchInputMode.TOUCH_POINT;
7
8   again_mc.addEventListener(MouseEvent.CLICK, fl_ClickToGoToNextFrame_3);
9
10  function fl_ClickToGoToNextFrame_3(event:MouseEvent):void
11  {
12      gotoAndStop("start"); //前往影格2，進行遊戲
13      scoreBar_mc.score_txt.text = 0; //分數歸零
14  }
15
```

▲ 依照需求而修改套用後的程式內容

13-4 忍者移動與可移動範圍

在遊戲內容的互動上，會針對角色的移動、武器的產生、武器的移除以及過關條件來進行相關內容的撰寫。此小節的內容可開啟「2_ 開始與過關 .fla」來進行練習。

- 範例：光碟 > Example > 07- 加速器 > 範例檔 > 2_ 開始與過關 .fla

13-4-1 忍者移動

STEP 1 選取影格 2 中的忍者角色，並套用「以加速計移動」的程式碼片段內容。

▲ 套用「以加速計移動」動作

STEP 2 開啟動作面板，輸入「stop( );」指令以讓影格停止，以及將「Ninja_mc.y += event.accelerationY*30;」改成「註解」模式。

```
1   stop();
2
3   /* 以加速計移動
4   允許透過傾斜行動裝置來移動物件。
5
6   指示:
7   1. 若要增減移動量，請決定每次傾斜行動裝置時希望元件實體移動的像素數目，以該數目取代下方的 30。
8   請注意，數字 30 在下列程式碼出現兩次。
9   */
10
11  var fl_Accelerometer:Accelerometer = new Accelerometer();
12  fl_Accelerometer.addEventListener(AccelerometerEvent.UPDATE, fl_AccelerometerUpdateHandler);
13
14  function fl_AccelerometerUpdateHandler(event:AccelerometerEvent):void
15  {
16      Ninja_mc.x -= event.accelerationX*30;
17      //Ninja_mc.y += event.accelerationY*30;
18  }
19
```

▲ 依照需求而修改套用後的程式內容

TIPS

因此遊戲主要的進行模式為利用移動 X 座標來接收武器，因此 Y 座標的移動對於本遊戲是不需要的，所以利用註解的方式來取消該程式的運行。

STEP 3 雖然目前程式碼中已有忍者 X 座標的移動程式碼，但這樣的作法會不利於判斷忍者在舞台中的左右邊界設定。所以，我們須利用變數的方式來儲存 X 座標的移動數量。因此，需新增與修改的程式碼如下：

- 宣告 NinjaX 變數

```
var NinjaX:Number = 0;
```

- 將 X 座標移動的數量儲存在 NinjaX 變數中（修改原先的 X 座標移動程式碼）。

```
NinjaX = event.accelerationX;
```

```
10 var NinjaX:Number = 0;        新增
11
12 var fl_Accelerometer:Accelerometer = new Accelerometer();
13 fl_Accelerometer.addEventListener(AccelerometerEvent.UPDATE, fl_AccelerometerUpdateHandler);
14
15 function fl_AccelerometerUpdateHandler(event:AccelerometerEvent):void
16 {
17     NinjaX = event.accelerationX;        修改
18     //Ninja_mc.y += event.accelerationY*30;
19 }
20
```

▲ 新增與修改後的程式碼畫面

13-4-2 可移動範圍設定

在遊戲中，忍者角色是不斷在移動的。所以，對於忍者在可移動的邊界範圍上也須進行判斷。

STEP 1 在移動邊界的設定上，需在一開始進入影格時就進行判斷。所以，我們可套用程式碼片段中的「進入影格事件」，並在新增其判斷的內容。

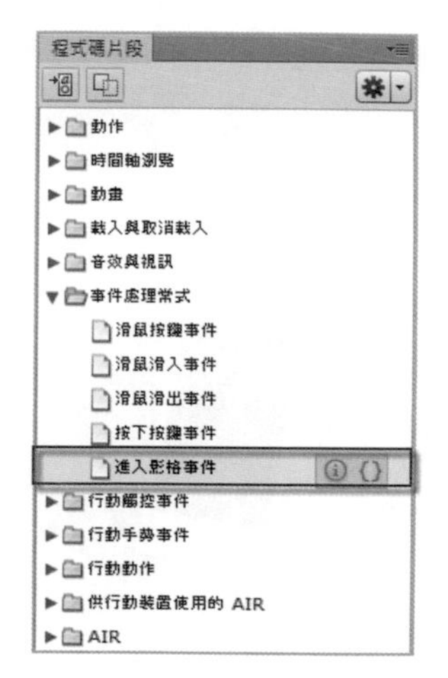

▲ 套用「進入影格事件」動作

STEP 2 修改「進入影格事件」的 function 函數名稱與新增忍者元件的 X 座標移動程式。

- 修改 function 函數名稱，修改的名稱為「NinjaMove」。
- 改變忍者元件（Ninja_mc）在 X 座標的移動量，而移動量為裝置的傾斜量乘以 30。

```
Ninja_mc.x -= NinjaX * 30;
```

```
22  /* 進入影格事件
23  每當播放磁頭移入時間軸上的新影格時，執行下面定義的 fl_EnterFrameHandler 函數。
24  
25  指示:
26  1. 在下方含有 "// 啟動您的自訂程式碼" 的程式碼之後，將自訂的程式碼加入新行。
27  當播放磁頭移入新時間軸影格時，就會執行程式碼。
28  */
29  
30  addEventListener(Event.ENTER_FRAME, NinjaMove);
31  
32  function NinjaMove(event:Event):void
33  {
34      Ninja_mc.x -=  NinjaX * 30;
35      }
```

▲ 修改進入影格事件的名稱與判斷內容

完成上述的設定後，可進行影片的測試。但測試的結果會發現，忍者雖然移動了，但移動的結果會超出舞台，所以，下列會利用一些條件式來判斷忍者移動的範圍。

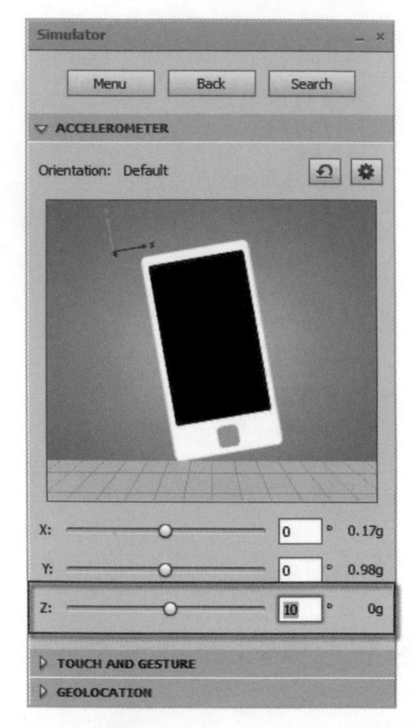

▲ 調整 Simulator 模擬器中的「Z 軸」，可控制忍者的移動

STEP 3 在忍者移動的範圍部分，新增「NinjaX1」與「NinjaX2」兩變數來計算忍者的可移動範圍。

```
var NinjaX1:Number = Ninja_mc.width / 2;   //左邊邊界
var NinjaX2:Number = stage.stageWidth - Ninja_mc.width / 2;   //右邊邊界
```

```
29
30  //決定忍者的左右邊界
31  var NinjaX1:Number = Ninja_mc.width / 2;
32  var NinjaX2:Number = stage.stageWidth - Ninja_mc.width / 2;
33
34  addEventListener(Event.ENTER_FRAME, NinjaMove);
35
36  function NinjaMove(event:Event):void
37  {
```

▲ 新增「NinjaX1」、「NinjaX2」兩變數來設定左右邊界的範圍

STEP 4 宣告好左右邊界的兩變數後，利用 if( ) 判斷式式來判斷忍者在左右邊界的範圍，讓忍者被移動到最左邊界時則停在左邊，相反的則停在右邊界。其判斷式的條件有下列兩點，相關程式碼如下：

1. 先利用 if( ) 判斷式來判斷忍者的 X 座標是否小於 0，而小於 0 則表示忍者向右邊移動，相反的則向左邊移動。

2. 在判斷左右移動的 if( ) 判斷式中，增加判斷在往左右移動時的邊界範圍。當忍者的 X 座標大於舞台的右邊時，則忍者會停在最右邊。相反的，若是往左移動時，則忍者會停在最邊的位置。

```
// 往右移動
if (NinjaX < 0)
       {
              // 停在右邊界
              if (Ninja_mc.x > NinjaX2)
              {
                     Ninja_mc.x = NinjaX2;
              }
       }
// 往左移動
else
       {
              // 停在左邊界
              if (Ninja_mc.x < NinjaX1)
              {
                     Ninja_mc.x = NinjaX1;
              }
       }
```

```
30  //決定忍者的左右邊界
31  var NinjaX1:Number = Ninja_mc.width / 2; //左邊邊界
32  var NinjaX2:Number = stage.stageWidth - Ninja_mc.width / 2; //右邊邊界
33
34  addEventListener(Event.ENTER_FRAME, NinjaMove);
35
36  function NinjaMove(event:Event):void
37  {
38      Ninja_mc.x -= NinjaX * 30;
39
40      //往右移動
41      if (NinjaX < 0)
42      {
43          if (Ninja_mc.x > NinjaX2)
44          {
45              Ninja_mc.x = NinjaX2;
46          }
47      }
48      //往左移動
49      else
50      {
51          if (Ninja_mc.x < NinjaX1)
52          {
53              Ninja_mc.x = NinjaX1;
54          }
55      }
56  }
```

▲ 超出範圍時，忍者會停在最左邊與最右邊

13-5 在舞台中產生武器

在產生武器的過程中，首先會利用亂數的方式來控制武器的產生速度，之後會對武器落下的速度、落下距離等條件進行控制，以達到產生武器的目的。其相關的建立動作如下：

STEP 1 建立名稱為「createArms_s」的 function( ) 函數內容。

```
function createArms_s ( ):void
{
        程式碼…
}
```

```
58
59  //在舞台中產生武器
60
61  function createArms_s():void
62  {
63
64
65  }
66
```

▲ 建立 createArms_s 函數

STEP 2 在 function( ) 函數上方宣告一陣列，使所有武器（arms）物件會儲存在這個變數中。往後的碰撞偵測與武器移動等內容都會透過該變數，遊戲結束後也是會移除此變數。其設定的變數名稱為「arms_s」。

```
var arms_s:Array = new Array ( );
```

STEP 3 為了控制武器的產生速度。可利用亂數的方式來產生 0~99 的數字，並將產生出的亂數儲存給「rate」變數。最後在對產生的數字進行判斷，當產生的數字小於 2 時才會執行產生武器的相關程式內容，其此結構的程式碼如下：

```
var rate:Number = Math.floor (Math.random( )* 100);
      if (rate < 2 )
      {
              程式碼…
      }
```

```
58  //在舞台中產生武器
59  var arms_s:Array = new Array(); //宣告多數量的武器 arms_s 為陣列變數
60  function createArms_s():void
61  {
62      var rate:Number = Math.floor(Math.random() * 100);
63      if (rate < 2 )
64      {
65
66      }
67
68  }
```

▲ 亂數的產生與判斷

STEP 4 在變數小於 2 的判斷式中。將元件庫中 AS 連結的「Arms」名稱指定為 arms 類別，並將「Arms」建立成物件。

```
var arms:MovieClip; // 指定 arms 類別
arms = new Arms( ); // 建立物件
```

STEP 5 將武器的落下速度指定給「speed」屬性。（爾後可修改此數值來控制武器落下的速度）

```
arms.speed = 5;
```

STEP 6 將武器的 Y 座標起始值設為 0。

```
arms.y = 0;
```

STEP 7 利用亂數的方式使武器隨機出現在舞台中，且不會超過舞台，而產生的武器位置僅會限於 X 座標上。

```
arms.x = Math.floor(Math.random( ) * (stage.stageWidth-arms.width));
```

▲ 在 X 座標中亂數的產生武器

STEP 8 將 arms 物件，傳給 arms_s 陣列函數中。

```
addChild (arms); // 新增 arms 物件
arms_s.push (arms); // 將 arms 物件推給 arms_s 陣列
```

```
58 //在舞台中產生武器
59 var arms_s:Array = new Array(); //宣告多數量的武器 arms_s 為陣列變數
60 function createArms_s():void
61 {
62     var rate:Number = Math.floor(Math.random() * 100);
63     if (rate < 2 )
64     {
65         //與元件庫中AS連結的 武器Arms 指定為 arms 類別
66         var arms:MovieClip;
67         arms = new Arms();
68 
69         //武器的落下速度
70         arms.speed = 5;
71 
72         //武器的Y座標為0
73         arms.y = 0;
74 
75         //讓 武器(Arms) 出現在舞台中，且不會超過舞台
76         arms.x = Math.floor(Math.random() * (stage.stageWidth-arms.width));
77 
78         //將 arms 物件，傳給 arms_s 陣列函數中
79         addChild(arms);
80         arms_s.push(arms);
81     }
82 
83 }
84
```

▲ 產生武器的完整程式

13-6 移除舞台中的武器

上述的小節已設定好在 X 座標上會產生武器，以及武器起始的 Y 軸座標跟落下的速度。但這樣的結果，武器並沒有落下的效果。因此，本小節會去不斷增加落下的 Y 座標數量，且最後當武器移出畫面時，會將武器從舞台中移除，避免增加記憶體的負擔。

STEP 1 首先，建立名稱為「moveArms_s」的 function( ) 函數內容。

```
function moveArms_s ( ):void
{
        程式碼…
}
```

```
85  //移除離開舞台後的武器
86  function moveArms_s():void
87  {
88
89  }
90
```

▲ 建立名稱為 moveArms_s 函數

STEP 2 在 function( ) 函數中，宣告 arms 類別。

```
var arms:MovieClip;
```

STEP 3 利用 for 迴圈來不斷增加 Y 座標的數值，使武器達到落下效果。

```
for (var i:int = arms_s.length-1; i >= 0; i--)
    {
            arms = arms_s[i];
            arms.y += arms.speed; // speed 為 5
    }
```

```
94  function moveArms_s():void
95  {
96      var arms:MovieClip;
97
98      //利用for迴圈來不斷增加Y座標的數值，使武器達到落下效果
99      for (var i:int = arms_s.length-1; i >= 0; i--)
100     {
101         arms = arms_s[i];
102         arms.y +=  arms.speed;
103     }
104 }
```

▲ 利用 for 迴圈來增加落下的數值

STEP 4 當武器的 Y 座標超過舞台的高度時，會從舞台與陣列中移除。

```
if (arms_s.y > stage.stage.height)
    {
            removeChild (arms); // 移除舞台中的 arms
            arms_s.splice (i,1); // 刪除陣列中的武器位置
    }
```

TIPS

splice（索引，數目）：去除索引位置後指定數目的元素

```
85  //移除離開舞台後的武器
86  function moveArms_s():void
87  {
88      var arms:MovieClip;
89
90      //利用for迴圈來不斷增加Y座標的數值，使武器達到落下效果
91      for (var i:int = arms_s.length-1; i >= 0; i--)
92      {
93          arms = arms_s[i];
94          arms.y +=  arms.speed;
95
96          //當武器的Y座標達於舞台的高度時，會從舞台與陣列中移除
97          if (arms_s.y > stage.stage.height)
98          {
99              removeChild(arms);
100             //元件.splice(索引，數目)：刪除索引位置後指定數目的元素
101             arms_s.splice(i,1);
102         }
103     }
104 }
105
```

▲ 移除武器的完整程式

13-7 忍者與武器的碰撞偵測

當武器與忍者的籃子碰撞後，則分數會加 1，且顯示於舞台右上方的計數器中。在忍者元件中，有為此碰撞事件建立一個專屬的元件「NinjaHit_mc」，當此元件與舞台上的武器產生碰撞後才會使分數產生累加的效果。

▲ 專屬的碰撞區域

TIPS

在忍者元件中的碰撞區域大小可依照實際的需求而設定，若未進行此項設定的話，當武器一碰到忍者這個角色的頭髮時就會進行分數累加的動作，而這樣的結果會達不到武器裝進籃子裡的效果，因此才需在籃子的區域特別製作一個專屬的碰撞元件。

STEP 1 首先，先建立「score」變數來記錄接到武器的數量。之後建立名稱為「HitCollArms_s」的 function( ) 函數內容。

```
var score:int = 0; //計算分數起始值
function HitCollArms_s ( )
{
        程式碼…
}
```

STEP 2 在 function( ) 中，宣告 arms 類別。

```
var arms:MovieClip;
```

STEP 3 利用 for 迴圈來從陣列的最後一個元素開始往前瀏覽。

```
for (var i:int=arms_s.length-1; i>=0; i--)
    {
            arms = arms_s[i];
    }
```

STEP 4 在 for 迴圈中新增 if( ) 判斷式，來判斷武器是否與籃子產生碰撞。產生碰撞後，則會對目前的分數會進行加 1 的動作，以及將分數顯示在舞台右上方的分數計數器中。

```
if (arms.hitTestObject (Ninja_mc.NinjaHit_mc))
    {
            score++; //目前的分數加 1
            scoreBar_mc.score_txt.text = score; //將分數顯示在舞台的計數器中
            removeChild (arms); //移除舞台中的 amrs
            arms_s.splice (i,1); //刪除陣列中的武器位置
    }
```

```
106
107  //碰撞偵測
108  var score:int = 0; //計算分數起始值
109  function HitCollArms_s()
110  {
111      var arms:MovieClip;
112      for (var i:int=arms_s.length-1; i>=0; i--)
113      {
114          arms = arms_s[i];
115
116          //武器的碰撞感應區 碰撞到 忍者的碰撞感應區
117          if (arms.hitTestObject(Ninja_mc.NinjaHit_mc))
118          {
119              score++; //分數在加 1
120              scoreBar_mc.score_txt.text = score;
121
122              //碰撞後 武器 從舞台與陣列中移除
123              removeChild(arms);
124              arms_s.splice(i,1);
125          }
126      }
127  }
```

▲ 碰撞偵測的完整程式

13-8 過關條件判斷

在過關條件上，會判斷忍者是否有接到 10 支武器，若完成此數值會前往過關的畫面。

STEP 1 建立名稱為「checkGameEnd」的 function( ) 函數內容。

```
function checkGameEnd ( )
{
       程式碼…
}
```

STEP 2 在 function( ) 函數中，利用 if( ) 判斷式來判斷當分數大於或等於「10」時的動作，也就是說，當完成過關條件時的執行動作。

```
if (score >= 10)
       {
              程式碼…
       }
```

STEP 3 當達到過關條件後，在 if( ) 判斷式中，會移除忍者事件的監聽程式，以停止遊戲中會不斷進行判斷的動作。以及，過關後會自動前往過關的影格。

```
removeEventListener (Event.ENTER_FRAME, NinjaMove);
gotoAndStop ("pass");
```

STEP 4 在 if( ) 判斷式中，利用 for 迴圈來從陣列的最後一個元素開始往前瀏覽並從舞台與陣列中移除該武器。

```
for (var i:int=arms_s.length-1; i>=0; i--)
    {
        removeChild (arms_s[i]);
        arms_s.splice (i,1);
    }
```

```
128
129 //過關條件
130 function checkGameEnd()
131 {
132     if (score >= 10)
133     {
134         //移除事件偵聽程式
135         removeEventListener(Event.ENTER_FRAME, NinjaMove);
136
137         //移除舞台與陣列中所有 arms
138         for (var i:int=arms_s.length-1; i>=0; i--)
139         {
140             removeChild(arms_s[i]);
141             arms_s.splice(i,1);
142         }
143         //前往過關畫面
144         gotoAndStop("pass");
145     }
146 }
```

▲ 過關條件的完整程式

13-9 ｜持續判斷事件

我們剛已為武器的產生、移除、碰撞偵測與過關條件進行相關的程式撰寫，此時，為了讓在遊戲進行中可以不斷地對這些內容進行判斷，因此，我們必須將這 4 個事件加入到「忍者移動」的 ENTER_FRAME 事件中，以讓在遊戲進行時可不斷的呼叫這些事件。在忍者的 NinjaMove 函數中加入的條件內容如下：

```
// 產生武器
createArms_s ( );
```

```
// 武器移動
moveArms_s ( );
// 碰撞偵測
HitCollArms_s ( );
// 過關條件
checkGameEnd ( );
```

```
32  //決定忍者的左右邊界
33  var NinjaX1:Number = Ninja_mc.width / 2; //左邊邊界
34  var NinjaX2:Number = stage.stageWidth - Ninja_mc.width / 2; //右邊邊界
35
36  addEventListener(Event.ENTER_FRAME, NinjaMove);
37
38  function NinjaMove(event:Event):void
39  {
40      Ninja_mc.x -=  NinjaX * 30;
41
42      //往右移動
43      if (NinjaX < 0)
44      {
45          if (Ninja_mc.x > NinjaX2)
46          {
47              Ninja_mc.x = NinjaX2;
48          }
49      }
50      //往左移動
51      else
52      {
53          if (Ninja_mc.x < NinjaX1)
54          {
55              Ninja_mc.x = NinjaX1;
56          }
57      }
58      //產生武器
59      createArms_s();
60      //武器移動
61      moveArms_s();
62      //碰撞偵測
63      HitCollArms_s();
64      //過關條件
65      checkGameEnd();
66  }
```

▲ 在 ENTER_FRAME 事件中加入不斷呼叫的事件

至此，已完成該遊戲的製作。

實作題

1. 新增一個 AIR for iOS 文件（舞台尺寸：640 X 960），並在舞台中，繪製簡單的正圓球影片片段，且套用程式碼片段中的「以加速計移動」事件。此時，新增一些程式來控制圓球的移動範圍不會超過舞台的範圍。

NOTE

CHAPTER 14

相機

目前很多的 App 都具有在拍照後的美化功能或加入 Kuso 效果的圖樣，而這些 App 其共通的特色皆是具有啟動相機之功能。因此，本範例會教導各位讀者如何在 Flash 中啟動相機，並儲存到裝置的相簿中。

在此範例中會利用「CameraUI 類別」來啟動相機「CameraRoll」來儲存到裝置的相簿中。

學習目標

- 啟動相機功能
- 將拍攝的畫面儲存到裝置的相簿中

14-1 元件繪製與命名

STEP 1 新增一個 AIR for iOS 文件，其舞台的尺寸設為 768 X 1024。

STEP 2 利用矩形工具，在舞台上繪製一個矩形，其相關設定如下：

- 寬：384
- 高：80
- 油漆桶顏色：#000000
- 筆畫顏色：無

STEP 3 選取繪製好的形狀，點擊「滑鼠右鍵 > 轉換成元件」，在轉換成元件的面板設定如下：

- 名稱：儲存
- 類型：按鈕

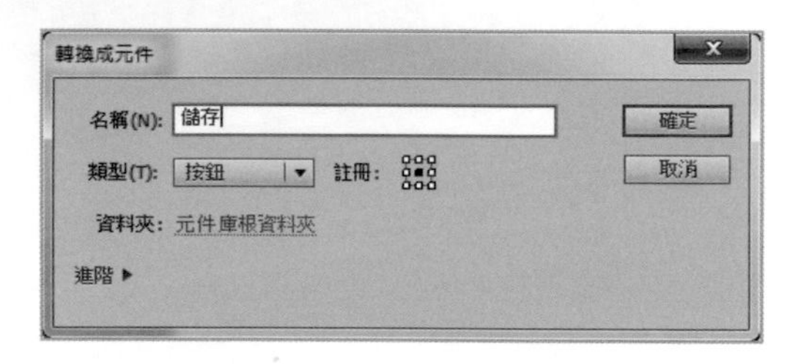

▲ 轉換成元件面板設定

STEP 4 點擊剛所新增的按鈕左鍵兩次，並進入「儲存按鈕」的編輯模式，新增一個名稱為「文字」的新圖層，在此圖層中利用文字工具新增「儲存」一詞，文字的設定如下：

- 字體樣式：微軟正黑體
- 顏色：#FFFFFF
- 大小：60

▲ 在按鈕中加入「儲存」文字

STEP 5 開啟對齊面板（快速鍵：Ctrl + K），並對「儲存」文字進行與舞台對齊的動作。對齊的順序為「勾選（與舞台對齊）> 對齊水平中心 > 對齊垂直中心」。

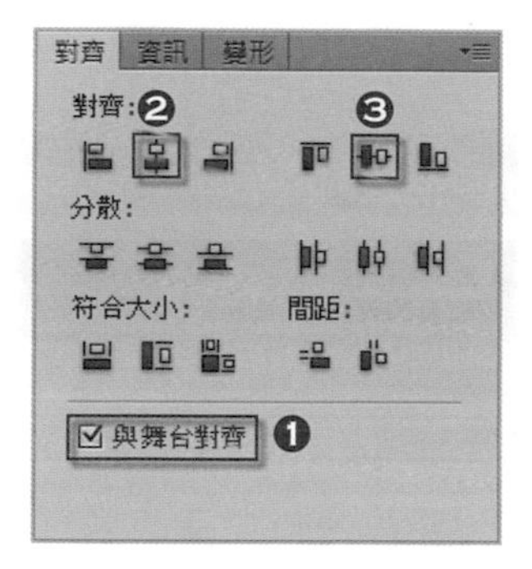

▲「儲存」文字的對齊

STEP 6 選取「儲存」文字，並執行打散的動作兩次（快速鍵：Ctrl + B），使文字變為向量。

STEP 7 在「按下」的影格中，將「圖層 1」與「文字」兩圖層轉換成「關鍵影格」，並將圖層 1 中的色塊顏色修改為：**#999999**，文字圖層的文字顏色則為：**#333333**。最後在兩圖層的感應區部分「插入影格」。

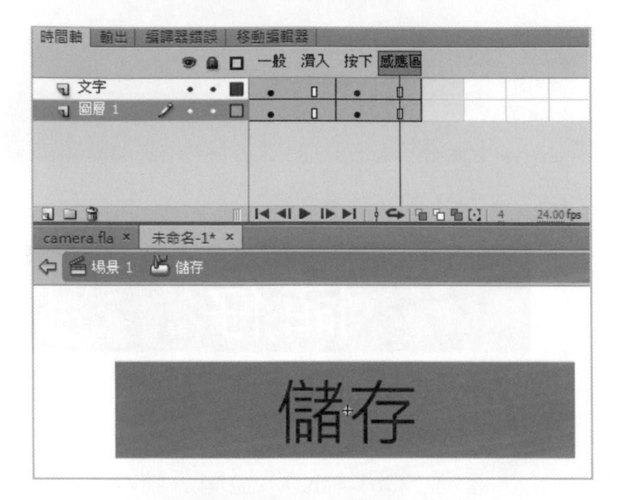

▲ 新增按鈕的按下效果

STEP 8 開啟「元件庫」(快速鍵：**F11**)。選取元件庫中儲存按鈕，點擊滑鼠右鍵，並選取「重製」選項。

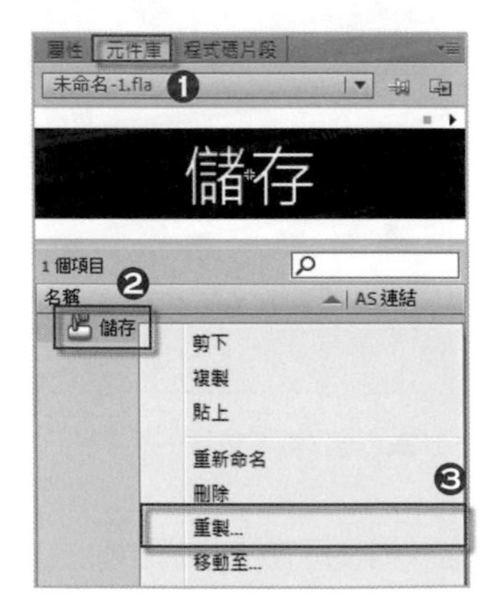

▲ 重製按鈕

TIPS

重製元件：重製元件能讓您使用現有的元件，做為建立新元件的起點。也就是說，重製後的元件在進行修改時並不會影響原有的元件。若是採用複製的方式，則複製後的元件與所複製的元件還是視為同一元件，所以在進行修改時，兩者元件都會同時修改。

重製元件選項：選取「修改 > 元件 > 重製元件」。

STEP 9 在重製面板中，其修改內容如下：

- 名稱：拍照
- 類型：按鈕

▲ 重製元件面板設定

STEP 10 進入「拍照」按鈕的編輯模式，並將「儲存」兩字利用文字工具替換成「拍照」，其文字的顏色等設定請參考 Step4~Step7。記得在「一般」影格與「按下」影格中的文字都需進行修改。

▲ 重製按鈕後的設定

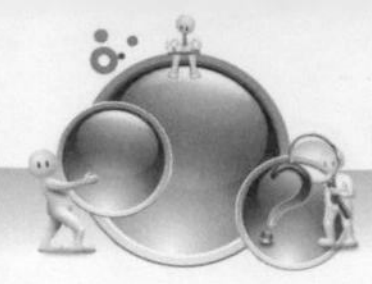

STEP 11 將「拍照」與「儲存」兩按鈕拖曳至舞台中，並利用對齊面板，將兩按鈕進行對齊的動作，其最終結果如圖所示。

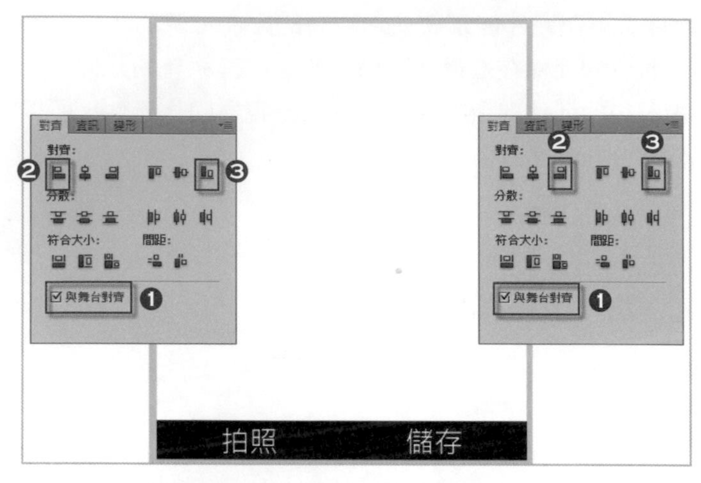

▲「拍照」與「儲存」按鈕在舞台中的對齊

STEP 12 將舞台中的兩按鈕進行命名的動作，其命名的名稱如下：

- 「拍照」按鈕的屬性名稱：TakePhoto_btn
- 「儲存」按鈕的屬性名稱：SavePhoto_btn

14-2 建立按鈕的輕點事件

選取舞台上的「拍照」按鈕，之後點選程式碼片段中的「輕點事件」，以進行套用。

▲ 建立按鈕的輕點事件

14-3 修改按鈕的輕點事件名稱

將原本預設的「fl_TapHandler」名稱修改為「TakePhoto」。

```
10  Multitouch.inputMode = MultitouchInputMode.TOUCH_POINT;
11
12  TakePhoto_btn.addEventListener(TouchEvent.TOUCH_TAP, TakePhoto);
13
14  function TakePhoto(event:TouchEvent):void
15  {
16      //啟動您的自訂程式碼
17      //此範例程式碼在每次輕點事件時，會將物件的透明度減少一半
18      TakePhoto_btn..alpha *= 0.5;
19      // 結束您的自訂程式碼
20  }
21
```

▲ 修改事件名稱

14-4 啟動攝影機

STEP 1 首先，在 fuction( ) 函數中，先宣告「CameraUI」類別。

```
var cameraUI:CameraUI=new CameraUI ( );
```

STEP 2 接續在 fuction( ) 函數中，撰寫啟動攝影機的程式。而要啟動攝影機則需要使用 launch( )。launch( ) 方法會要求裝置開啟預設的攝影機應用程式，而拍攝的畫面需藉由 MediaType 來將畫面轉換成 image 的媒體型態。

```
cameraUI.launch (MediaType.IMAGE) ;
```

```
1   Multitouch.inputMode = MultitouchInputMode.TOUCH_POINT;
2
3   TakePhoto_btn.addEventListener(TouchEvent.TOUCH_TAP, TakePhoto);
4
5   function TakePhoto(event:TouchEvent):void
6   {
7       var cameraUI:CameraUI=new CameraUI();//宣告攝影機類別
8       cameraUI.launch(MediaType.IMAGE); //指定是拍照類型
9   }
10
```

▲ 啟動攝影機

14-5 建立 onComplete 事件

STEP 1 首先，為了讓啟動攝影機後與 onComplete 事件有所關連，所以在 TakePhoto 事件中需加入監聽 onComplete 事件的程式。

因為，本範例是使用相機的緣故，所以本範例算是個多媒體的內容，因此在建立包含可用媒體檔案相關資訊的監聽是事件時須使用 MediaEvent 屬性。

```
cameraUI.addEventListener (MediaEvent.COMPLETE,onComplete);
```

STEP 2 同時，為了方便區分「拍照」與「儲存」兩功能何時才有作用，所以在此利用按鈕隱藏與顯示的方式來區別兩種動作的執行效果。一開始必須將「儲存」的按鈕隱藏，以確保他人會首先執行拍照之動作，在執行拍照動作後才會顯示「儲存」之按鈕。

```
SavePhoto_btn.visible = false; // 儲存按鈕隱藏
SavePhoto_btn.visible = true; // 儲存按鈕顯示
```

```
6   SavePhoto_btn.visible = false;//隱藏儲存照片按鈕
7
8   Multitouch.inputMode = MultitouchInputMode.TOUCH_POINT;  //輕點事件
9
10  /*執行拍照功能*/
11  TakePhoto_btn.addEventListener(TouchEvent.TOUCH_TAP, TakePhoto);
12  function TakePhoto(event:TouchEvent):void
13  {
14      var cameraUI:CameraUI=new CameraUI();//使用CameraUI來使用攝影機
15      cameraUI.launch(MediaType.IMAGE); //指定是拍照類型
16      cameraUI.addEventListener(MediaEvent.COMPLETE,onComplete);//每次完成
17      SavePhoto_btn.visible = true;//顯示"儲存"照片按鈕
18  }
19
```

▲ 設定「拍照」與「儲存」兩按鈕的「隱藏」與「顯示」設定

STEP 3 建立名稱為「onComplete」的 function( ) 函數內容，該事件需與 MediaEvent 物件對應，所以事件的類型也須採用 MediaEvent。

```
function onComplete (event:MediaEvent):void
{
        程式碼…
}
```

STEP 4 在 function ( ) 函數中，宣告當 MediaEvent 屬性執行時，該事件的 data 是一個 MediaPromise 的實例。

```
var promise:MediaPromise = event.data as MediaPromise;
```

- 屬性説明：
  - MediaPromise 類別代表對於傳遞媒體物件的承諾。

STEP 5 宣告 Loader 類別，用來載入拍攝好的 JPG 圖檔。

```
var loader:Loader = new Loader ( );
```

STEP 6 利用 Loader.loadFilePromise 的方法，將一個 MediaPromise 實例可以加載到我們的應用程序中。

```
loader.loadFilePromise (promise);
```

STEP 7 最後，我們需要計算拍攝完的畫面尺寸，才可以用來在舞台中顯示的大小與儲存的尺寸等相關資訊，而計算的動作為 onImageLoaded 事件。因此，我們需要加載 onImageLoaded 事件，才可與計算的 onImageLoaded 事件產生關聯。

```
loader.contentLoaderInfo.addEventListener (Event.COMPLETE, onImageLoaded);
```

- 屬性説明：
  - contentLoaderInfo：傳回與載入中物件相對應的 LoaderInfo 物件

```
13  function onComplete(event:MediaEvent):void
14  {
15      var promise:MediaPromise = event.data as MediaPromise; //宣告當MediaEvent事件執行時，該
16      //MediaPromise 類別代表對於傳遞媒體物件的承諾
17
18      var loader:Loader = new Loader(); //宣告Loader類別，可用來載入SWF檔案或影像檔 (JPG、PNG
19      loader.contentLoaderInfo.addEventListener(Event.COMPLETE, onImageLoaded);//加載onImageLo
20      //contentLoaderInfo：傳回與載入中物件相對應的 LoaderInfo 物件
21      loader.loadFilePromise(promise);//通過Loader.loadFilePromise的方法，一個MediaPromise實例
22  }
```

▲ onComplete 事件的處理內容

14-6 建立 onImageLoaded 事件

STEP 1 建立名稱為「onImageLoaded」的 function( ) 函數內容。

```
function onImageLoaded (event:Event):void
{
    程式碼…
}
```

STEP 2 在 function( ) 函數中，為了讓攝影機所拍攝好的畫面有利於我們進行相關的計算動作，所以需要建立 BitmapData 物件。同時為了讓 BitmapData 物件可以順利顯示，因此需使用 Bitmap 類別來代表點陣圖影像的顯示物件。

```
var bitmapData:BitmapData = Bitmap (event.currentTarget.content).bitmapData;
var bitmap:Bitmap = new Bitmap (bitmapData);
```

- 屬性說明：
    - currentTarget 指的是添加這個事件監聽的對象本身。

STEP 3 同時，需要在建立兩個變數來計算圖片的方向與計算舞台的寬度和高度之最小值，藉由這兩個變數來套用於相關的演算中。

- isPortrait：圖片方向
- forRatio：舞台的寬度和高度的最小值

```
var isPortrait:Boolean = (bitmapData.height / bitmapData.width) > 1.0;
var forRatio:int = Math.min (stage.stageHeight,stage.stageWidth);
```

```
24  function onImageLoaded(event:Event):void
25  {
26      var bitmapData:BitmapData = Bitmap(event.currentTarget.content).bitmapData;//currentTar
27      var bitmap:Bitmap = new Bitmap(bitmapData);//Bitmap 類別代表了用來代表點陣圖影像的顯示物
28      var isPortrait:Boolean = (bitmapData.height/bitmapData.width) > 1.0; //圖片方向
29      var forRatio:int = Math.min(stage.stageHeight,stage.stageWidth); //選擇舞台的寬度和高度
30  }
31
```

▲ 宣告變數

STEP 4 再來，宣告一個名稱為「ratio」變數，用來儲存計算的縮放比例。當是圖片的方向時（isPortrait 變數），則舞台的寬度與高度與拍攝的圖片寬度相除，相反的，若不是圖片方向時，則舞台的寬度與高度與拍攝的圖片高度相除。而得到一數值並儲存於「ratio」變數中。

```
var ratio:Number;
    if (isPortrait)
    {
         ratio = forRatio / bitmapData.width;
    }
    else
    {
         ratio = forRatio / bitmapData.height;
    }
```

STEP 5 將「ratio」變數與拍攝的畫面寬度與高度進行相乘的動作，已得到最終顯示的尺寸。

```
bitmap.width = bitmapData.width * ratio;
bitmap.height = bitmapData.height * ratio;
```

```
24  function onImageLoaded(event:Event):void
25  {
26      var bitmapData:BitmapData = Bitmap(event.currentTarget.content).bitmapData;//currentTar
27      var bitmap:Bitmap = new Bitmap(bitmapData);//Bitmap 類別代表了用來代表點陣圖影像的顯示物
28      var isPortrait:Boolean = (bitmapData.height/bitmapData.width) > 1.0; //圖片方向
29      var forRatio:int = Math.min(stage.stageHeight,stage.stageWidth); //選擇舞台的寬度和高度
30  
31      /*計算縮放比例而應用到圖像尺寸*/
32      var ratio:Number;
33      if (isPortrait) //當是圖片方向時
34      {
35          ratio = forRatio / bitmapData.width;
36      }
37      else
38      {
39          ratio = forRatio / bitmapData.height;
40      }
41      bitmap.width = bitmapData.width * ratio;
42      bitmap.height = bitmapData.height * ratio;
43  }
44  
```

▲ 畫面的顯示尺寸與方向

STEP 6 經由 Step5 的運算結束後，所顯示在畫面的尺寸為 768 X 1024，這時候雖然已達到我們所想要的效果，但是這樣的情形會覆蓋舞台上的兩個按鈕。所以我們需要將畫面進行縮小的動作，於是要適度的調整 Step5 的內容。

在調整的尺寸的部分，首先宣告一個名稱為「smalle」的變數，其目的為記錄我們預計要縮小的數值，並將情變數加上 bitmap.width 與 bitmap.height 的運算式之後，讓最運算完的寬與高都會縮小 90%。

```
var smaller:Number = 0.9;
bitmap.width = bitmapData.width * ratio * smaller;
bitmap.height = bitmapData.height * ratio * smaller;
```

```
29  function onImageLoaded(event:Event):void
30  {
31      var bitmapData:BitmapData = Bitmap(event.currentTarget.content).bitmapData;//currentTarg
32      var bitmap:Bitmap = new Bitmap(bitmapData);//Bitmap 類別代表了用來代表點陣圖影像的顯示物
33      var isPortrait:Boolean = (bitmapData.height/bitmapData.width) > 1.0; //圖片方向
34      var forRatio:int = Math.min(stage.stageHeight,stage.stageWidth); //選擇舞台的寬度和高度
35  
36      /*計算縮放比例而應用到圖像尺寸*/
37      var ratio:Number;
38      if (isPortrait) //當是圖片方向時
39      {
40          ratio = forRatio / bitmapData.width;
41      }
42      else
43      {
44          ratio = forRatio / bitmapData.height;
45      }
46          var smaller:Number = 0.9;
47          bitmap.width = bitmapData.width * ratio * smaller;
48          bitmap.height = bitmapData.height * ratio * smaller;
```

▲ 調整畫面的顯示尺寸

STEP 7 若當不是圖片方向時，則執行圖片的座標定位與旋轉的動作。

```
if (! isPortrait)
    {
        bitmap.x = bitmap.height;
        bitmap.y = 0;
        bitmap.rotation = 90;
    }
```

STEP 8 最後，將調整完的 bitmap 添加到舞台上呈現。

```
addChild (bitmap);
```

STEP 9 利用「bmpdata2」與「bmpdata3」來儲存 bitmap 與 bitmapData 資訊。

```
bmpdata2 = bitmap;
bmpdata3 = bitmapData;
```

```
29 function onImageLoaded(event:Event):void
30 {
31     var bitmapData:BitmapData = Bitmap(event.currentTarget.content).bitmapData;//currentTar
32     var bitmap:Bitmap = new Bitmap(bitmapData);//Bitmap 類別代表了用來代表點陣圖影像的顯示物
33     var isPortrait:Boolean = (bitmapData.height/bitmapData.width) > 1.0; //圖片方向
34     var forRatio:int = Math.min(stage.stageHeight,stage.stageWidth); //選擇舞台的寬度和高度
35 
36     /*計算縮放比例而應用到圖像尺寸*/
37     var ratio:Number;
38     if (isPortrait) //當是圖片方向時
39     {
40         ratio = forRatio / bitmapData.width;
41     }
42     else
43     {
44         ratio = forRatio / bitmapData.height;
45     }
46         var smaller:Number = 0.9;
47         bitmap.width = bitmapData.width * ratio * smaller;
48         bitmap.height = bitmapData.height * ratio * smaller;
49 
50     if (! isPortrait) //當果不是圖片方向時
51     {
52         bitmap.x = bitmap.height;
53         bitmap.y = 0;
54         bitmap.rotation = 90;
55     }
56 
57     addChild(bitmap); //將bitmap擺放至舞台上
58     bmpdata2 = bitmap;
59     bmpdata3 = bitmapData;
60 }
```

▲ onImageLoaded 事件的處理內容

STEP 10 利用變數來儲存 bitmap 與 bitmapData 資訊的同時，也須宣告「bmpdata2」與「bmpdata3」的類型。所以在一開始「Multitouch.inputMode = MultitouchInputMode.TOUCH_POINT;」的上方新增「bmpdata2」與「bmpdata3」的類型。

```
var bmpdata2:Bitmap; //變數用來將拍攝的結果顯示在畫面上
var bmpdata3:BitmapData; //變數用來將拍攝的畫面建立成點陣圖影像
```

```
1 var bmpdata2:Bitmap; //將拍攝的結果顯示在畫面上
2 var bmpdata3:BitmapData; //將拍攝的畫面建立成點陣圖影像
3 
4 
5 Multitouch.inputMode = MultitouchInputMode.TOUCH_POINT;
6 
```

▲ 宣告 Bitmap 與 BitmapData 類別事件

14-7 建立儲存效果

STEP 1 利用程式碼片段中的「輕點事件」，為「儲存」按鈕新增監聽事件。

```
SavePhoto_btn.addEventListener (TouchEvent.TOUCH_TAP,SavePhoto);
function SavePhoto (e:MouseEvent)
{
        程式碼…
}
```

STEP 2 宣告「CameraRoll」，CameraRoll 類別可讓存取系統媒體庫或「相機膠捲」中的影像資料。

```
var cameraroll:CameraRoll = new CameraRoll ( );
```

STEP 3 最後為了讓拍攝完的影像能順利的儲存在裝置的相簿中，所以須將處理好的新影像（bmpdata2）回傳給 bmpdata3。

- bmpdata2：Bitmap
- bmpdata3：BitmapData

```
bmpdata3.draw (bmpdata2);
```

STEP 4 再利用 addBitmapData( ) 類別將圖像添加到設備的專用媒體庫中。

```
cameraroll.addBitmapData (bmpdata3);
```

STEP 5 儲存的同時，隱藏儲存照片按鈕。藉此表示正在儲存中。

```
SavePhoto_btn.visible = false;
```

```
62  SavePhoto_btn.addEventListener(TouchEvent.TOUCH_TAP,SavePhoto);
63  function SavePhoto(e:MouseEvent)
64  {
65      var cameraroll:CameraRoll = new CameraRoll(); //CameraRoll類別可讓存取
66      bmpdata3.draw(bmpdata2); //將bmpdata2的內容繪製給bmpdata3
67      cameraroll.addBitmapData(bmpdata3);//CameraRoll.addBitmapData()方法將
68      SavePhoto_btn.visible = false; //隱藏儲存照片按鈕
69  }
```

STEP 6 範例完成。

簡答題

1. 請說明在本範例中，「CameraUI」與「CameraRoll」的用途為何？

NOTE

CHAPTER 15

StageWebView 類別

在開發的過程中，難免會因為開發內容的需求而需要載入外部的 HTML 檔案。然而，在開發 App 或 AIR 的內容時皆須使用 ActionScript 3.0 來進行開發，因此，在 ActionScript 2.0 中常使用載入外部檔案的類別已不適用在開發 App 上。而想在 App 或 AIR 載入外部網頁的類別為「StageWebView」。StageWebView 類別提供簡單方法，在不支援 HTMLLoader 類別的裝置上顯示 HTML 內容。

學習目標

- StageWebView 的使用方式。

15-1 載入網頁

StageWebView 物件並非顯示物件，因此無法新增至顯示清單。而是以直接附加至舞台的檢視區域來運作。StageWebView 內容會在任何顯示清單內容上方繪製，同時您無法控制多個 StageWebView 物件的繪製順序。

STEP 1 建立一個 StageWebView 類別。

```
var myWebView:StageWebView = new StageWebView ( );
```

STEP 2 將 stage 屬性添加到場景中。

```
myWebView.stage = this.stage;
```

STEP 3 輸入想要載入的網頁網址。以載入 google 的網頁為例。

```
myWebView.loadURL (http://google.com.tw/);
```

STEP 4 在舞台中，所要顯示 HTML 的位置，可利用 stageWidth 與 stageHeight 讓載入的 HTML 會以舞台的尺寸作為呈現的尺寸。

```
myWebView.viewPort = new Rectangle (0,0,stage.stageWidth,stage.stageHeight);
```

TIPS

Rectangle (x 座標起點 , y 座標起點 , 顯示的寬度 , 顯示的高度);

```
1  var myWebView:StageWebView = new StageWebView();//建立StageWebView類別
2
3  myWebView.stage = this.stage;//將stage屬性添加到場景中
4
5  myWebView.loadURL("http://google.com.tw/");//要被載入的網頁網址
6
7  myWebView.viewPort = new Rectangle(0,0,stage.stageWidth,stage.stageHeight);//在舞台顯示HTML的尺寸
```

▲ StageWebView 完整程式

15-2 載入多個網頁方式

雖然官方的文件說，StageWebView 類別在一個檔案中只允許使用一次，但我們可藉由按鈕控制的方式，把相關的參數設為「變數」來進行可載入多組網頁的效果，以及設定 HTML 要呈現的位置。

下列筆者會介紹利用兩個按鈕來載入不同的網頁。其概念為，在影格 1 擺放要載入的兩個按鈕元件，影格 2 為呈現網頁的區域，同時在藉由回上頁的按鈕來回到的 1 影格，並清空所載入的資料。

STEP 1 新增一個名稱為「按鈕」圖層，且製作 3 個按鈕，分別為「Google」、「Yahoo」、「Back」，並設定其元件的屬性名稱。

- 範例：光碟 > Example > 09-StageWebView > StageWebView_btn.fla
  - google 按鈕：google_btn
  - Yahoo 按鈕：yahoo_btn
  - Back 按鈕：back_btn

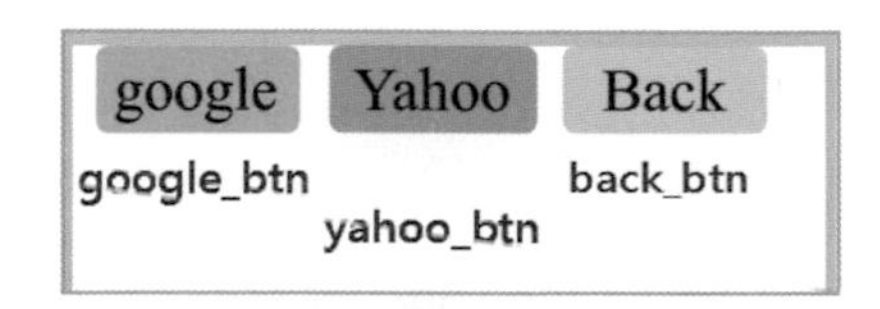

▲ 按鈕的屬性名稱

STEP 2 將 3 個按鈕擺放至適當的位置。

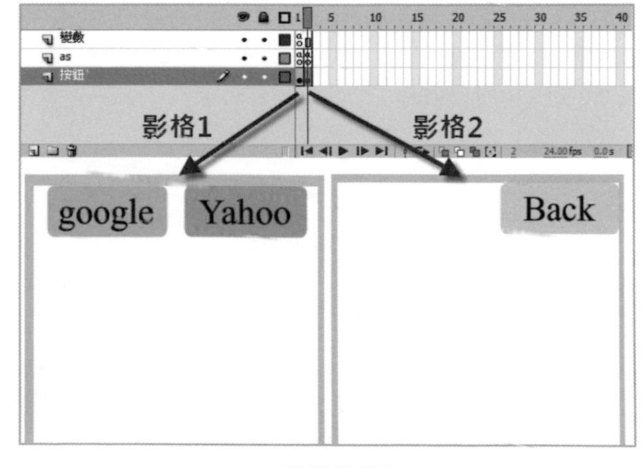

▲ 按鈕的擺放

STEP 3 新增一個名稱為「變數」圖層，並在影格中撰寫程式碼，主要是將相關的變數進行宣告，其要宣告的內容有網址、X 座標起始位置、Y 座標起始位置、寬度以及高度。

```
var NT:String = " "; //要載入的網址
var Ax:Number = 0; //x 座標起始位置
var Ay:Number = 0; //y 座標起始位置
var Bx:Number = 0; // 寬度
var By:Number = 0; // 高度
```

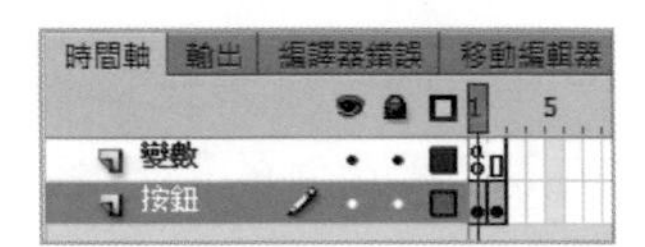

▲ 新增名稱為「變數」的圖層，與撰寫程式

```
1  /*變數宣告*/
2
3  var NT:String = ""; //要載入的網址
4  var Ax:Number = 0; //x座標起始位置
5  var Ay:Number = 0; //y座標起始位置
6  var Bx:Number = 0; //寬度
7  var By:Number = 0; //高度
```

▲ 變數宣告

STEP 4 在影格 1 的圖層中，選取「Google」按鈕，並套用程式碼片段中的「輕點事件」內容。在事件中所要執行的內容為要載入的 Google 網頁進行相關的設定。

```
stop( );
Multitouch.inputMode = MultitouchInputMode.TOUCH_POINT;
google_btn.addEventListener(TouchEvent.TOUCH_TAP, fl_TapHandler);
function fl_TapHandler(event:TouchEvent):void
{
      // 網頁顯示尺寸
      MovieClip(root).Ax = 0; //x 起始位置
      MovieClip(root).Ay = 60; //y 座標起始位置
      MovieClip(root).Bx = 320; // 寬度
      MovieClip(root).By = 420; // 寬度
      MovieClip(root).NT = "http://www.google.com.tw"; // 連結網址
```

```
    nextFrame(); // 前往下一影格
}
```

```
1  stop();
2
3
4  Multitouch.inputMode = MultitouchInputMode.TOUCH_POINT;
5
6  google_btn.addEventListener(TouchEvent.TOUCH_TAP, fl_TapHandler);
7
8  function fl_TapHandler(event:TouchEvent):void
9  {
10     //網頁顯示尺寸
11     MovieClip(root).Ax = 0;  //x起始位置
12     MovieClip(root).Ay = 60; //y座標起始位置
13     MovieClip(root).Bx = 320;//寬度
14     MovieClip(root).By = 420;//寬度
15     MovieClip(root).NT = "http://www.google.com.tw"; //連結網址
16     nextFrame(); //前往下一影格
17 }
18
```

▲ Google 按鈕的執行內容

STEP 5 同樣的，選取「Yahoo」按鈕，並套用程式碼片段中的「輕點事件」。其按鈕的執行語法如下：

```
yahoo_btn.addEventListener(TouchEvent.TOUCH_TAP, fl_TapHandler_2);
function fl_TapHandler_2(event:TouchEvent):void
{
    //網頁顯示尺寸
    MovieClip(root).Ax = 0; //x 起始位置
    MovieClip(root).Ay = 60; //y 座標起始位置
    MovieClip(root).Bx = 320; // 寬度
    MovieClip(root).By = 420; // 寬度
    MovieClip(root).NT = "http://tw.yahoo.com"; // 連結網址
    nextFrame(); // 前往下一影格
}
```

```
22 yahoo_btn.addEventListener(TouchEvent.TOUCH_TAP, fl_TapHandler_2);
23
24 function fl_TapHandler_2(event:TouchEvent):void
25 {
26     //網頁顯示尺寸
27     MovieClip(root).Ax = 0;  //x起始位置
28     MovieClip(root).Ay = 60; //y座標起始位置
29     MovieClip(root).Bx = 320;//寬度
30     MovieClip(root).By = 420;//寬度
31     MovieClip(root).NT = "http://tw.yahoo.com"; //連結網址
32     nextFrame(); //前往下一影格
33 }
34
```

▲ Yahoo 按鈕的執行內容

STEP 6 在影格 2 中的「Actions」圖層，撰寫 StageWebView 類別的顯示方法。主要是針對在影格 1 中所按下的按鈕之執行內容，並在影格 2 中顯示。

```
stop( );
var webView:StageWebView = new StageWebView(); // 建立 StageWebView 類別
webView.stage = this.stage; // 將 stage 屬性添加到場景中
webView.viewPort = new
Rectangle(MovieClip(root).Ax,MovieClip(root).Ay,MovieClip(root).Bx,MovieClip(root).
By);
webView.loadURL(MovieClip(root).NT); // 要被載入的網頁網址
```

```
1   stop();
2
3   /*顯示內容*/
4   var webView:StageWebView = new StageWebView();//建立StageWebView類別
5
6   webView.stage = this.stage;//將stage屬性添加到場景中
7
8   //在舞台顯示HTML的尺寸
9   webView.viewPort = new Rectangle(MovieClip(root).Ax,MovieClip(root).Ay,MovieClip(root).Bx,MovieClip(root).By);
10
11  webView.loadURL(MovieClip(root).NT);//要被載入的網頁網址
12
```

▲ StageWebView 類別之載入與顯示方法

STEP 7 在「Actions」圖層的影格 2 中，接續撰寫按下 back 按鈕的事件，其內容主要是將已宣告的變數以及 StageWebView 類別進行清空的動作，並再次的回到影格 1。若不清空，則會一直保存所被載入的網頁，且當執行其他動作時會無反應。

```
back_btn.addEventListener(TouchEvent.TOUCH_TAP, fl_TapHandler_3);
function fl_TapHandler_3(event:TouchEvent):void
{
      webView.viewPort = null; // 清空 StageWebView 物件所在舞台上的區域
      webView.dispose(); // 釋放此 StageWebView 物件
      webView = null; // 清空 webView
      MovieClip(root).NT = " "; // 將連結的網址修改為空字串
      prevFrame(); // 回上一影格
}
```

```
13
14  /*清除內容*/
15  Multitouch.inputMode = MultitouchInputMode.TOUCH_POINT;
16
17  back_btn.addEventListener(TouchEvent.TOUCH_TAP, fl_TapHandler_3);
18
19  function fl_TapHandler_3(event:TouchEvent):void
20  {
21      webView.viewPort = null; //清空 StageWebView 物件所在舞台上的區域
22      webView.dispose(); //釋放此 StageWebView 物件
23      webView = null; //清空 webView
24      MovieClip(root).NT = ""; //將連結的網址修改為空字串
25      prevFrame(); //回上一影格
26  }
27
```

▲ back 按鈕的 StageWebView 類別清除動作

STEP 8 範例完成。

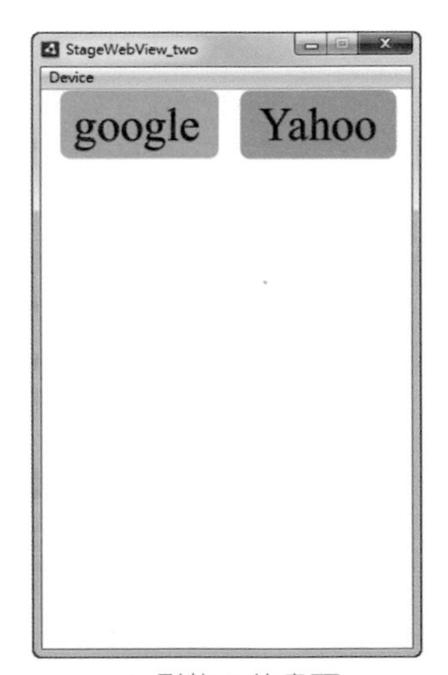

▲ 影格 1 的畫面

▲ 在影格 2 載入 Google 網頁

▲ 在影格 2 載入 Yahoo 網頁

實作題

1. 新增一個 AIR for iOS 文件（舞台尺寸：640 X 960），並參考本章節的範例擺設與元件建置內容。以載入「學校首頁」、「系所網頁」以及「師資陣容」等三個網頁。

CHAPTER 16

製作 HTML5 動畫

近來，HTML5 的發展越來越成熟，很多的應用程式都以該規格為基礎進行開發或修正的動作。因此，很多的應用已經逐漸出現在你我日常生活中了，不只讓傳統網站上的互動 Flash 逐漸的被 HTML5 的技術取代，更重要的是可以透過 HTML5 的技術來開發跨平台的手機軟體。

於是，Adobe 公司也提供了 CreateJS toolkit 軟體，讓各位開發者可下載並進行安裝，這樣我們就可利用 Flash 來進行動畫的製作，最後在透過 CreateJS toolkit 軟體將動畫發佈成 HTML5 格式的動畫。

因此，本章節主要是教導各位讀者，如何安裝與使用 CreateJS toolkit。

學習目標

- 理解如何使用 Flash 與 CreateJS toolkit 製作 HTML5 動畫

16-1 HTML5 與 CreateJS toolkit

近來，HTML5 的發展越來越成熟，很多的應用程式都以該規格為基礎進行開發或修正的動作。因此，很多的應用已經逐漸出現在你我日常生活中了，不只讓傳統網站上的互動 Flash 逐漸的被 HTML5 的技術取代，更重要的是可以透過 HTML5 的技術來開發跨平台的手機軟體。而 HTML5 到底是什麼呢？一般廣義而言的 HTML5 包含了 HTML、CSS 和 JavaScript 三個部分，不單單只是 HTML 部分而已，CSS 3 和 JavaScript 也有許多的更新，透過創意的組合可讓整個網頁程式功能更加繽紛。

相對的，想開發 HTML5 規範的內容必須要具有相當程度才可進行開發，直到 Flash CS6 的出現，它幫想製作 HTML5 內容的人輕易的實現了這個夢想。您可以用熟悉的 Flash 來做動畫，然後發佈成 HTML5。這樣的成果已不再需要 Flash Player，且可讓手機與平板電腦都可以看到您所設計的內容。

想要實現這個美夢，除了需具備 Flash CS6 以外，還必須安裝一個免費的擴充功能「CreateJS toolkit」。安裝完畢後須重新啟動 Flash。

16-2 安裝方式

STEP 1 下載 CreateJS toolkit。

- CreateJS toolkit 下載點：http://www.adobe.com/products/flash/flash-to-html5.html

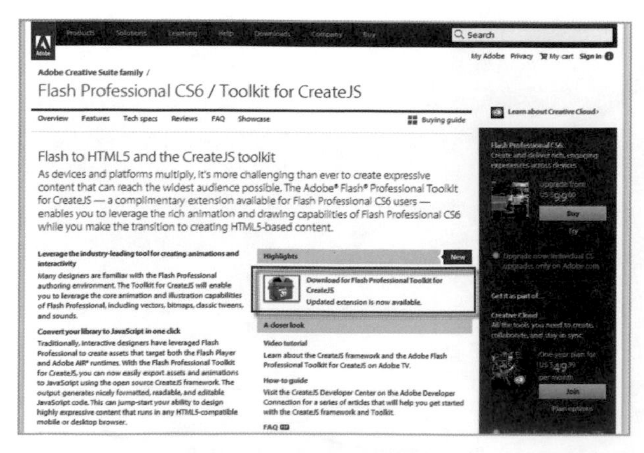

▲ CreateJS toolkit 下載位置

STEP 2 開啟「Adobe Extension Manager CS6」。

STEP 3 在產品欄位中選擇「Flash CS6」，在點擊「安裝」。

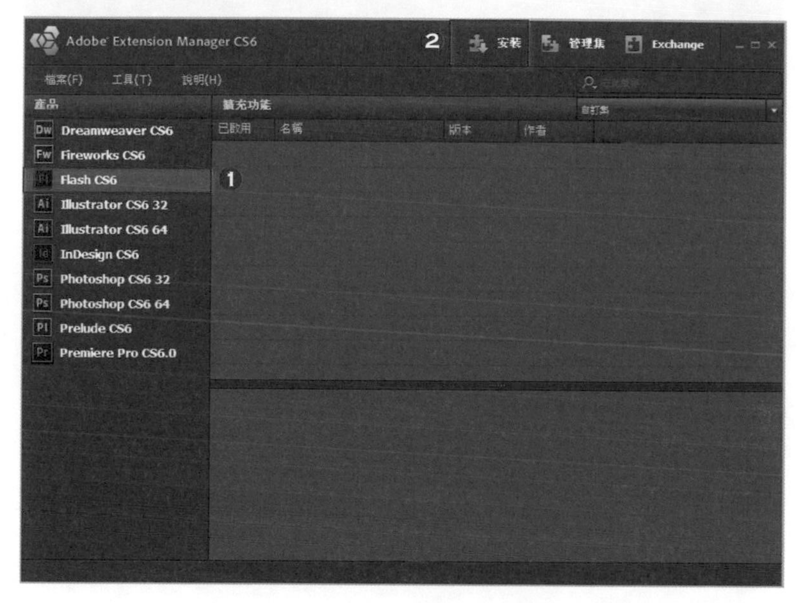

▲ 安裝 CreateJS toolkit

STEP 4 在授權面板中選擇「接受」。

▲ 接受授權

STEP 5 依照需求來為那些使用者安裝此擴充功能。

▲ 選擇使用者

STEP 6 安裝完成

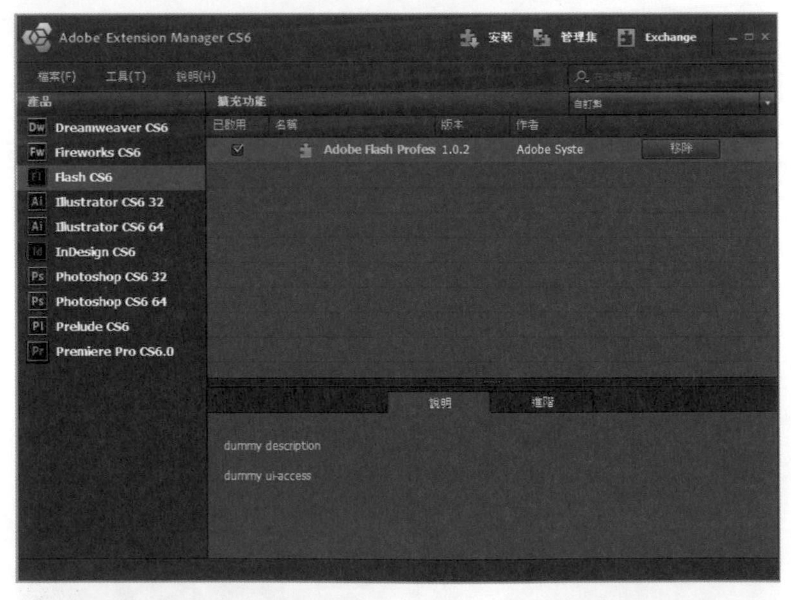

▲ 安裝完成

16-3 ｜發佈 HTML5 的方式

STEP 1 開啟「logo.fla」檔案進行練習。

- 範例：光碟 > Example > ch10 > logo.fla

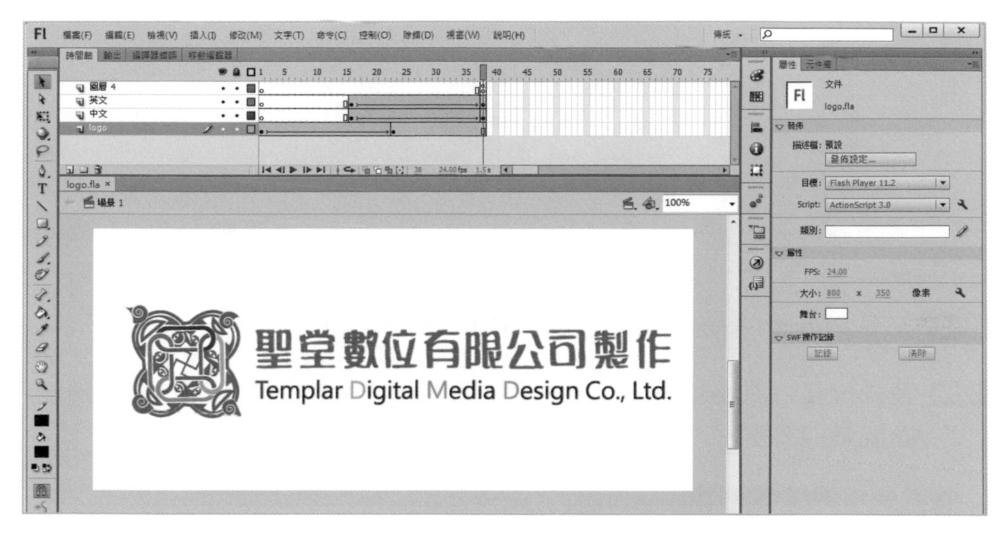

▲ 開啟範例

STEP 2 開啟 Toolkit for CreateJS 面板的方式為，「視窗 > 其他面板 > Toolkit for CreateJS」。而 Toolkit for CreateJS 面板很簡單，只要勾選要不要重複播放 Loop，以及是否需要點陣圖、聲音還有設定它們的資料夾檔案位置而已，其實一切用預設值即可。

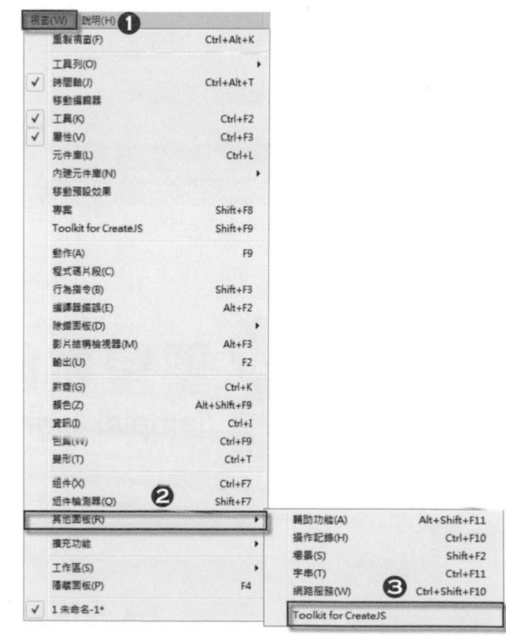

▲ 開啟 Toolkit for CreateJS 面板的步驟

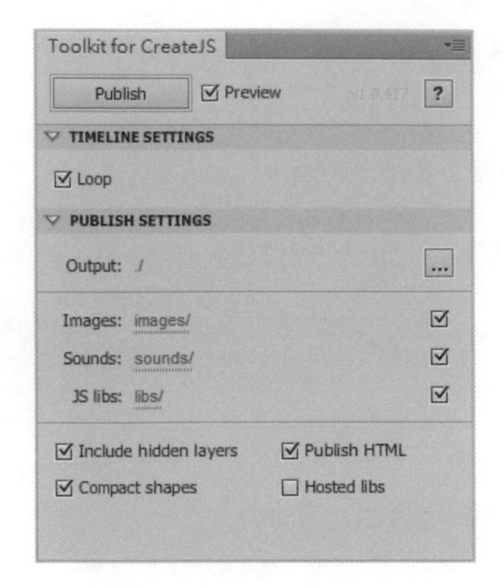

▲ Toolkit for CreateJS 面板

STEP 3 按下 Publish 按鈕就可發佈成 HTML5 動畫了。

STEP 4 發佈後要特別注意一下輸出視窗的警告，它會告訴你有哪些內容無法轉換或其他問題。

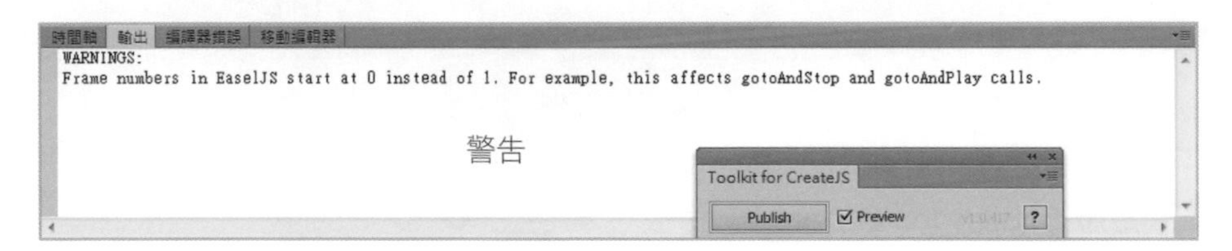

STEP 5 在瀏覽器上觀看成果。

▲ 在 IE 瀏覽器上觀看成果

STEP 6 當發佈 HTML5 動畫後，會發現在該 Flash 所儲存的路徑下，會多了一些與該 HTML5 檔案相關的網頁與資料夾。

▲ HTML5 的相關檔案

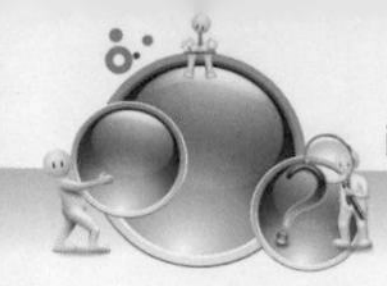

實作題

1. 請各自找尋一張圖片來製作圖片的動畫內容，且最後需將該成果發佈成 HTML5 動畫。

NOTE

PART 4

App Store 與 Google Play 的上架方式

CHAPTER 17

App Store 的上架概述

到了此步驟，想必各位讀者已經了解如何使用 Flash 開發 App，並能匯入到您的設備中進行測試。

最後，當一個 App 開發完成後，每位開發者所想的就是如何將這個 App 分享給其他人使用。因此，為了能讓您的成果可使更多人看見，最好的做法就是將您辛苦所開發的 App 上架到 App Store 上以進行分享的動作，藉此讓其他人下載使用。

因此，本章節主要是教導各位讀者，如何將透過 Mac OS 系統來將成果 App 上架到 App Store 中。

學習目標

- 理解 App Store 的完整上架流程

17-1 App Store 上架概述

在要執行 App Store 上架的動作前，有些事情是需要額外注意的，除了第一步的開發者資格申請可不限作業系統外。爾後，若要將開發好的 App 上架至 App Store 時，一律皆要在 Mac 系統下的電腦進行操作，也就是說，針對 App Store 上架的部分是不支援 Windows 系統的電腦。

根據以往的經驗，很多的開發者在花了很多心思開發完 iOS 系統的應用程式後，結果在 App Store 的審核上卻一直未通過導致無法順利上架的情形，遇到這樣的情形往往開發者皆會遵照 Apple 所提供的修改建議來進行修改，而再次的重新等待審查，在等待送審或不斷修正應用程式的過程中，不僅須付出人力成本外，同時也是在浪費時間。根據 App Store Review Guidelines 文件（App Store 的審查指南）內容的描述，審查的條件上會依據功能、數據、位置、遊戲、廣告、商標與商業、媒體內容、用戶介面、人身攻擊、暴力、不良內容、隱私、色情、宗教、文化與種族等方面的條件進行嚴格的審查。在此，筆者針對常被退審的原因進行歸納，唯有在遵守規範的狀態下才可順利的上架。

1. Apps 在操作上是損壞的，會被退審。
2. Apps 如果有功能是非文件上所記錄的，或是在該 App 描述上沒有寫出來出現的隱藏功能，會被退審。
3. Apps 使用了非 Apple 所公開的 APIs，也就是私人的 APIs，會被退審。
4. Apps 單純是市場調查工具或是純廣告的，會被退審。
5. Apps 單純只是歌曲或是電影，請送到 iTunes store，Apps 如果單純只是書籍，請送到 iBookstore，會被退審。
6. 所設定的 Apps 分類項目與 App 本身內容呈現不符合，會被退審。
7. Apps 如果只呈現空白的廣告區塊，卻沒有廣告，會被退審。
8. Apps 如果引用了第三方的內容（版權、商標等），必須要檢查是否有符合使用規定，若違反商標法是會被退審。
9. Apps 如果用了 Google Map 或 Google Earth 圖片，卻擅自隱藏或是修改 Google 的 logo 或是版權所有標誌，是會被退審的。

10. Apps 如果設計上用了跟 iOS Human Interface Guidelines 規範相反或是錯誤行為，是會被退審的。

11. Apps 內容具有色情、宗教、醫藥、暴力、血腥、賭博等非法行為，是會被退審。

12. Apps 還處於測試中或是屬於拼湊出的內容，有可能會被退審。

各位讀者在對於 App Store 上架的審核制度了有基本的認知後，在下述的章節中，筆者會介紹在 Mac 系統下，如何使用 Flash 發佈一個 iOS App，以及上傳到 App Store 的整個流程進行逐步說明。主要的重點流程如下：

1. Apple 開發者的申請流程
2. 建立 iOS 開發者授權以及申請相關證書
3. 使用 Flash 發佈 iOS 應用程式
4. 在 iTunes Connection 中管理您的 App
5. 上傳您的 App 到 iTunes Connection

TIPS

由於 Apple 開發者的申請流程在本書的 Ch4 單元中已有詳細的介紹，所以在下列的說明中會略過此部分。

17-2 | 使用 iOS 開發者授權以及申請相關證書

在 Mac 系統中，建立使用者憑證的方式與在 Windows 系統中所建立的流程大致相同，但在建立的方式上由於系統的不同，所以會有些許的差異。其本節的主要說明流程如下：

▲ 使用 iOS 開發者授權以及申請相關證書的流程

17-2-1 建立電腦憑證

在 Mac 系統中，要建立電腦的權限不像在 Windows 這麼複雜，只需透過 Mac 系統中的「鑰匙圈存取」程式來建立與匯出憑證。其操作的步驟如下：

STEP 1 利用鑰匙圈存取的功能為電腦建立一個憑證。點選「Launchpad > 工具程式 > 鑰匙圈存取」。

▲ 選取鑰匙圈存取功能

STEP 2 在開啟鑰匙圈存取的狀態下，從上方的工具列中點選「鑰匙圈存取 > 憑證輔助程式 > 從憑證授權要求憑證」。

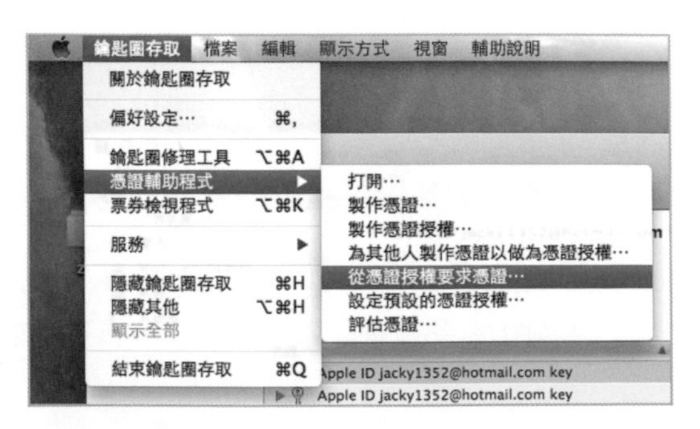

▲ 從憑證授權要求憑證之流程

STEP 3 在「憑證輔助程式」面板中依序輸入電子郵件位置、一般名稱、CA 電子郵件位置，且勾選「儲存到磁碟」選項，在點擊「繼續」按鈕。

STEP 4 設定憑證要儲存的位置。（本範例是以儲存到桌面為例）

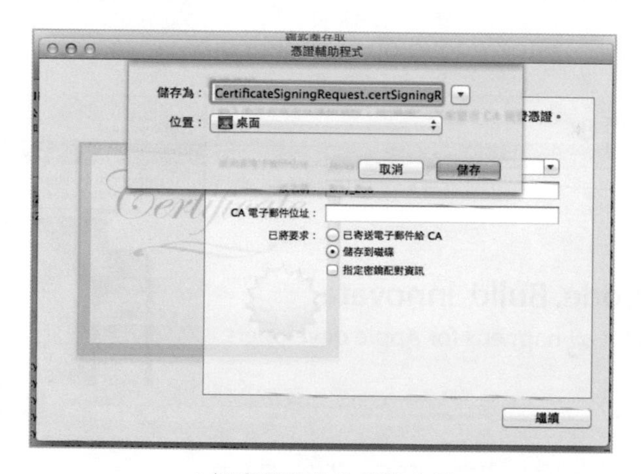

▲設定儲存的路徑與位置

▲ 儲存完成後的畫面

▲ 儲存後的文件

17-2-2 建立開發者憑證

在有了電腦的憑證後，需透過 Apple Developer 平台來建立使用者的開發憑證。其建立的流程如下：

STEP 1 登入 Apple Developer 網站。

- 連結網址：https://developer.apple.com/

▲ 登入 Apple Developer 網站

STEP 2 點選「iOS provisioning Portal」選項。

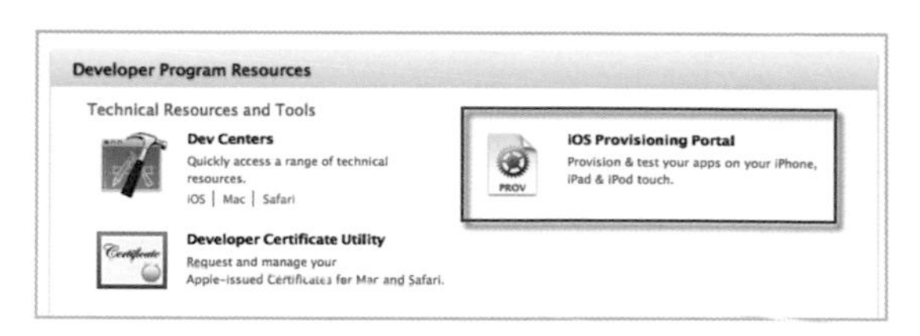

▲ 進入 iOS provisioning Portal 網頁

STEP 3 點選「Certificates > Distribution > Request Certificate」來建立一組「Current Distribution Certificate」(發佈證書)。

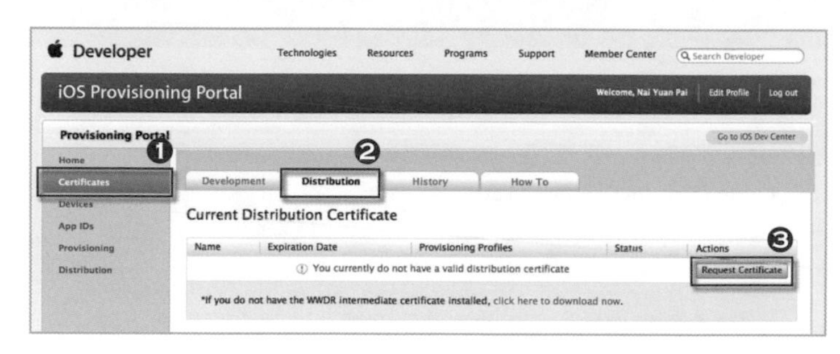

▲ 建立發佈證書

STEP 4 點選「選擇檔案」來載入剛從鑰匙圈存取所建立的電腦憑證文件。

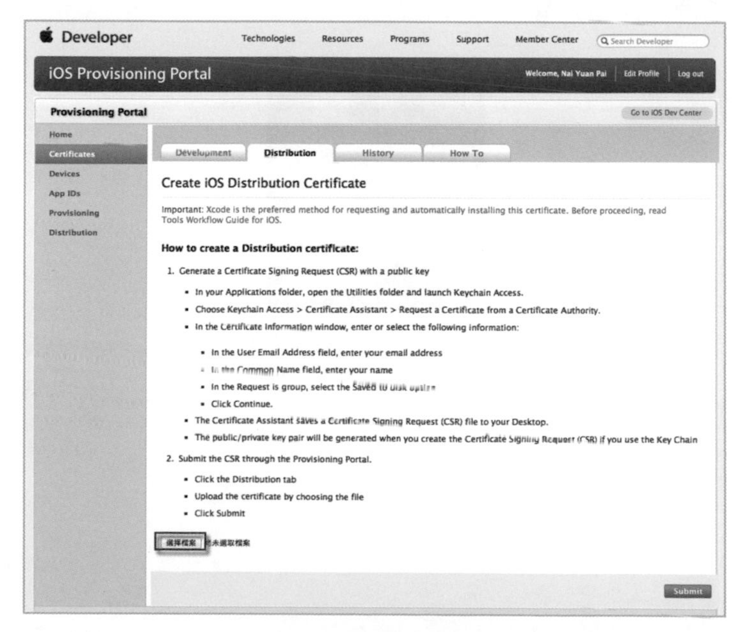

▲ 載入電腦憑證文件

STEP 5 成功載入文件後，點選「Submit」送出。

▲ 送出電腦憑證文件

STEP 6 點選「Download」下載憑證文件。

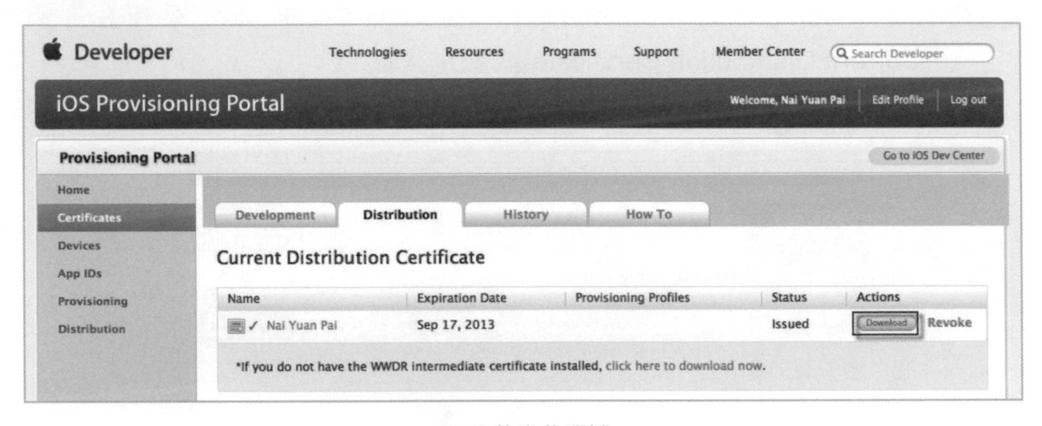

▲ 下載發佈憑證

STEP 7 完成發佈文件的建立。

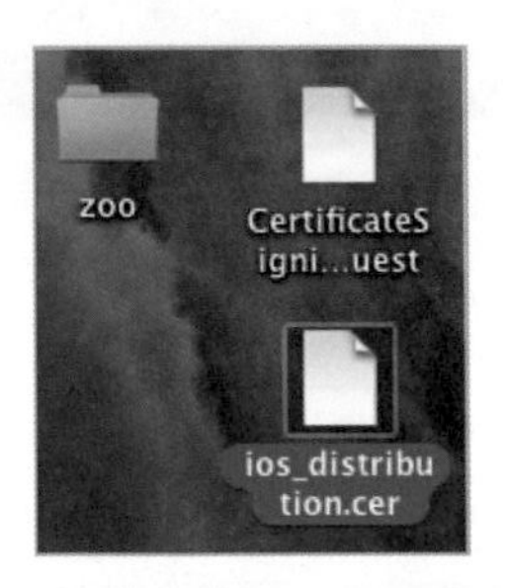

▲ 下載後的發佈憑證文件

TIPS

點選「Submit」送出文件後，會自動的切換頁面，若頁面中並未有「Download」的按鈕時，可透過點擊「滑鼠右鍵 > 重新載入」來重新整理網頁，此時就可看見「Download」的按鈕。

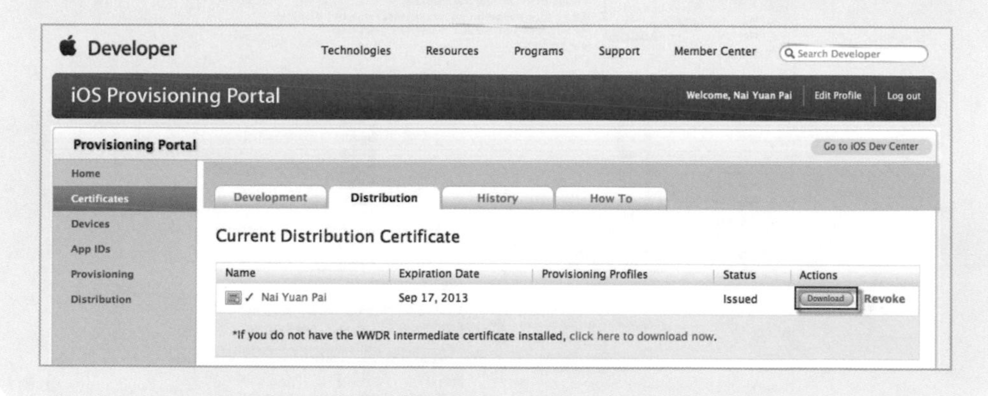

17-2-3 匯出開發者授權憑證（.p12）

從 Apple Devloper 網站建立好開發者的發佈憑證文件後，此文件的格式無法給予 Flash 進行發佈的動作。因此，我們需要再進一步的將發佈的憑證輸出一個 Flash 可接受的 .p12 文件檔。

STEP 1 選取「ios_distribution.cer」文件後，點擊「滑鼠右鍵 > 打開」來開啟「鑰匙圈存取」程式。

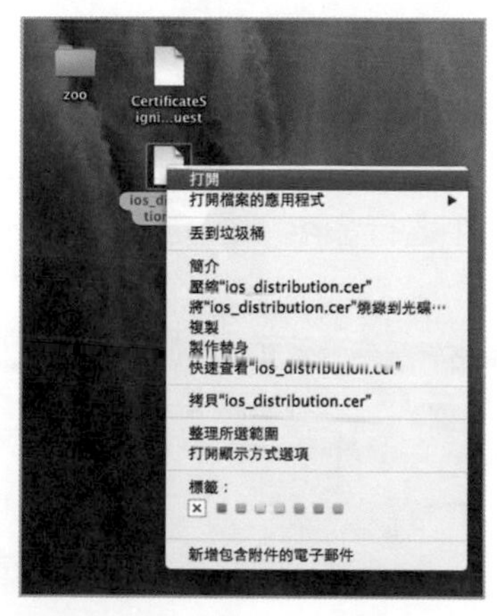

▲ 打開「ios_distribution.cer」文件

STEP 2 選取剛剛在建立「憑證輔助程式」面板中您所輸入的「一般名稱」，此時會看見兩組相同名稱的憑證（以 Billy_Zoo 為例），開啟種類為「專用密鑰」的名稱。

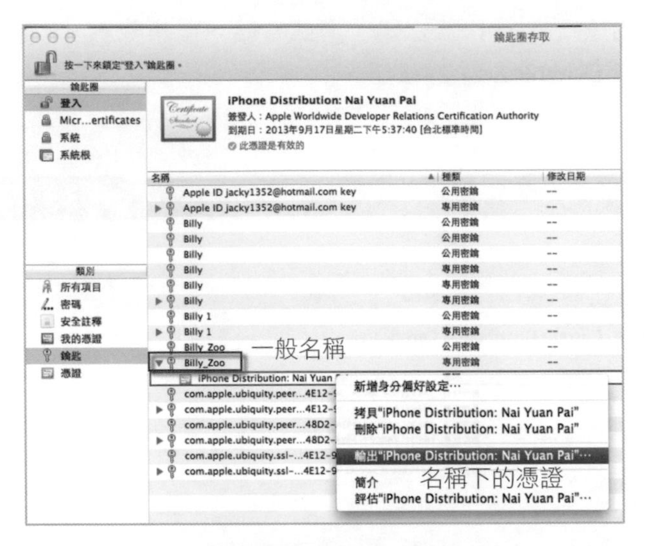

▲ 開啟專用密鑰的憑證

STEP 3 在憑證上點擊「滑鼠右鍵 > 輸出 “iPhone Distribution：Nai Yuan Pai” ⋯」來匯出 .p12 文件。

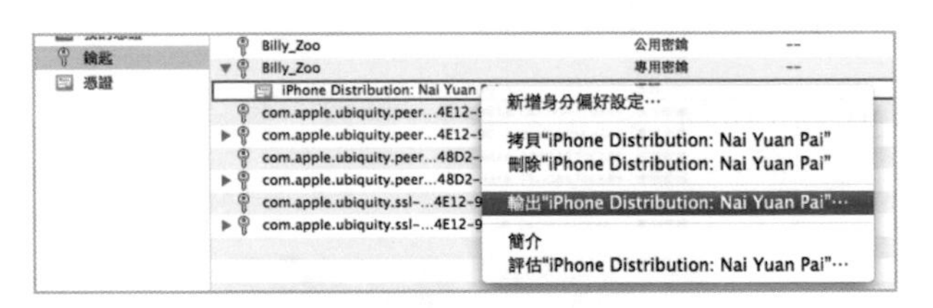

▲ 匯出 .p12 文件

STEP 4 為要匯出的 .p12 文件進行命名與設定要儲存的位置。

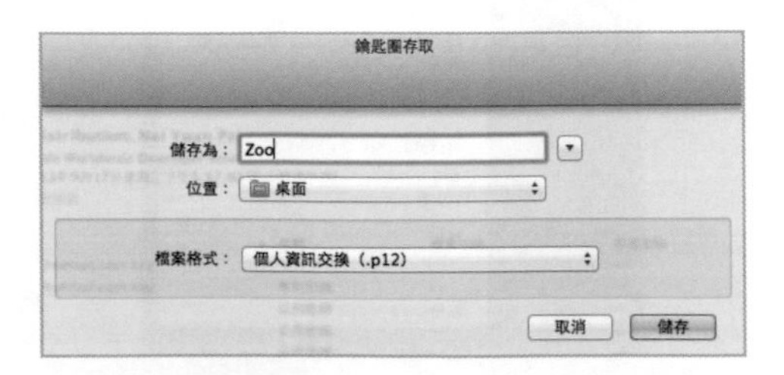

▲ 設定 .p12 文件的名稱與儲存位置

STEP 5 此時，在密碼欄位自行輸入一組自訂的密碼內容，在驗證的欄位也輸入與密碼欄位相同的密碼，最後點擊「好」按鈕。此部分是為 .p12 文件建立密碼。

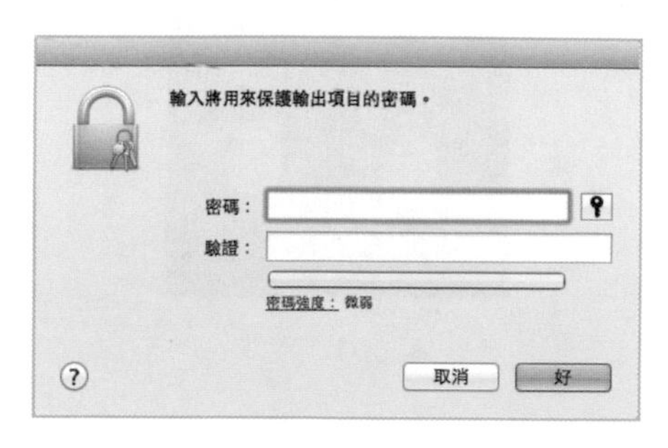

▲ 為 .p12 文件建立密碼

TIPS

在 Flash 發佈 iOS 面板中，要載入 .p12 文件之外，還需要輸入 .p12 文件的密碼，而上述步驟的建立密碼就是使用在此。

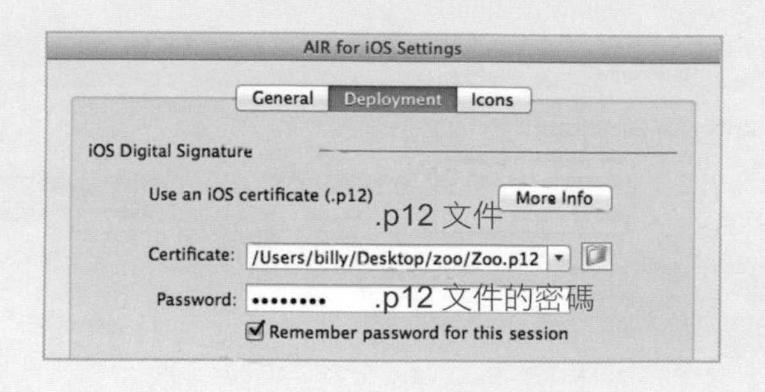

STEP 6 此部分的密碼欄位不需輸入，保留空白即可，並點選「允許」按鈕。若您的電腦是在登入時需要輸入密碼才進入系統的話，此刻，就在此密碼欄位輸入您登入電腦的密碼。（筆者的電腦不需輸入密碼才會進入系統，所以保持空白）

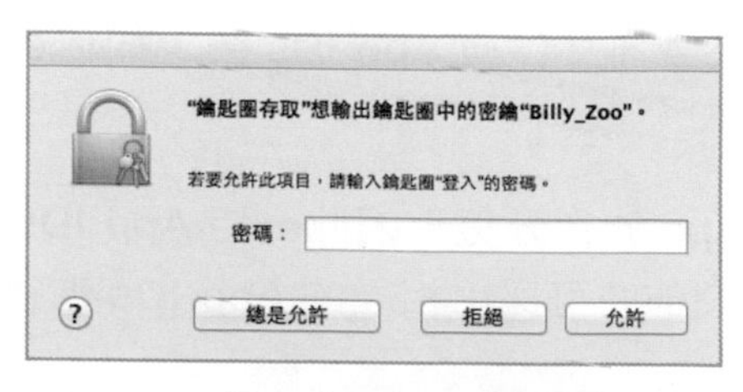

▲ 輸入登入電腦的密碼

STEP 7 成功匯出 .p12 文件。

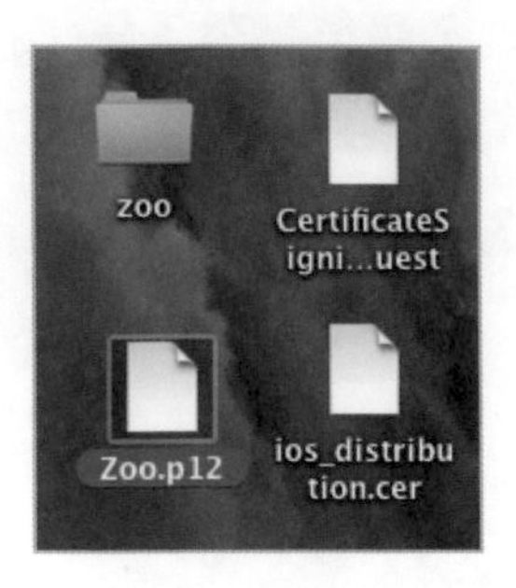

▲ .p12 文件

TIPS

此開發者發佈憑證（.p12）可持續的套用在其他您所開發的 App 應用程式中，但必須要注意的，發佈憑證也是會過期的，只要當發佈憑證處於過期的狀態時，就必須重新的執行一次憑證建立流程。而憑證的終止日期（Expiration Date）會在 Current Distribution Certificate 中顯示。

Development | Distribution | History | How To

Current Distribution Certificate

Name	Expiration Date	Provisioning Profiles	Status	Actions
✓ Nai Yuan Pai	Sep 17, 2013		Issued	Download Revoke

*If you do not have the WWDR intermediate certificate installed, click here to download now.

17-3 使用 Flash 發佈 iOS 應用程式

經由上述的步驟，此時您已經為應用程式建立好發佈時的 .p12 文件，再來的內容會介紹如何在 Apple Devloper 網頁中，為所開發的 App 內容來建立專屬的 App IDs，最後備妥發佈文件與 App IDs 後，如何透過 Flash 來發佈您的 App。

App IDs 等同於一個 App 的身分證，因此一組 App IDs 只會對一個您所開發的 App 內容。雖然在發佈時可採用相同的 App IDs 進行發佈，但當匯入到您

的行動設備中時，會發現使用相同 App IDs 所發佈好的 App 內容會取代掉在您裝置中原先也是使用該 App IDs 所發佈的 App 內容。

▲ 建立 App IDs 與發佈 App 流程

17-3-1 建立專案的 App IDs

STEP 1 在登入 Apple Developer 的狀態下，點選「App IDs > New App ID」來進入新增 App ID 的網頁。

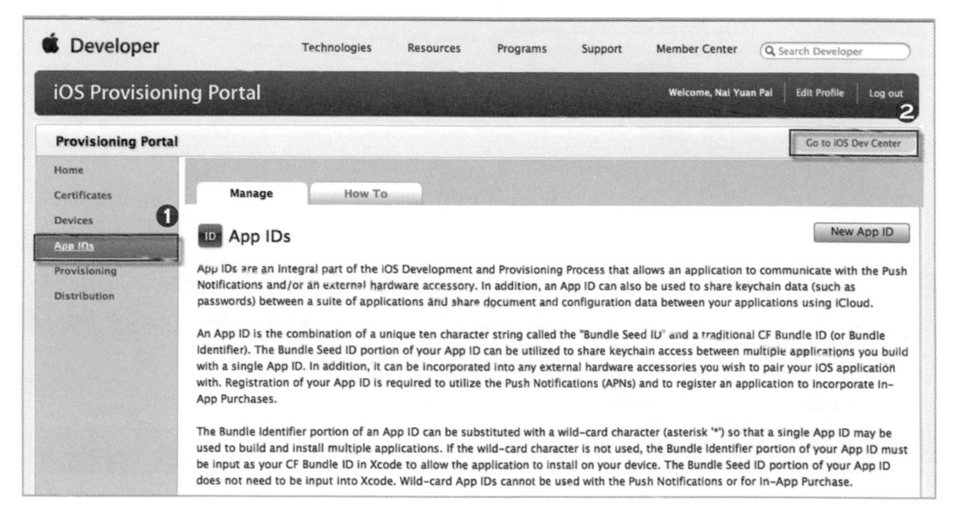

▲ 進入新增 App ID 的網頁

STEP 2 在「Description」欄位輸入 App 的名稱。第二在「Bundle Identifier（App ID Suffix）」欄位來建立 App ID 的綁定符號，其建立的內容可參考欄位旁的 Example，通常只要將 appname 替換成與「Description」相同的名稱即可，若您是公司的單位或具有個人網站，可將 domainname 的部分換成您公司或個人的網址名稱。舉例如下：

- Description：Zoo
- Bundle Identifier（App ID Suffix）：com.templar（公司名稱）.Zoo（App ID 名稱）

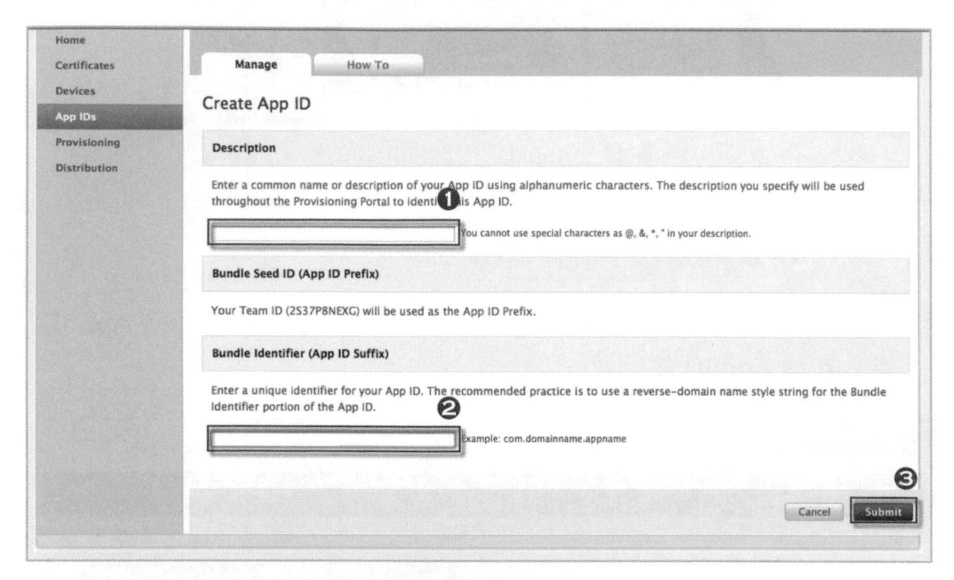

▲ 建立 App IDs

STEP 3 送出後，點選「Provisioning > Distribution > New Profile」來配置您剛所建立好的 App IDs，並為 App IDs 建立一組憑證文件，以發佈時使用。

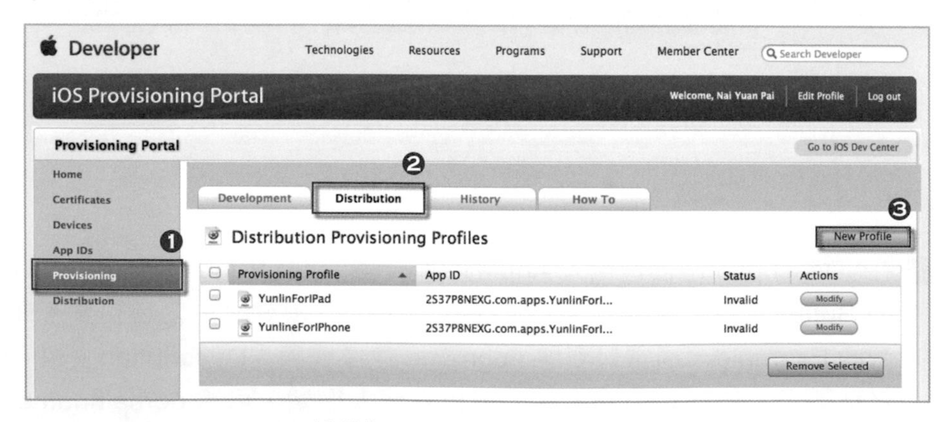

▲ 準備為 App IDs 來新增專屬的文件

STEP 4 在 Create iOS Distribution Provisioning Profile 頁面中主要是為用來「建立 iOS 發行的文件」。選取要上架的平台、輸入要發行的文件名稱、選取與名稱相同的 App ID，最後點選「Submit」。

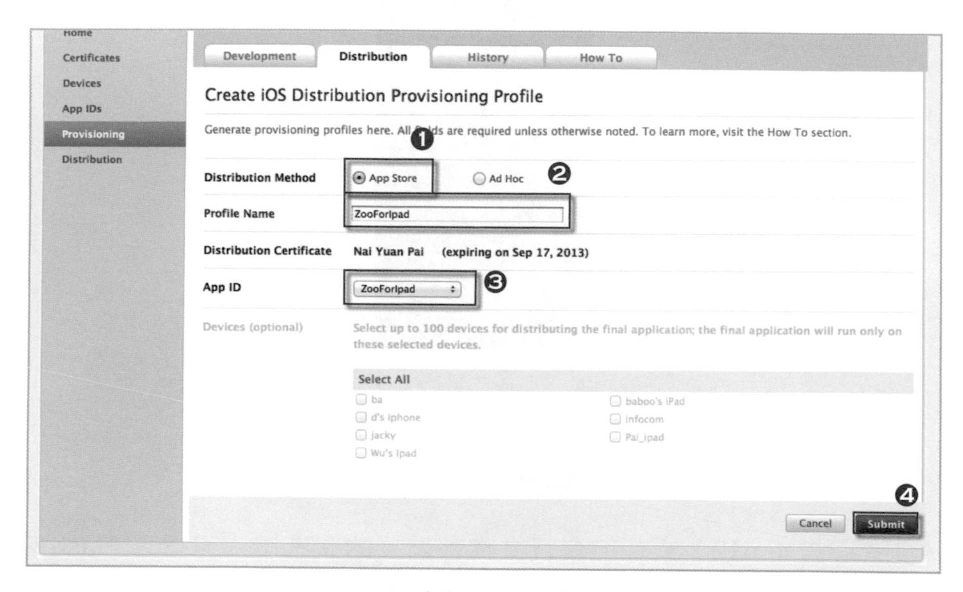

▲ 建立發行的文件

STEP 5 回到 Distribution 頁面後，下載剛剛所建立的文件。

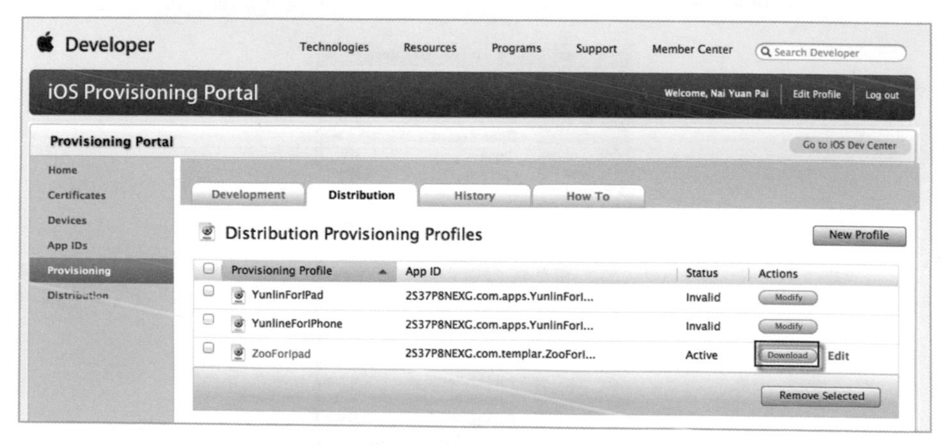

▲ 下載要發行的文件

STEP 6 完成發行文件的建立。

▲ 下載後的發行文件

17-3-2 使用 Flash 發佈應用程式

在開發者憑證（.p12）文件與發行文件都備妥的狀態下，可透過 Flash 來將 App 內容轉換成 ipa 檔案。此 ipa 檔案的上架方式會在後面內容進行介紹。

STEP 1 開啟您 App 專案的 Flash，並點擊「File > AIR for iOS Settings」選項來開啟發佈的面板。

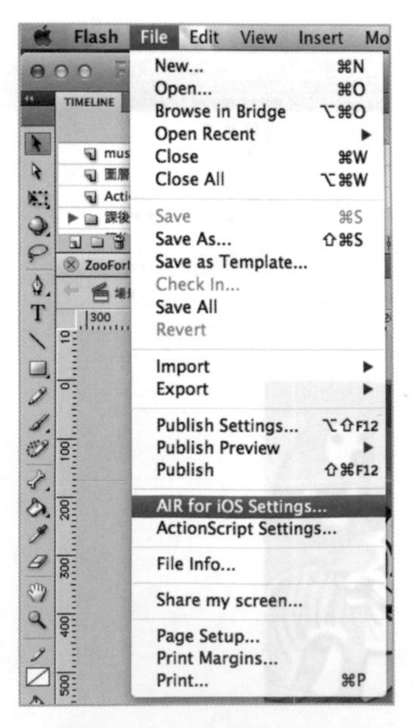

▲ 開啟 AIR for iOS 的發佈面板

STEP 2 General（一般）面板的說明如下：

- Output file：設定匯出後的路徑與檔案名稱。
- App name：此 App 的名稱。
- Version：版本。
- Aspect ration：外觀比例，設定此 App 的呈現方向（縱向或橫向）。
  - Full screen：全螢幕。
  - Auto orientation：自動方向。
- Rendering：顯示模式。
- Device：裝置，針對此 App 是適合 iPhone 或者 iPad 進行設定。
- Resolution：解析度。

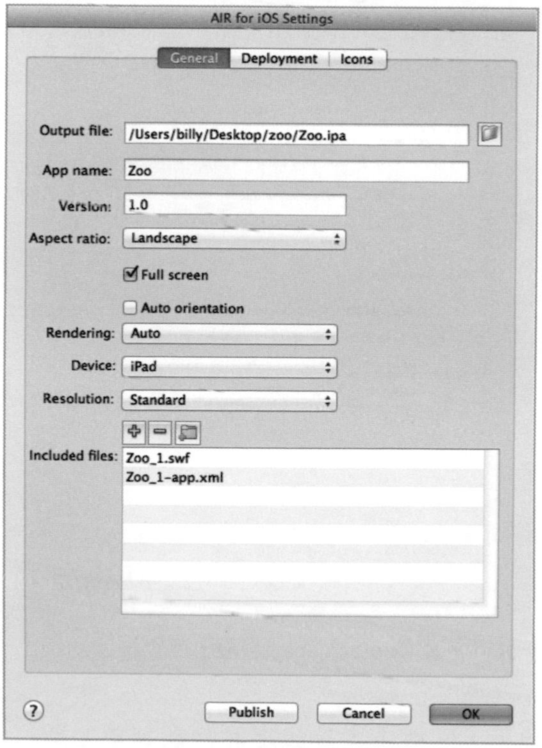

▲ General（一般）面板設定

STEP 3 Deployment（部屬）面板的說明如下：

- Certificate：瀏覽開發者憑證文件（.p12）。
- Password：開發者憑證密碼（.p12）。
- Provisioning profile：瀏覽發行文件的檔案。
- App ID：發行文件的 App ID，此部分會再瀏覽發行文件後自動產生，若此欄位發生錯誤可手動調整。
- iOS deployment type：iOS 部屬的類型。由於我們要將此 App 上架到 App Store，所以需要選擇「Deployment type – Apple App Store」選項。若選擇其他項目而所發佈出的 .ipa 檔案，在最後上架的過程中是不支援的（會顯示錯誤訊息）。

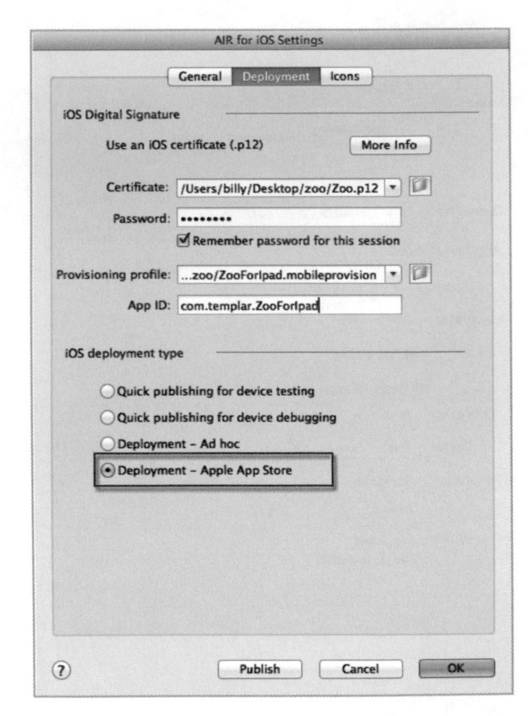

▲ Deployment（部屬）面板設定

STEP 4 在 Icons（圖示）面板中，是設定最終在裝置上運行時要使用的圖示，針對您 App 所支援的平台來載入圖示。

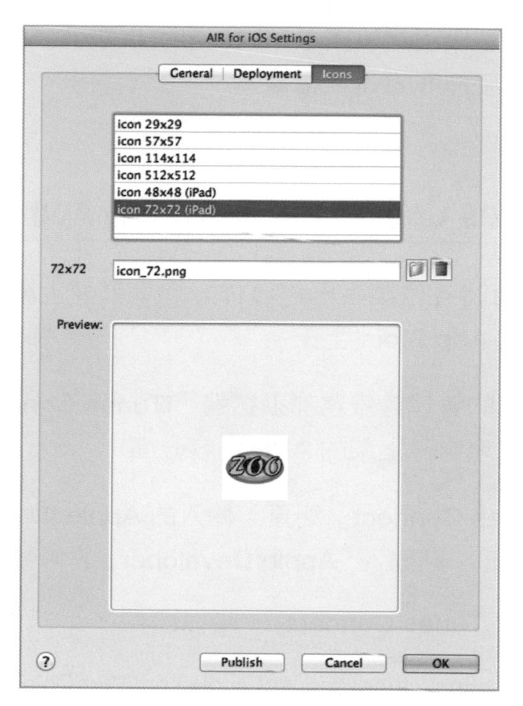

▲ Icons（圖示）面板設定

STEP 5 在發佈的過程中，會先建立一個 SWF 文件，成功後會自動的發佈 .ipa 檔案。

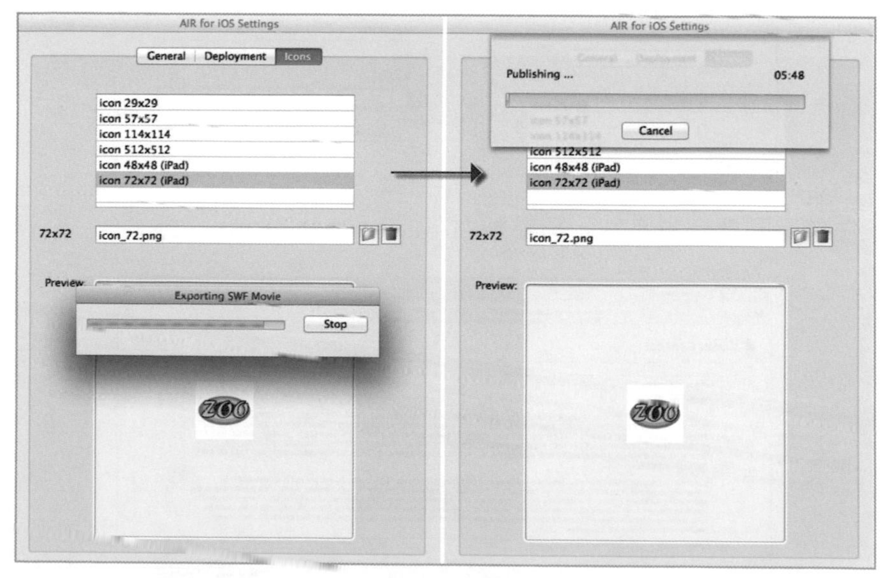

▲ 發佈過程畫面

STEP 6 若發佈過程中沒出現錯誤訊息，則表示您以發佈成功，此時可至您指定的文件中查看發佈好的 .ipa 檔案。

17-4 在 iTunes Connection 中管理你的 App（新增你的 App）

經由上述的步驟，此時各位讀者已經發佈好您準備要上架的 .ipa 檔案了，再來就讓我逐步的完成 App Store 上架。

上架的動作以及後續的管理等服務都須透過「iTunes Connect」來執行，此頁面是提供給開發者管理自己上架的 APP 內容介面。

STEP 1 連線到「iTunes Connect」網頁，輸入的 Apple ID 與 Password 為開發者的帳號與密碼（與登入「Apple Developer」的帳號與密碼是相同的）。

- 平台名稱：iTunes Connect
- 連結網址：https://itunesconnect.apple.com/WebObjects/iTunesConnect.woa

STEP 2 先勾選同意合約條款，再點擊右下「Accpet Terms」鈕。

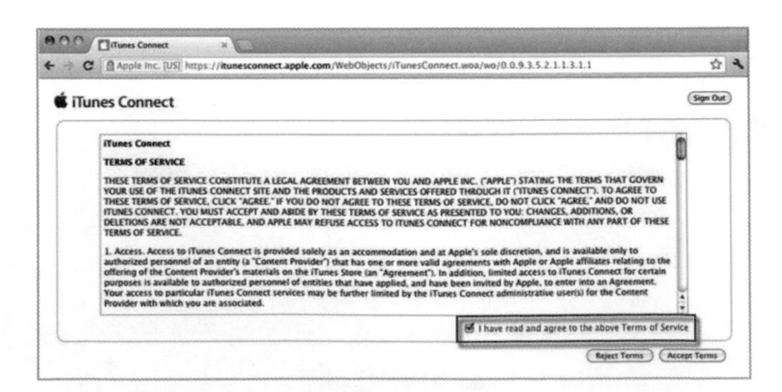

STEP 3 登入後，再點右邊的「Manage Your Applications」連結。

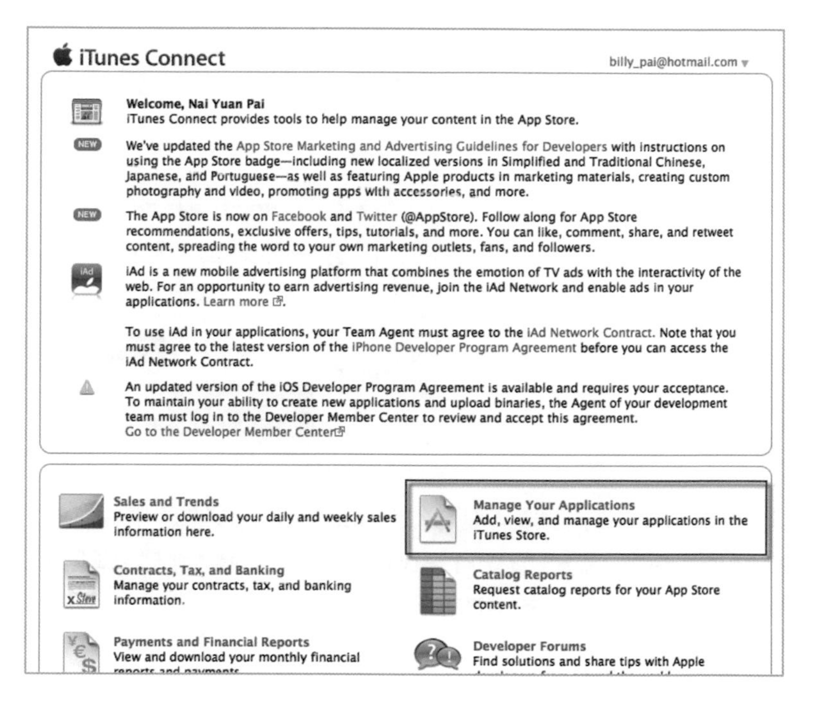

STEP 4 接著按左上「Add New App」鈕。

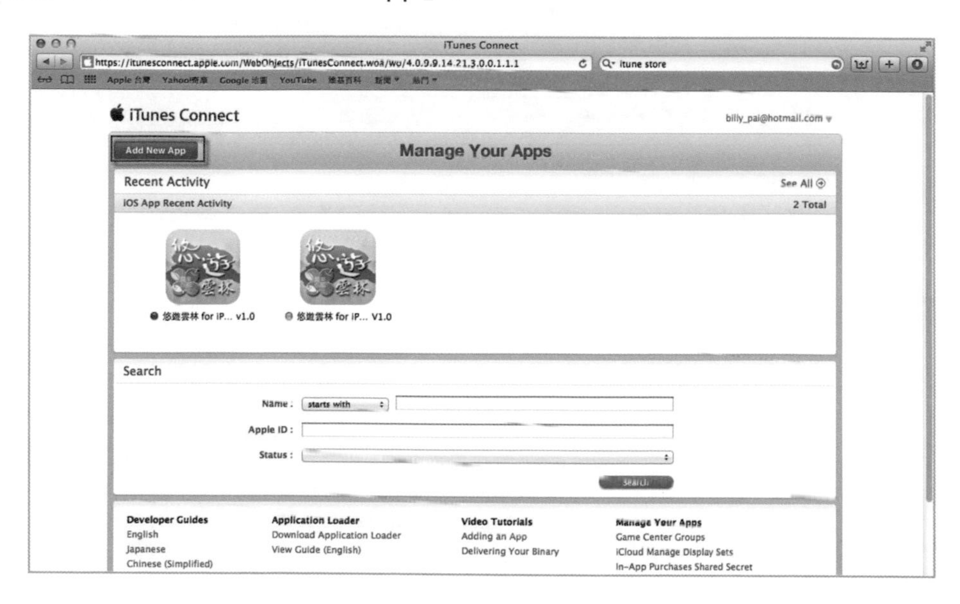

STEP 5 輸入公司名稱，這會出現在「Apple Store」上方。

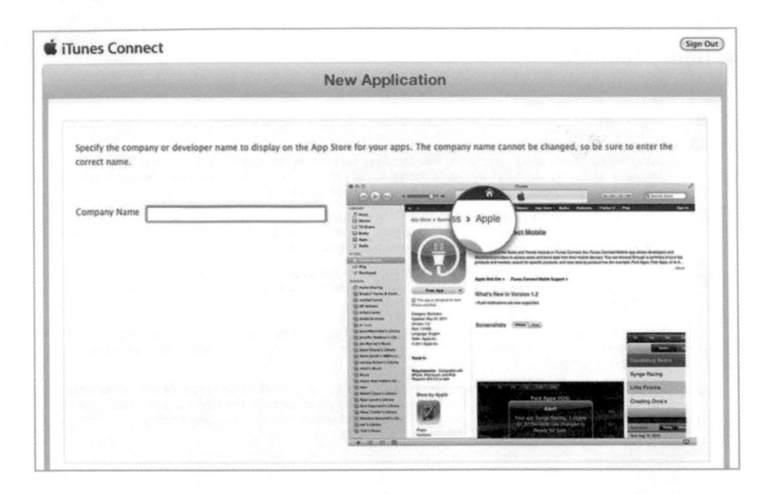

STEP 6 設定語系、App 的名稱，與 SKU Number（這邊是用來設定 App 的一組獨一無二的編碼），最後在 Bundle ID 中選擇相應的應用程式 ID（就是在 iOS Dev Center 的 APPIDs）。

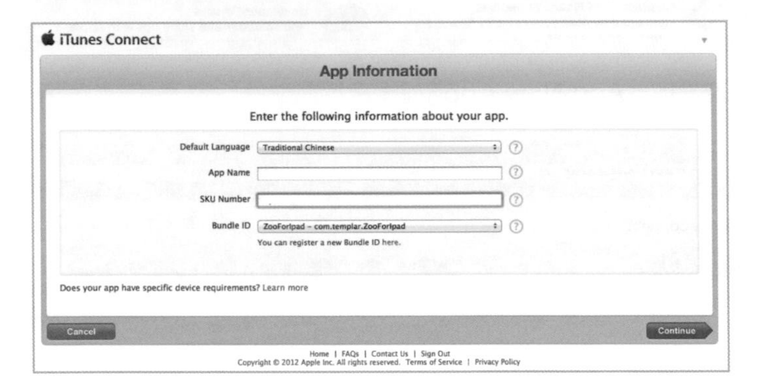

STEP 7 設定預計上架日期與售價。

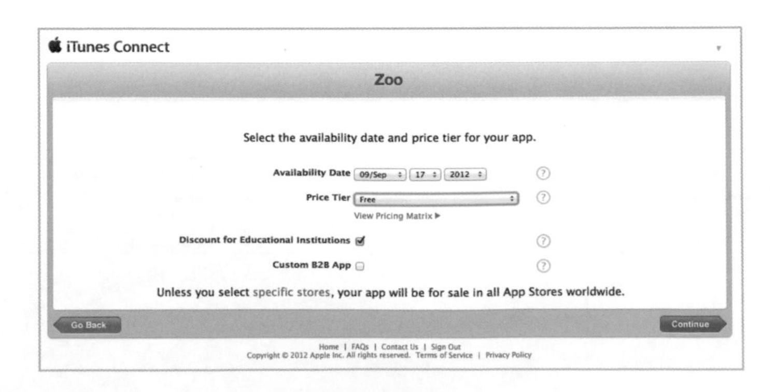

STEP 8 設定應用程式的版號與分類。

iTunes Connect

Zoo

Enter the following information in **Traditional Chinese.**

Version Information

Version Number: V1

Copyright: 碁峯數位有限公司

Primary Category: Education

Secondary Category (Optional): Select

Review Notes (Optional)

Rating

For each content description, choose the level of frequency that best describes your app.

App Rating Details ▸

Apps must not contain any obscene, pornographic, offensive or defamatory content or materials of any kind (text, graphics, images, photographs, etc.), or other content or materials that in Apple's reasonable judgment may be found

STEP 9 向下拉設定該應用程式的分級，就有點像是電視的保護、普、輔、限一樣，分數愈高級數愈高。

Rating

For each content description, choose the level of frequency that best describes your app.

App Rating Details ▸

Apps must not contain any obscene, pornographic, offensive or defamatory content or materials of any kind (text, graphics, images, photographs, etc.), or other content or materials that in Apple's reasonable judgment may be found objectionable.

Apple Content Descriptions	None	Infrequent/Mild	Frequent/Intense
Cartoon or Fantasy Violence	◉	○	○
Realistic Violence	◉	○	○
Sexual Content or Nudity	◉	○	○
Profanity or Crude Humor	◉	○	○
Alcohol, Tobacco, or Drug Use or References	◉	○	○
Mature/Suggestive Themes	◉	○	○
Simulated Gambling	◉	○	○
Horror/Fear Themes	◉	○	○
Prolonged Graphic or Sadistic Realistic Violence	◉	○	○
Graphic Sexual Content and Nudity	◉	○	○

4+

App Rating

STEP 10 再往下拉，設定應用程式的簡介、關鍵字、回覆信箱、支援的網址。

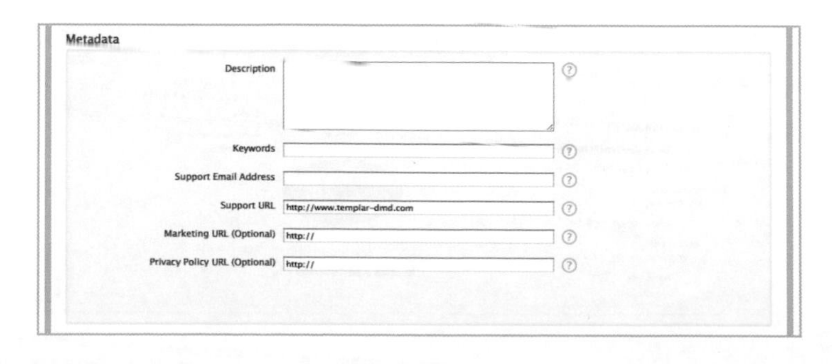

STEP 11 再往下拉，設定應用程式圖示與操作畫面。

STEP 12 新增完畢後，這時狀態會變成，Preprae for Uload，接著按一下左下方的「View Details」鈕。

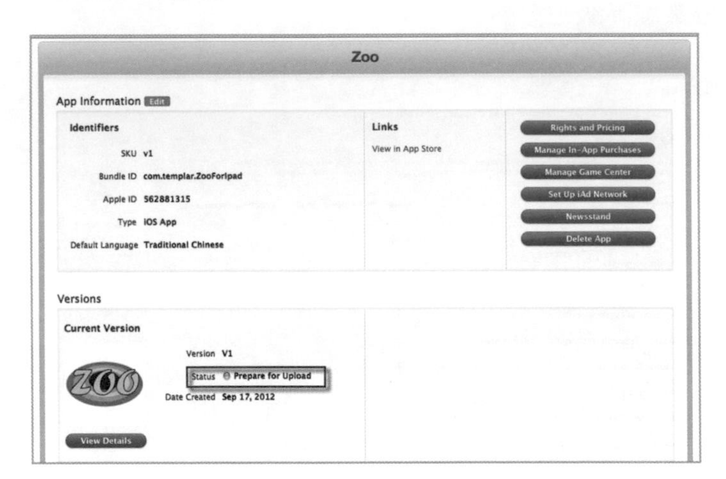

STEP 13 按一下右上「Ready to Upload Binary」鈕。

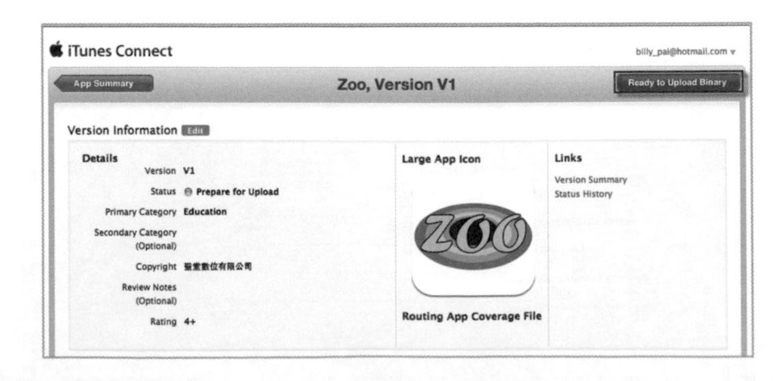

STEP 14 選擇「No」再按「Save」鈕。

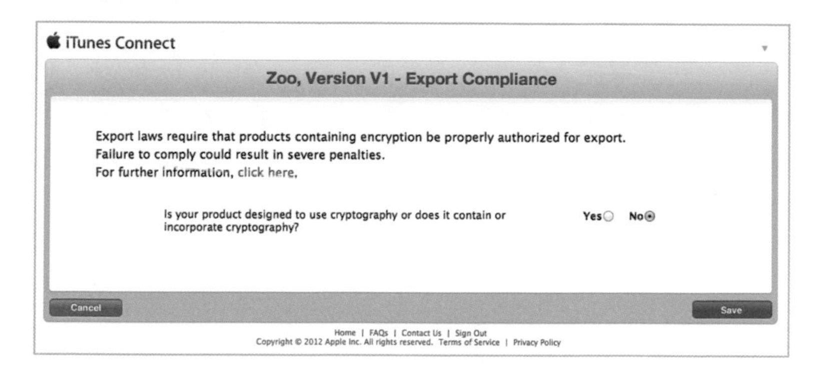

STEP 15 再按「Contiune」鈕。

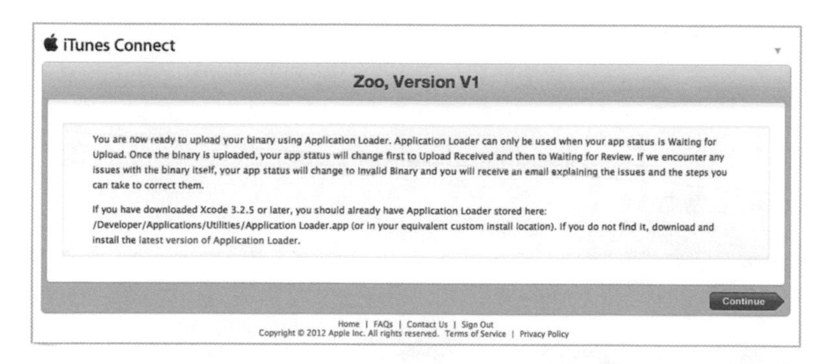

STEP 16 這時看到狀態變成 Watting For Upload 後，後台的部分已全部設定完成了，接下來就準備開始上傳 App 了。

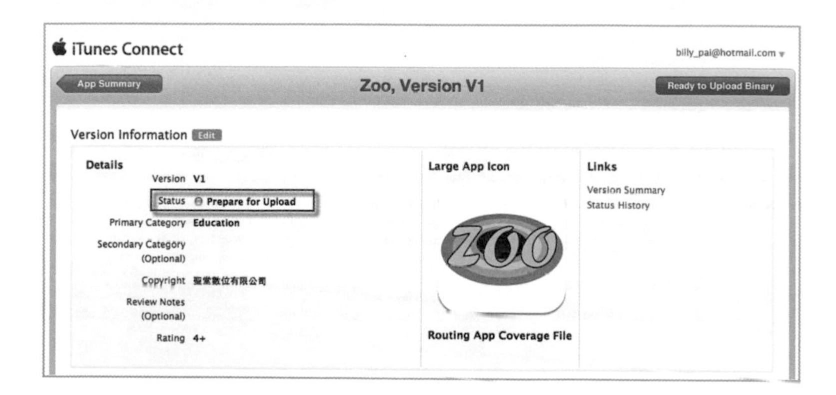

17-5 上傳你的 App 到 iTunes Connection

要上傳 App 的方式須採用 Apple 所提供的「Application Loader」應用程式。而一個 iOS App 在送審過程會經歷的階段如下，而這樣從一開始完成上傳後到最後的發售時間約 7 ~ 10 天左右，若過程中審查出 App 有錯誤則需再重新執行一次流程，相對的時間會更久。

- Waiting for upload：等待上傳
- Upload received：收到上傳內容
- Waiting for review：等待審查
- In review：審查中
- Ready for sale：準備出售

STEP 1 點選下方的「Download Application Loader」連結，下載 Application Loader 上傳程式。

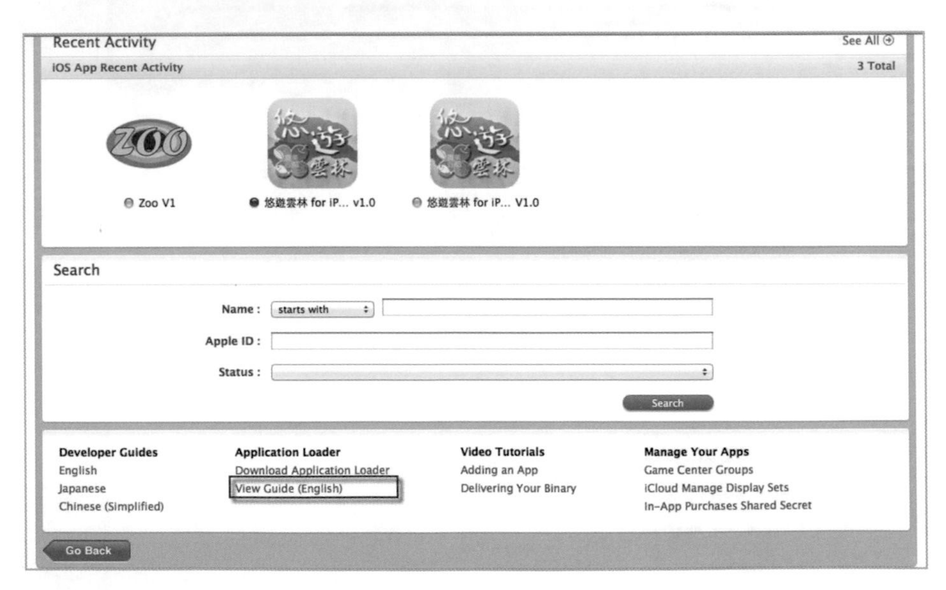

STEP 2 下載完畢後，依序執行安裝流程。

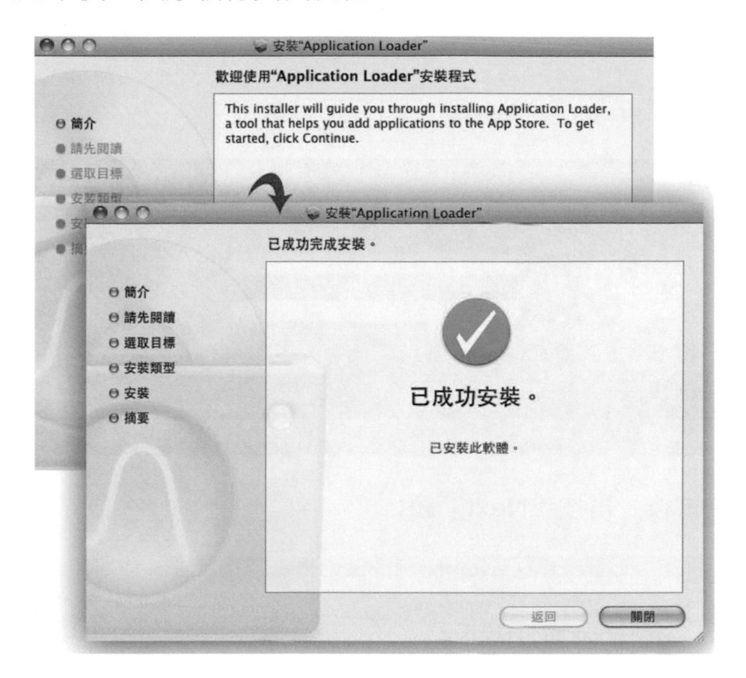

STEP 3 搜尋「Application Loaer」關鍵字，並啟動。搜尋的方式可按 Mac 桌面右上方的放大鏡功能。

STEP 4 開啟 Application Loaer 應用程式後，按右下的「Accept」鈕。

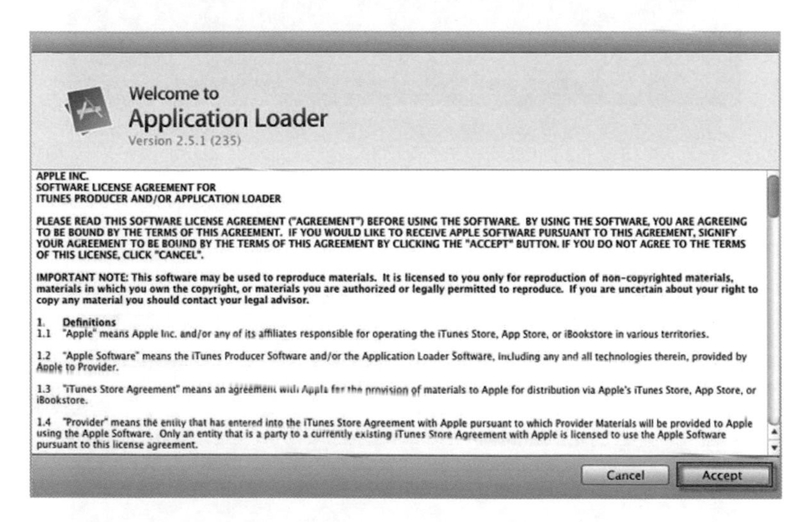

STEP 5 輸入 Apple ID 帳號與密碼。

STEP 6 登入完成後，再按「Next」鈕。

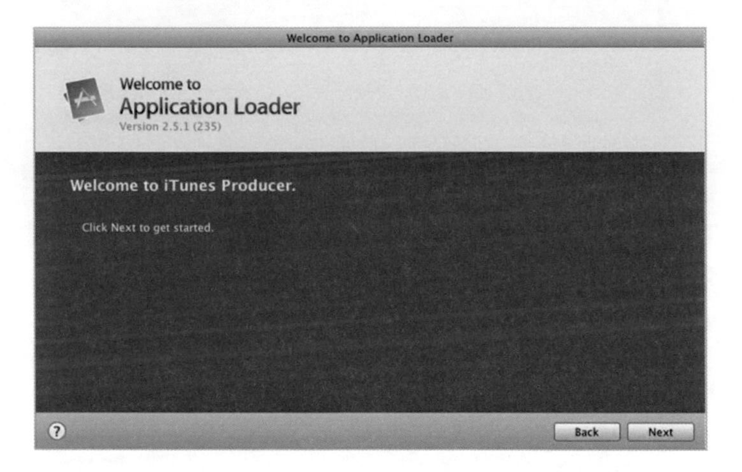

STEP 7 回到主畫面後，點一下「Deliver Your App」鈕。

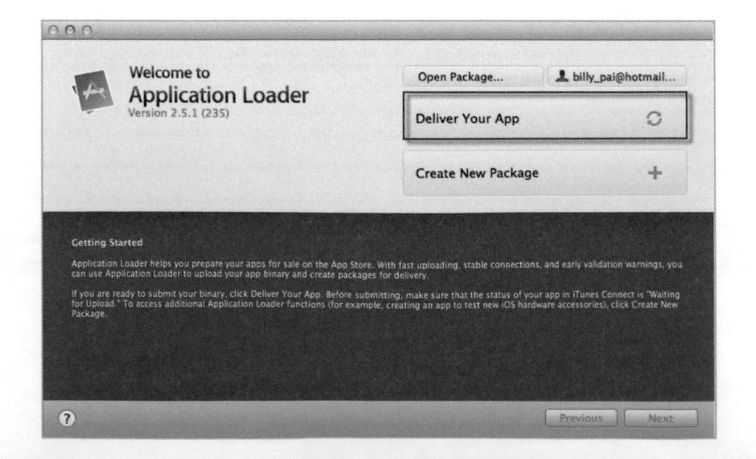

STEP 8 選擇剛從「iTunes Connection」平台所新增的 App 名稱。

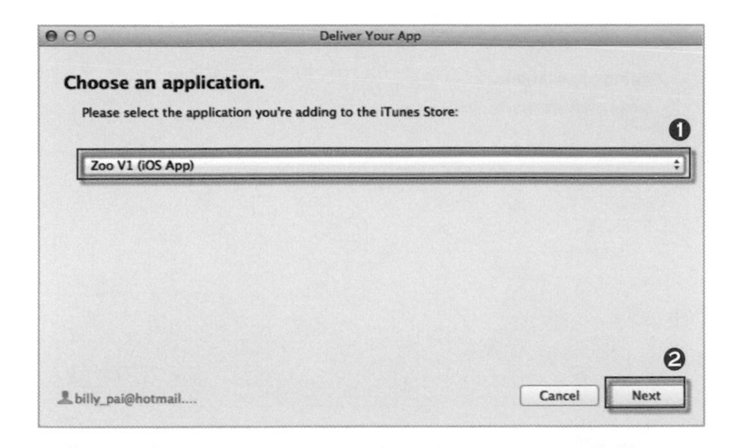

STEP 9 接著畫面會自動載入相關資訊，再按右下的「Choose」鈕。

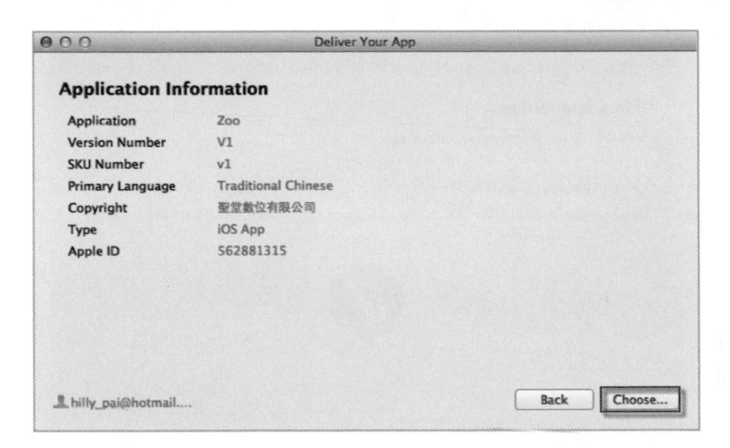

STEP 10 選擇剛已發佈好的 .ipa 檔案。

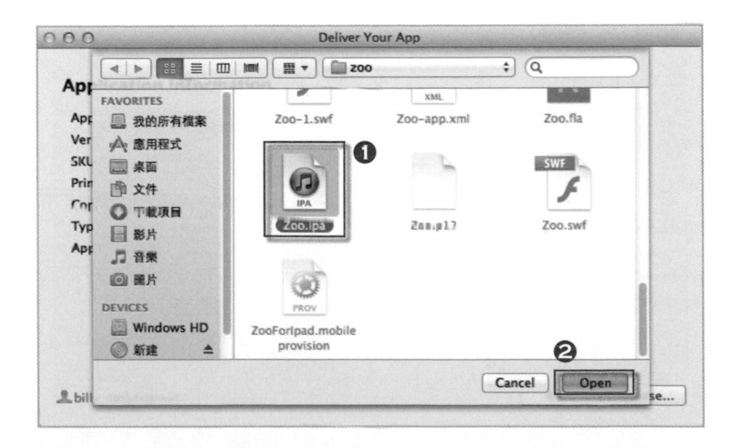

STEP 11 按「Send」鈕。

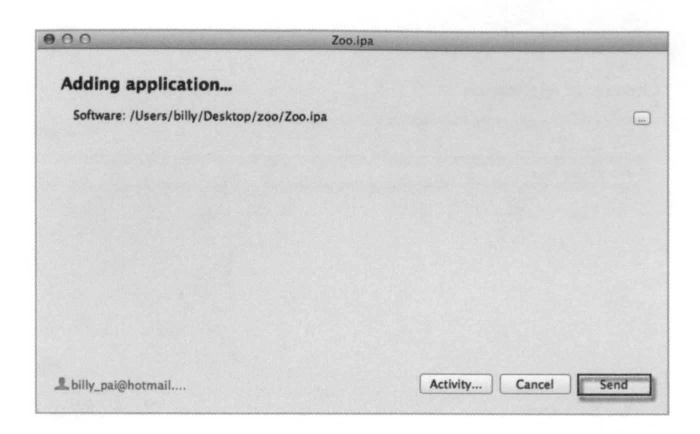

STEP 12 接著畫面會顯示傳送的進度，當傳送成功後，畫面會出現綠色的勾，表示您已經上傳。

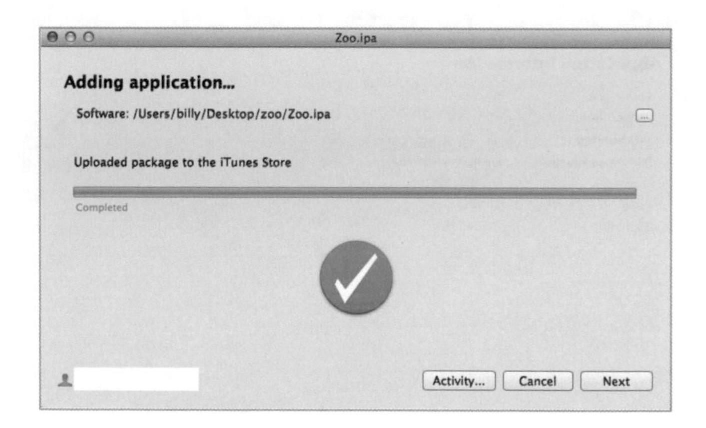

STEP 13 按下「Done」鈕，來完成上傳的動作。

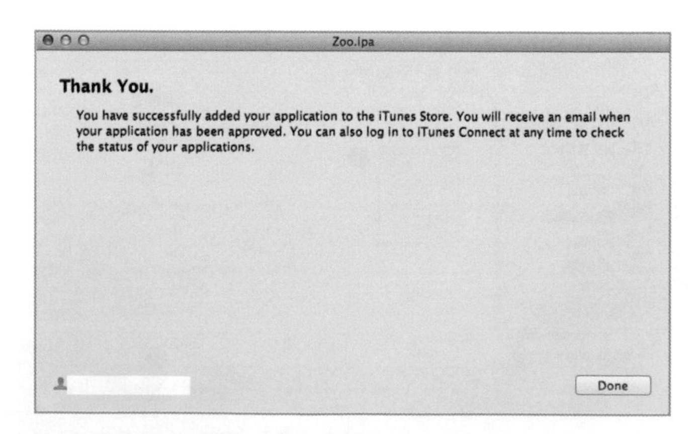

STEP 14 進入 iTunes Connection 平台，就會看到 App 的狀態變成 Wating for Review。一般約 7~12 天會變成 In Review，沒問題的話就會變成 Ready for Sale，就表示已上架到 Apple Store 了。

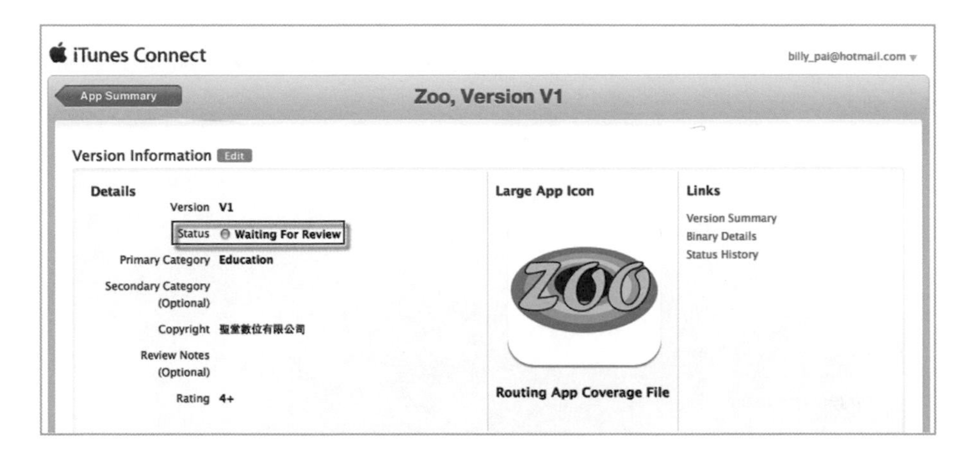

TIPS

燈號狀況

- ：Apps 正在等待審查中。
- ：Apps 有問題，依照 Apple 的建議進行改善。
- ：Apps 已通過審核且順利上架。

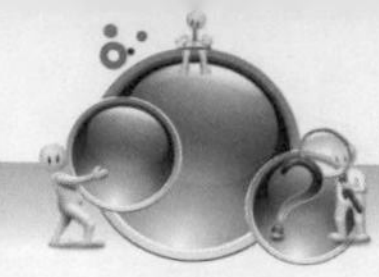

簡答題

1. 在 App Store 的審查條件上會依據那些條件來進行嚴格的審查，請舉出 8 種內容。

2. 若要將開發好的 ipa 檔案上傳到 App Store 中進行審查，則要透過何種軟體來執行。

CHAPTER **18**

Google Play 的上架概述

到了此步驟，想必各位讀者已經了解如何使用 Flash 開發 App，並能匯入到您的設備中進行測試。

最後，當一個 App 開發完成後，每位開發者所想的就是如何將這個 App 分享給其他人使用。因此，為了能讓您的成果可使更多人看見，最好的做法就是將您辛苦所開發的 App 上架到 Google Play 上以進行分享的動作，藉此讓其他人下載使用。

因此，本章節主要是教導各位讀者，如何將透過 Windows 系統來將成果上架到 Google Play 中。

學習目標

❖ 理解 Google Play 的完整上架流程

18-1 Google Play 的上架概述

Google Play 前名為 Android Market，是一個由 Google 為 Android 裝置開發的線上應用程式商店。一個名為「Play Store」的應用程式會預載在允許使用 Google Play 的手機上，可以讓使用者去瀏覽、下載及購買在 Google Play 上的第三方應用程式。而 Google Play 網站則是負責提供應用程式的詳細資料，尤其是那些標有「最新軟體」、「最高評價付費軟體」和「最高評價免費軟體」的應用程式的詳細資料。

2012 年 3 月 7 日，Android Market 服務與 Google Music、Google 圖書、Google Play Movie 整合，並將其更名為 Google Play。但是，這些服務在一些國家和地區是無法使用的，如台灣，因為台北市政府法規會要求提供七天鑑賞期，Google 拒絕配合，因此關閉對台灣地區的付費下載服務。Android Market 的運作方式如下：

1. 開發者可以將自己寫好的軟體上傳到 Android Market 中。
2. 開發者透過 Android Market 販賣軟體的 30% 收入，得分給電信商跟電子收費商（如手機月費帳單或 Google Checkout 等），所以開發者可以拿到應用程式定價的 70%。
3. 註冊為「Android Market Developer」要收美金 25 元的「入場費」。推測可能是種為了保證「Android Market」上應用程式的質量，也為了促使開發者寫一點收費軟體，好讓電信商有得分成的策略。

18-2 申請成開發者

STEP 1 進入 Google Play 開發者帳號註冊及登錄頁面。GooglePlay 開發者帳號註冊及登錄頁面地址：https://play.google.com/apps/publish/

| 首頁 | 說明 | Android.com | 登出

Google play | ANDROID DEVELOPER CONSOLE

入門

如要在 Google Play 發佈軟體，您必須先完成下列三個步驟：

- 建立開發人員個人資料
- 同意開發人員發佈協議
- 透過 Google Checkout 以信用卡支付註冊費 (US$25.00)

登錄詳細資訊

您所建立的開發人員個人資料，將會成為客戶在 Google Play 上看到的門面

開發人員名稱

這則資訊將公開顯示在您的應用程式的名稱下

電子郵件地址

網站網址 http://

電話號碼

請包含加號、國碼、區碼，例如 +1-650-253-0000。為什麼需要提供電話號碼？

電子郵件更新 不定期通知我應用程式開發和 Google Play 商機的相關資訊。

繼續 »

© 2012 Google - Google Play 服務條款 - 隱私權政策

▲ 連線至開發者頁面

STEP 2 登錄您的 GMAIL 帳號。若您尚未有 GMAIL，請先完成註冊動作。

STEP 3 閱讀並同意「開發人員發佈協議」條款。

▲ 同意「開發人員發佈協議」條款

STEP 4 註冊成為開發人員。

| 首頁 | 說明 | Andro

Google play | ANDROID DEVELOPER CONSOLE

註冊成為開發人員

註冊費： US$25.00

支付註冊費用後，您即可在 Android Market 中發佈軟體。您在註冊時提供的姓名及帳單地址皆受《開發人員發佈協議》所約束，因此請務必在提交資料前仔細檢查是否正確無誤。

透過以下服務支付註冊費：

Buy with Google

繼續 »

返回即可變更設定檔

© 2012 Google - Google Play 服務條款 - 隱私權政策

STEP 5 填寫開發者的信用卡資料，以完成線上付費的動作。

向您的 Google 帐户添加关联信用卡

电子邮件

位置

台湾

信用卡或借记卡

VISA AMEX

到期日期 / 安全代码

帐单邮寄地址

输入的姓名应与信用卡上的姓名一致。

切换至本国格式

收货地址

✓ 与帐单邮寄地址相同

我同意 Google 电子钱包的服务条款和隐私权政策。

同意并继续

▲ 填寫信用卡與個人資料

STEP 6 確定是否支付 25 美元的註冊費。

Change Language / 變更語言 中文 (繁體)

訂單詳細資料 - Google, 1600 Amphitheatre Parkway, Mountain View,

數量	貨品	價格
1	Android - Developer Registration Fee for	USD25.00
	稅款：	USD0.00
	總計：	USD25.00

☐寄給我 Google Checkout 的特殊優惠資訊、市場調查及電子報。　付款方式： VISA　- 變更

☐將我的電子郵件地址保密。
Google 會將 Google 寄出的電子郵件全數轉寄至　。瞭解詳情

☑我願意收到 Google的促銷電子郵件。

立即下單 -- USD25.00

帳單資料和隱私權
Google 會將這筆款項計入您的信用卡帳款，您的對帳單明細會標示為「GOOGLE * Google Play」。瞭解更多資訊

▲ 確認付款動作

STEP 7 註冊成功。

▲ 註冊成功

STEP 8 往後您只要到開發者網頁（請點我）登入後，就可以開始上傳您所開發的應用程式。

18-3 上架 App

完成開發者的動作後，再來就是將您所發佈好的 .apk 檔案進行上架，在上架的流程部分也較 App Store 上架的方式簡單，上架的流程如下：

STEP 1 登入到開發者的網頁，並點擊畫面中的「上傳應用程式」按鈕以開始進行上傳的相關動作。

▲ 上傳應用程式按鈕

STEP 2 點選「選擇檔案」以瀏覽所要上架的 apk 檔，瀏覽後再點擊「上傳」。

▲ 上傳 apk 檔案

STEP 3 在網頁中，依序填寫、選擇欄位的資訊以及上傳此應用程式的相關圖檔。

高解析度應用程式圖示
瞭解詳情
高解析度應用程式圖示：
512 x 512
32 位元 PNG 或 JPEG
大小上限：1024 KB
取代這張圖片 | 刪除

宣傳圖片
非必要
新增宣傳圖片：
選擇檔案 未選擇檔案
上傳
宣傳圖片：
寬 180 x 長 120
24 位元 PNG 或 JPEG (無 alpha 透明層)
圖案不能有邊框

主題圖片
非必要
瞭解詳情
新增主題圖片：
選擇檔案 未選擇檔案
上傳
主題圖片：
1024 x 500
24 位元 PNG 或 JPEG (無 alpha 透明層)
將縮減為迷你或微型圖片

宣傳影片
非必要
新增宣傳影片連結：
http://
宣傳影片：
輸入 YouTube 網址

隱私權政策
瞭解詳情
新增隱私權政策連結：
http://
目前不提交隱私權政策網址

停止宣傳
除了在 Google Play 和 Google 擁有的線上或行動網站之外，不要在其他地方宣傳我的應用程式。我瞭解，變更這項偏好設定後，我可能需要等待六十天的時間，新的設定才會生效。

▲ 應用程式的相關圖檔

應用程式詳細資訊

語言 | *中文（繁體）(zh-TW) |
新增語言 星號 (*) 表示為預設語言。

名稱 (繁體中文)
目前輸入了 7 個字元 (最多可輸入 30 個字元)

說明 (繁體中文)
目前輸入了 363 個字元 (最多可輸入 4000 個字元)

最近變更 (繁體中文)
versionName: 1.0
[瞭解詳情]
目前輸入了 76 個字元 (最多可輸入 500 個字元)

宣傳文字 (繁體中文)
目前輸入了 0 個字元 (最多可輸入 80 個字元)

應用程式類型 應用程式

類別

▲ 應用程式的介紹內容與應用程式類型

發佈選項

複製保護
○關閉 (可從裝置複製這個應用程式)
⊙開啓 (協助您防止使用者從裝置複製這個應用程式，但是這樣會增加安裝應用程式需要佔用的記憶體容量。)
副本保護功能將於近期內取消，請改用授權服務。

內容分級 [瞭解詳情]
○心智成熟度 - 高
○心智成熟度 - 中
○心智成熟度 - 低
⊙所有人

定價 免費 想要銷售應用程式嗎？請設定 Google Checkout 商家帳戶

☐ 所有國家/地區

☐土耳其 ☐迦納
☐丹麥 ☐香港
☐巴西 ☐挪威
☐日本 ☐泰國
☐比利時 ☐烏克蘭
☐以色列 ☐紐西蘭
☐加拿大 ☐馬爾他
☑台灣 ☐捷克共和國

▲ 應用程式的相關設定

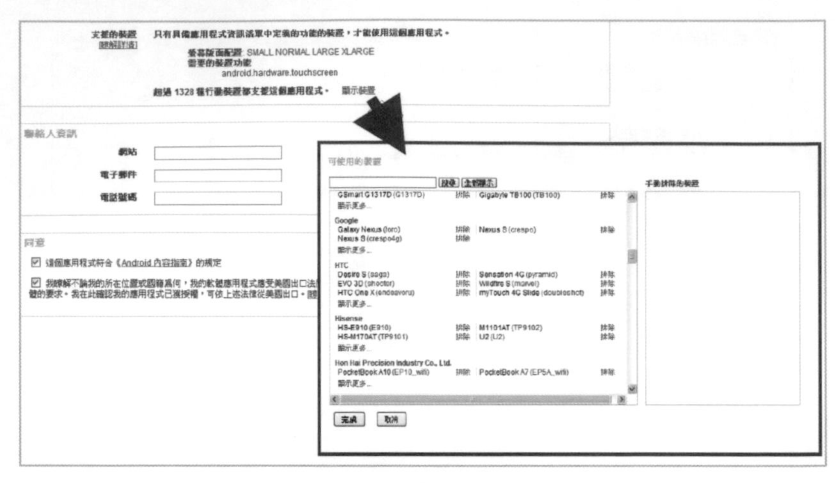

▲ 應用程式的聯絡人資訊與支援裝置

TIPS

由於我們使用的是 APPYET 使用的是免費方案（沒繳保護費），所以您上架時只能被設為免費軟體，而且 Android App 的特性是只要設為免費軟體就只能永遠免費，Google 不支援限時免費與 Redeem Code 這套，如果日後想收費只能砍掉並重新上架。

STEP 4 填寫完畢後點選下方的「發佈」按鈕。

STEP 5 發佈完畢，稍等幾小時（一天之內），在 Google Play Store 裡面就可以找到自己的軟體了：

Google play | ANDROID DEVELOPER CONSOLE

編輯個人資料 » 管理使用者帳戶 »

所有 Google Play Android 應用程式清單

應用程式：生活品味 (26) 評論 總使用者安裝次數：6,554 實際裝置安裝次數：1,450 統計資訊 免費 錯誤 已發佈

上傳應用程式

▲ 發佈完畢畫面

選擇題

1. （　　） 上架至 Google Play 的 App，若沒意外，通常在何時就可看到此 App 在 Google Play 中出現。

   A. 1 天

   B. 3 天

   C. 一個禮拜（7 天）

   D. 12 天

簡答題

1. 在 Google Play 平台中，若一開始所設定的 App 為免費，爾後若對該 App 要進行收費的話，則此 App 必須進行何種動作。

NOTE

讀者回函

讀 者 回 函

GIVE US A PIECE OF YOUR MIND

感謝您購買本公司出版的書，您的意見對我們非常重要！由於您寶貴的建議，我們才得以不斷地推陳出新，繼續出版更實用、精緻的圖書。因此，請填妥下列資料(也可直接貼上名片)，寄回本公司(免貼郵票)，您將不定期收到最新的圖書資料！

購買書號： **書名：**

姓　　名：______________________________

職　　業：□上班族　□教師　□學生　□工程師　□其它

學　　歷：□研究所　□大學　□專科　□高中職　□其它

年　　齡：□10~20　□20~30　□30~40　□40~50　□50~

單　　位：______________ 部門科系：______________

職　　稱：______________ 聯絡電話：______________

電子郵件：______________________________

通訊住址：□□□______________________________

____

您從何處購買此書：

□書局 ______ □電腦店 ______ □展覽 ______ □其他 ______

您覺得本書的品質：

內容方面：□很好　□好　□尚可　□差

排版方面：□很好　□好　□尚可　□差

印刷方面：□很好　□好　□尚可　□差

紙張方面：□很好　□好　□尚可　□差

您最喜歡本書的地方：______________________________

您最不喜歡本書的地方：______________________________

假如請您對本書評分，您會給(0~100分)：______ 分

您最希望我們出版那些電腦書籍：

請將您對本書的意見告訴我們：

您有寫作的點子嗎？□無　□有　專長領域：______

歡迎您加入博碩文化的行列哦！

✂請沿虛線剪下寄回本公司

Give Us a Piece Of Your Mind

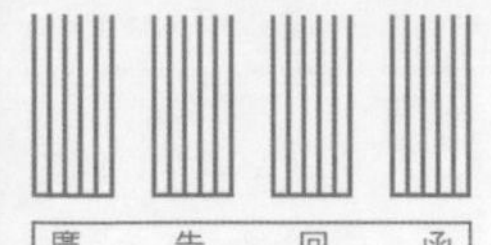

廣　告　回　函
台灣北區郵政管理局登記證
北台字第 4 6 4 7 號
印刷品・免貼郵票

221

博碩文化股份有限公司　讀者服務部

台北縣汐止市新台五路一段 112 號 10 樓 A 棟

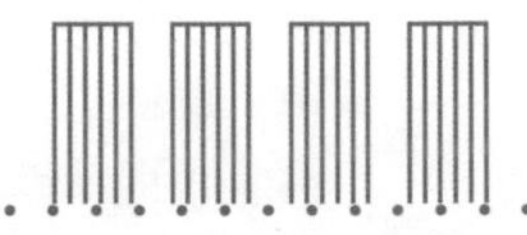

如何購買博碩書籍

全省書局

請至全省各大書局、連鎖書店、電腦書專賣店直接選購。

（書店地圖可至博碩文化網站查詢，若遇書店架上缺書，可向書店申請代訂）

信用卡及劃撥訂單（優惠折扣 85 折，未滿 1,000 元請加運費 80 元）

請於劃撥單備註欄註明欲購之書名、數量、金額、運費，劃撥至

帳號：17484299 戶名：博碩文化股份有限公司，並將收據及

訂購人連絡方式傳真至(02)26962867 。

線上訂購

請連線至「博碩文化網站 http://www.drmaster.com.tw」，於網站上查詢

優惠折扣訊息並訂購即可。

信用卡 CREDIT CARD 專用訂購單

※優惠折扣請上博碩網站查詢，或電洽 (02)2696-2869#307

※請填妥此訂單傳真至(02)2696-2867 或直接利用背面回郵直接投遞。謝謝！

一、訂購資料

	書號	書名	數量	單價	小計
1					
2					
3					
4					
5					
6					
7					
8					
9					
10					
		總計 NT$			

總　計：NT$__________ X 0.85= 折扣金額 NT$__________

折扣後金額：NT$__________ ＋掛號費：NT$__________

＝總支付金額 NT$__________ ※各項金額若有小數，請四捨五入計算。

「掛號費 80 元，外島縣市 100 元」

二、基本資料

收 件 人：__________ 生日：______年______月______日

電　話：(住家)__________ (公司)__________分機______

收件地址：□□□__________

發票資料：□ 個人 (二聯式)　□ 公司抬頭 / 統一編號：__________

信用卡別：□ MASTER CARD □ VISA CARD □ JCB 卡 □ 聯合信用卡

信用卡號：□□□□□□□□□□□□□□□□

身份證號：□□□□□□□□□□

有效期間：______年______月止

訂購金額：__________元整（總支付金額）

訂購日期：______年______月______日

持卡人簽名：__________（與信用卡簽名同字樣）

黏貼處

博碩文化網址

http://www.drmaster.com.tw

✂請沿虛線剪下寄回本公司

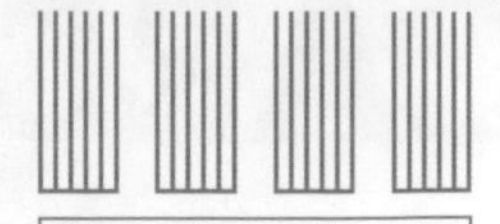

廣告回函
台灣北區郵政管理局登記證
北台字第4647號
印刷品・免貼郵票

221

博碩文化股份有限公司　業務部

台北縣汐止市新台五路一段112號10樓A棟

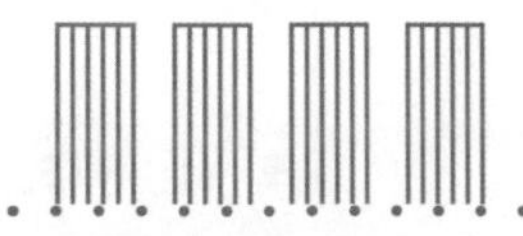

如何購買博碩書籍

全省書局

請至全省各大書局、連鎖書店、電腦書專賣店直接選購。

（書店地圖可至博碩文化網站查詢，若遇書店架上缺書，可向書店申請代訂）

信用卡及劃撥訂單（優惠折扣85折，未滿1,000元請加運費80元）

請於劃撥單備註欄註明欲購之書名、數量、金額、運費，劃撥至

帳號：17484299 戶名：博碩文化股份有限公司，並將收據及

訂購人連絡方式傳真至(02)26962867。

線上訂購

請連線至「博碩文化網站 http://www.drmaster.com.tw」，於網站上查詢

優惠折扣訊息並訂購即可。

Adobe
Adobe® Creative Suite® 6
即時創作！

Adobe Systems Benelux BV, Taiwan Branch
服務專線 0080-163-1314

親愛的讀者：

非常感謝您使用 Adobe Flash CS6 試用版，相信您在試用過本產品後一定會發覺 Adobe Flash CS6 是您在專業領域中最好的選擇，若您欲購買本產品或有任何疑問，請向 Adobe Systems 台灣代理商：上奇科技 (02)8792-3001 展碁國際 (02)2371-6000 洽詢、或造訪 www.adobe.com/tw 取得更多產品資訊。

再次提醒您，根據中華民國著作權法規定，使用盜版軟體是觸法行為，請千萬不要以身試法喔!

謹 祝

祺 安

Adobe Systems Benelux BV,
Taiwan Branch